U0175976

计算机前沿技术丛书

Jetpack Compose

从入门到实战

王鹏 关振智 曾思淇 著

机械工业出版社
CHINA MACHINE PRESS

Jetpack Compose 是谷歌推出的全新 Android UI 开发框架，它采用更为先进的声明式开发思想，极大地提升了应用界面的开发效率。Compose 颠覆性的设计理念使得其学习曲线较为陡峭，因此本书对知识点进行了系统全面的整理和编排。全书共分 11 章，从写第一行 Hello World 到实现一个全功能的产品级项目，帮助读者规划出了从入门到精通的最佳学习路径。除了对知识点细致的讲解之外，书中还穿插了大量源码示例和最佳实践，帮助读者及时巩固所学的内容，真正达到学以致用。

本书适合 Jetpack Compose 初学者阅读，同时书中的很多经验总结，对于已经有一定基础的开发者也同样具有参考价值。

图书在版编目（CIP）数据

Jetpack Compose 从入门到实战/王鹏，关振智，曾思淇著 . —北京：机械工业出版社，2022.7（2024.1 重印）

计算机前沿技术丛书

ISBN 978-7-111-71137-7

Ⅰ.①J… Ⅱ.①王…②关…③曾… Ⅲ.①移动终端–应用程序–程序设计 Ⅳ.①TN929.53

中国版本图书馆 CIP 数据核字（2022）第 113948 号

机械工业出版社（北京市百万庄大街 22 号 邮政编码 100037）
策划编辑：杨 源 责任编辑：杨 源
责任校对：秦洪喜 责任印制：李 昂
北京捷迅佳彩印刷有限公司印刷
2024 年 1 月第 1 版第 4 次印刷
184mm×240mm · 21.25 印张 · 534 千字
标准书号：ISBN 978-7-111-71137-7
定价：109.00 元

电话服务 网络服务
客服电话：010-88361066 机 工 官 网：www.cmpbook.com
010-88379833 机 工 官 博：weibo.com/cmp1952
010-68326294 金 书 网：www.golden-book.com
封底无防伪标均为盗版 机工教育服务网：www.cmpedu.com

前　言

PREFACE

市面上的 App 种类繁多，但它们的设计目标都是一致的，即通过手机将信息更快、更好地呈现给用户。Android 自诞生至今的十余年间，虽然各种新技术、新架构层出不穷，但对于信息呈现的实现方式上仍然沿用着基于 View 的命令式 UI 开发方式。而这种命令式的代码往往是 Android 应用架构中很多弊病的根源，而且随着项目规模越来越大，"病症"会越发明显，"让信息更快、更好地呈现"的产品目标越来越受到挑战。

Jetpack Compose 的出现让这一切有了转机。作为 Android 平台新一代 UI 开发框架，它直击"病灶"，彻底摒弃传统的命令式代码，通过先进的声明式 UI 帮助开发者用更少的代码开发出更高质量的 App，支撑了产品目标的达成。Compose 在开发范式上的先进性让我们无比看好它的未来。回想 2017 年谷歌发布 Kotlin-first 到如今才短短数年，Kotlin 就已经全面取代 Java 成为 Android 首选的开发语言，相信不用多久，我们也会迎来 Compose-first 的时代，届时 Compose 必将全面取代 View 成为 Android 首选的 UI 开发标准。如果读者想长期从事 Android 领域的研发或者是一个 Android 新技术的爱好者，那么从现在起，让我们一起拥抱这门新技术吧！

本书是 Jetpack Compose 初学者的良好入门教程，无论是否有 Android 传统视图的开发基础都可以阅读。但是希望读者已经具备了一定的 Kotlin 开发经验，不然阅读本书中的代码将十分吃力。书中也有不少进阶的开发技巧和最佳实践，对于已经有过 Jetpack Compose 使用经验的开发者仍然具有参考意义。本书共 11 章，具体如下。

- 第 1 章介绍 Compose 的前世今生，让读者从源头了解为什么需要学习这样一门新技术，同时在这一章将运行第一个 Hello World 程序，带领读者正式开始学习之旅。
- 第 2 章将介绍 Compose 的各种常用的功能以及布局组件，这些组件覆盖了绝大多数的开发需求，可以在完全脱离 Android View 的情况下开发各种样式的 UI 界面。
- 第 3 章将手把手地带读者用 Compose 组件搭建功能完整的 UI 页面。同时还会深入学习主题的使用方法和原理，以及 Material Design 的一些相关知识。
- 第 4 章将系统地学习 Compose 的状态管理、重组、副作用等知识点，它们才是驱动 UI 变化的关键，让使用 Compose 组件搭建的静态页面"动"起来。

- 第 5 章将了解 Composable 从组合到渲染再到屏幕的整个流程，并且可以通过相关 API 的学习，掌握自定义布局以及自定义绘制等高级用法，学会如何定制更复杂的 UI 效果。
- 第 6 章学习如何给 UI 添加炫酷的动画。Compose 提供了一系列丰富的动画 API，有的可以提供开箱即用的便利性，有的则提供了灵活多样的定制能力，它们都可以帮助读者化身为动画达人。
- 第 7 章将学习常用的手势处理、定制手势处理、手势结合动画。
- 第 8 章将学习如何基于 Jetpack 系列组件为 Compose 添加页面导航和依赖注入等能力。这有助于读者摆脱对 Activity 或 Fragment 的依赖，打造真正的 Compose First 项目。
- 第 9 章将简单了解一些常用三方库对 Compose 的支持，特别是在 Accompanist 官方组件之外补充了不少新的工具，这些工具与基础组件都将成为读者日常开发中最得力的武器。
- 第 10 章和第 11 章都是实战内容，编者将带领读者参与两个不同类型产品的完整实现，开发过程中需要对前面章节学习到的各种知识进行综合运用。实战项目有助于读者巩固已学到的内容，也能为读者在生产环境中引入 Compose 建立决心和自信。

阅读指南

本书在知识讲解之外，也非常重视对实战经验的分享。书中穿插了大量类似经验总结的小贴士，主要分为以下 4 种类型，辅助读者更好地理解和运用学到的内容。

补充提示：
正文内容之外补充知识点。比如关键词的注解或者关联知识点的介绍等。

注意：
需要在实际开发中极力避免的事项。比如 API 的不合理使用，不推荐的实现方式等。

最佳实践：
开发出更高质量代码的实战经验。所有最佳实践会在本书的最后进行汇总，便于读者进行查阅。

配套源码：
本书鼓励读者对书中的内容亲自动手实践。读者可以从配套的 Github 仓库获取书中出现的源码，亲自运行加深理解。仓库地址为 https://github.com/compose-museum/sample-app/。

由于作者水平有限，本书在编写过程中难免出现错误和遗漏之处，还请读者批评指正！

CONTENTS 目录

前 言

第1章

全新的 Android UI 框架

▶▶▶▶▶▶

近几年来，以 React 为代表的声明式 UI 开发思想席卷了整个前端开发领域。客户端与前端在产品形态上非常相似，也希望借鉴这种全新的开发思想来提升客户端 UI 的开发效率和体验。在这个大背景下，Android 与 iOS 平台相继发布了 Jetpack Compose 与 SwiftUI 等声明式 UI 开发框架。它们将成为新一代 UI 开发标准，指导移动端开发迈入下一个纪元。

1.1 Jetpack Compose 是什么

Jetpack Compose（简称 Compose）是 Android 新一代 UI 开发框架，致力于帮助开发者用更少的代码和更直观的 API 完成 Native UI 开发。相对于传统的 UI 开发方式，Compose 具有以下几个方面的优势：

- **先进的开发范式**：Compose 采用声明式的开发范式，开发者只需要聚焦在对 UI 界面的描述上，当需要渲染的数据发生变化时，框架将自动完成 UI 刷新。
- **直观易用的 API**：基于 Kotlin DSL 打造的 API 紧贴函数式编程思想，相对于传统的视图开发方式，代码效率更高，实现同样的功能只需要以前一半的代码量。
- **良好的兼容性**：Compose 代码与基于 Android View 系统的传统代码可以共存，用户可以按照喜欢的节奏将既有代码逐步过渡到 Compose。
- **广泛的适用性**：Compose 最低兼容到 API 21，支持市面上绝大多数手机设备的使用；Jetpack 以及各种常用三方库也都第一时间与 Compose 进行了适配。

上述优势也使得 Compose 一经发布就广受追捧，目前已经有包括 Twitter、Airbnb 在内的众多应用采用了 Compose 开发 UI，Compose 的成熟度和稳定性也得到了市场的进一步验证。图 1-1 是一些使用了 Compose 的产品方对它的评价。

▶▶ 1.1.1 谷歌为什么要推出 Compose

Andorid 系统自诞生至今已发展了十几个年头，这期间智能手机无论是硬件规格还是软件形态都发生了巨大变化，Android 应用开发技术也在不断进步：从 RecyclerView、ConstraintLayout 等各种 UI 控件的引入，到 Architecture Components 这样的架构工具，甚至连开发语言也从 Java 切换到了 Kotlin，如

图 1-2 所示。

● 图 1-1   来自使用 Compose 的产品方的评价

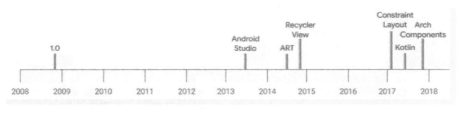

● 图 1-2   Android 系统发展的历史

虽然技术手段在不断丰富，但是在 UI 开发方式上并没有根本变化，仍然是那一套继承自 View 的组件体系。而 View.java 本身也变得越发臃肿，目前已超过三万行，早已不堪重负。

臃肿的父类视图控件也造成了子类视图功能的不合理。以最常见的 Button 类为例，为了能让按钮具备显示文字的功能，Button 被设计成了继承自 TextView 的子类：

```
public class Button extends TextView { ... }
```

这样的设计显然是不妥当的，TextView 中许多不适于按钮的功能也会被 Button 一并继承下来，比如用户肯定不需要一个带有粘贴板的 Button，而且随着 TextView 自身的能力迭代，Button 有可能引入更多不必要的功能，如图 1-3 所示。

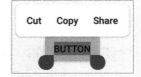

● 图 1-3   粘贴板 Button

另一方面，像 Button 这类基础控件只能跟随系统的升级而更新，即使发现了问题也得不到及时修复，长期下来积重难返，破窗效应也越发突出。如今很多新的视图组件都以 Jetpack 扩展库的形式单独发布，目的也是为了不受系统版本的制约。

补充提示：

　　来自 Android 团队的成员对现有视图体系的评价："现有视图体系的一些 API 虽然有很多问题，但是我们很难在不破坏功能的情况下收回、修复或扩展这些 API"。

类似这样的问题在 Android 其他传统视图控件中还有很多，究其根源还是在于设计理念的落伍。构筑在基于面向对象思想的设计理念，让各个组件在定义时都偏向于封装私有状态。**开发者需要花费大量的精力去确保各组件间状态的一致性，这也是造成命令式 UI 代码复杂度高的根本原因。**因此，谷歌开始考虑寻找一套新的UI 开发方式，希望从根本上替换现有的视图体系，彻底根除上述这些问题。

谷歌高级工程师 Jim Sproch（见图 1-4）基于其在前端开发领域丰富的工作经验，开创性地提出了借助 Kotlin Compiler Plugin 为 Android 打造声明式 UI 框架的想法。在他的推动下，谷歌于 2017 年启动了 Jetpack Compose 项目（后文简称 Compose 项目），随后越来越多的工程师加入其中，Compose 项目在谷歌内部越发受到重视。

● 图 1-4　Compose 之父
Jim Sproch

补充提示：

> Jim Sproch 加入 Google 前曾就职于 Facebook React 团队，从 Compose 的设计中能看到很多 React（Hook）的影子。但 Compose 通过 Kotlin Compiler Plugin 的编译器优化以及基于 SlotTable 的 diff 算法在技术创新上又有不少新突破。

在 2019 年的 Google/IO 大会上，Jim Sproch 团队做了关于 Compose 的分享，这是 Compose 的首次公开亮相。同年 10 月，Compose 发布了首个 Preview 版本，开发者可以在 Android Studio 4.0 中进行体验。2020 年 8 月 Compose 进入 Alpha 阶段，2021 年 2 月发布了首个 Beta 版本，API 趋于稳定。2021 年 7 月其 1.0 版本终于得以问世。图 1-5 展示了目前为止 Compose 的几个重要里程碑。

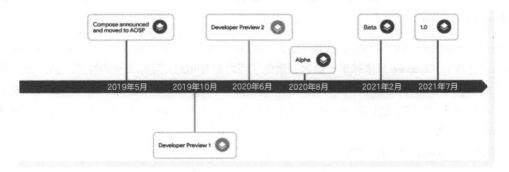

● 图 1-5　Compose MileStone

前面提到的 Android 传统视图体系中的一些问题，也随着 Compose 的出现得到了有效解决。表 1-1 展示了 Compose 与 Android View 的比较。

表 1-1　Compose 与 Android View 的比较

Android View	Jetpack Compose
类职责不单一，继承关系不合理	函数式编程思想，规避了面向对象的各种弊病
依赖系统版本，问题修复不及时	独立迭代，良好的系统兼容性
命令式编程，开发效率低下	声明式编程，DSL 的开发效率更高

这诸多优点中最大的创新还是对于声明式这一全新开发方式的采用。相对于传统的命令式开发方式，声明式开发大大提高了 UI 界面的开发效率。前端领域的 React、Vue. js 等主流开发框架都属于声明式开发框架，所以其先进性早已被广泛验证。

▶▶ 1.1.2　命令式 UI 与声明式 UI

命令式和声明式是两种截然不同的编程范式。**命令式用命令的方式告诉计算机如何去做事情（how to do），计算机通过执行命令达到结果，而声明式直接告诉计算机用户想要的结果（what to do），计算机自己去想该怎么做。**

Android 现有的 View 视图体系就属于命令式的编程范式，我们使用 XML 定义的布局是静态的，无法根据响应状态自行更新。开发者需要通过 findViewById 等获取视图对象，然后通过命令式的代码调用对象方法驱动 UI 变更，而 Compose 采用声明式编程范式，开发者只需要根据状态描述 UI，当状态变化时，UI 会自动更新。

也许有人会说 Data Binding 不是可以让 XML 自己"动"起来吗？没有错，Data Binding 其实就是 Compose 诞生之前的一种声明式 UI 方案，谷歌曾经寄希望于通过它来提升 UI 编码效率。可见，声明式 UI 本身并非新鲜概念，而且其优势也早已被官方认可。

补充提示：

　　官方文档将 Data Binding 视为一种声明式框架：

　　"The Data Binding Library is a support library that allows you to bind UI components in your layouts to data sources in your app using a declarative format rather than programmatically. " （https://developer. android. com/topic/libraries/data-binding）

Compose 作为更新一代的声明式 UI 框架，其代码完全基于 Kotlin DSL 实现，相较于 Data Binding 需要有 XML 的依赖，**Compose 只依赖单一语言，避免了因为语言间的交互而带来的性能开销及安全问题。**

构成 Compose DSL 中的基本单元被称为 Composable。Composable 本质上是一个 Kotlin 函数，通过 Kotlin 的尾 Lambda 语法特性让 Composable 之间能够嵌套，形成 Composable 的树形层级，实现不输于 XML 的结构化表达能力。

以下是一个 Composable 函数的示例：

```
@Composable
fun App(appData: AppData) {
  Header()
  if (appData.isOwner) {
    EditButton()
  }
  Body {
    for (item in appData.items) {
      Item(item)
    }
  }
}
```

例子中,我们将为 App 添加的@ Composable 注解标记为一个 Composable 函数, App 接受一个 App-Data,这是一个不可变数据,因此仅仅基于此数据构建 UI,不会对它进行任何修改。App 内部进一步调用 Header( )以及 Body( )的其他 Composable 构成整个视图树。在构建 UI 的过程中,可以使用 Kotlin 的各种原生语法,例如使用 if 语句与 for 循环来控制 UI 的展示。

接下来通过一个例子进一步体会 Compose DSL 的声明式语法的优势。场景如下,在一个电子邮件应用中显示未读消息。具体需求如图 1-6 所示。

- 没有消息,需要绘制一个空信封。

- 有少量消息,在信封中绘制一些信纸,并添加消息数。

- 图 1-6 未读消息的图标

- 有超过 100 条消息,添加火焰图标,消息数 99+。

按照命令式的实现思路,为信封控件实现更新数量的方法,代码如下:

```
fun updateCount(count: Int) {
  if (count > 0 && ! hasBadge()) {
    addBadge()
  } else if (count == 0 && hasBadge()) {
    removeBadge()
  }
  if (count > 99 && ! hasFire()) {
    addFire()
    setBadgeText("99+")
  } else if (count <= 99 && hasFire()) {
    removeFire()
  }
  if (count > 0 && ! hasPaper()) {
  addPaper()
  } else if (count == 0 && hasPaper()) {
  removePaper()
  }
  if (count <= 99) {
    setBadgeText("$ count")
  }
}
```

当这个方法接收了新的数量后,先要通过 if 语句考虑各种分支逻辑,然后通过对应的方法调用完成 UI 更新。一旦有分支遗漏就会出错。要注意,这只是 **updateCount** 的实现代码,不包括视图的布局,而且真实项目中的逻辑比这个例子往往要复杂得多。

同样的需求,如果基于 Composable 的 DSL 编写,则代码会是下面这样:

```
@ Composable
fun BadgedEnvelope(count: Int) {
  Envelope(showPaper = count > 0) {
    Box {
      if (count > 99) {
```

```
        Fire()
    }
    Badge(
      text =
        if (count > 99) "99+"
        else "$count"
    )
    }
  }
}
```

- 当数量大于 **0** 时，Envelope 显示信纸。
- 当数量大于 **99** 时，插入 Fire。
- 当数量大于 **99** 时，Badge 显示 **99+**。

Envelope、File、Badge 等组件基于 count 这个唯一状态对 UI 进行渲染，无须再手动更新，也不会出现 addXXX、removeXXX 这类方法。当 count 变化时，Compose 框架将帮用户实现 UI 的刷新。

补充提示：

"唯一状态" 正是单一数据源思想的体现，这也是声明式 UI 的重要特点，稍后将详细解释。

▶▶ 1.1.3 Compose API 设计原则

由于 Compose 在编程范式上与传统视图体系有着根本的不同，在开始深入学习 Compose 之前，有必要对 Compose API 的设计原则做一个介绍。无论是 Compose 预置的 Composable 还是开发者自己定义的 Composable，都应该遵守这些原则。

1. 一切皆为函数

正如前面介绍的那样，Compose 声明式 UI 的基础是 Composable 函数。Composable 函数通过多级嵌套形成结构化的函数调用链，函数调用链经过运行后生成一颗 UI 视图树。

视图树一旦生成便不可随意改变。视图的刷新依靠 Composable 函数的反复执行来实现。当需要显示的数据发生变化时，Compoable 基于新参数再次执行，更新底层的视图树，最终完成视图的刷新。整个过程如图 1-7 所示。

- 图 1-7　从 Composable 到视图树

这个通过反复执行更新视图树的过程称为重组，会在后面章节中专门介绍。

Composable 函数只能在 Composable 函数中调用，这与挂起函数只能在协程或其他挂起函数中调用类似，都是在编译期保证的。

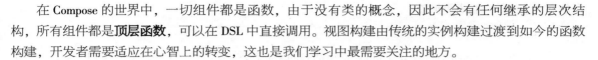

在 Compose 的世界中，一切组件都是函数，由于没有类的概念，因此不会有任何继承的层次结构，所有组件都是**顶层函数**，可以在 DSL 中直接调用。视图构建由传统的实例构建过渡到如今的函数构建，开发者需要适应在心智上的转变，这也是我们学习中最需要关注的地方。

最佳实践：

> Kotlin 编码规范中要求函数的首字母小写，但是 Compose 推荐 Composable 使用首字母大写的名词来命名，且不允许有返回值。这样在 DSL 中书写时可读性更好。有的 Composable 函数并不代表 UI 组件，此时可以遵循一般的函数命名规范。

2. 组合优于继承

组合优于继承，这是在面向对象设计模式中反复强调的原则。之所以反复强调，就是因为它遵守起来并不容易。因为继承用起来太过方便，大家往往难以从组合的视角思考问题。

Android 传统的视图系统中所有组件都直接或间接继承自 View 类。TextView 继承自 View，而 Button 又继承自 TextView，处于末端的子类继承了很多无用的功能，导致出现本书开头提到的"带剪贴板的 Button"这样的滑稽例子。而反观 Compose，**Composable 作为函数相互没有继承关系，有利于促使开发者使用组合的视角去思考问题**，如图 1-8 所示。

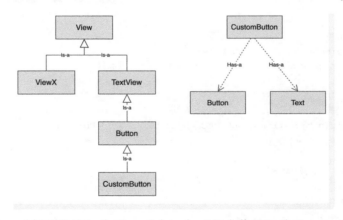

● 图 1-8 "相互继承"的 View（左）与"组合使用"的 Composable（右）

比如 Compose 中为一个按钮添加文字的代码是下面这样：

```kotlin
@Composable
fun CustomButton(text: String) {
  Button {
    Text($text)
  }
}
```

在传统视图体系中，按钮的文字可能是 Button 类的一个属性。而 Compose 中需要通过 Text 这个 Composable 来组合实现。虽然按钮显示文字是一个常见需求，但是对于一个只需要显示图片的 Icon-Button 来说，文字的属性就是多余的。Button 真正必要的能力就是接收用户点击而已，Compose 通过组合的方式让组件的职责更加单一。

3. 单一数据源

单一数据源（Single Source of Truth）是包括 Compose 在内的声明式 UI 中的重要原则。回想一下传统视图的 **EditText**，它的文字变化可能来自用户的输入，也可能来自代码某处的 setText。

状态变化可能不止一个来源，即所谓的多数据源（Multiple Sources of Truth）。多数据源下的状态变化不容易跟踪，而且状态源过度分散会增加状态同步的工作量。比如 **EditText** 由于自己持有 mText 状态，其他组件需要监听它的状态变化，反之它可能也需要监听其他组件的状态变化。

在 Compose 中，文本框组件 **OutlinedTextField** 的文字状态永远来自其参数 value。

```
@Composable
fun OutlinedTextField(
  value: String,
  onValueChange: (String) -> Unit,
  ...
)
```

当用户输入文字后，**onValueChange** 会接收到响应，但是文本框文字不会自动更新，仍然需要通过唯一来源 value 的变更来刷新 UI。

```
@Composable
fun HelloScreen() {
  var name by rememberSavable { mutableStateOf("") }
  HelloContent(name = name, onNameChange = { name = it })
}

@Composable
fun HelloContent(name: String, onNameChange: (String) -> Unit) {
  Column {
    Text(
      text = "Hello, $name",
    )
    OutlinedTextField(
      value = name,
      onValueChange = onNameChange,
      label = { Text("Name") }
    )
  }
}
```

在上面的代码中，OutlinedTextField 响应用户输入后，通过 onNameChanged 更新外部状态 name，当 name 变化时会驱动 HelloContent 重新执行，重组中 OutlinedTextField 也会显示最新的 name。

单一数据源决定了 Composable 数据流的单向流动，数据（name）总是自上而下流动，而事件（onNameChange）总是自下而上传递，如图 1-9 所示。

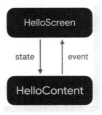

● 图 1-9　Compose 数据流和事件流向

▶▶ 1.1.4 Compose 与 View 的关系

我们都知道在传统视图体系中由 View 与 ViewGroup 构成视图树，而 Compose 中也有同样一颗视图树，它由 LayoutNode 构成，由 Composition 负责管理，如图 1-10 所示。

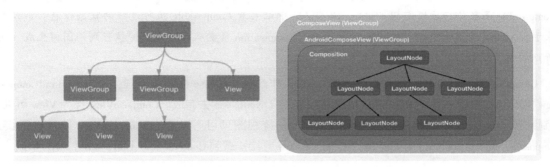

● 图 1-10 View 视图树（左）与 Compose 视图树（右）

两种树的节点类型不同，但是它们并非全没关系，依然可以共存于一棵树中。就像 DOM 节点与 View 也不同，但是可以通过 WebView 显示在一棵树上，Compose 也可以借助这样一个连接点挂载在 View 树上。使用 Android Studio 自带的 Layout Inspector 可以看到这个连接点就是 ComposeView，它就是连接 View 与 Compose 的桥梁，如图 1-11 所示。

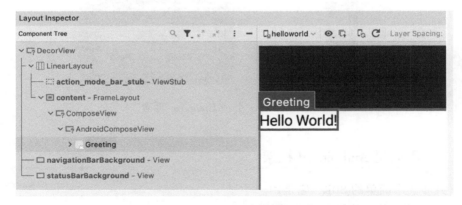

● 图 1-11 ComposeView 连接 View 和 Compose

ComposeView 有一个唯一子节点 AndroidComposeView，**它既是一个 ViewGroup，也是 LayoutNode 视图树的持有者，它实现了 LayoutNode 视图结构与 View 视图结构的连接。**既然 AndroidComposeView 已经承担了两套体系的连接，那为什么还要多一层 ComposeView 呢？

ComposeView 继承自 AbstractComposeView，而后者有三个子类，分别对应着 Activity 窗口、Dialog 窗口与 PopupWindow 窗口。Android 平台存在所谓 Window 的概念，我们在很多场景下会有多窗口需求，例如在页面中弹出一个对话窗。AbstractComposeView 的子类负责 Android 平台各类窗口的适配并生成对应的 Composition，ComposeView 作为其中一个子类负责 Activity 窗口的适配。总体来说，

ComposeView 负责对 Android 平台的 Activity 窗口的适配，AndroidComposeView 负责连接 LayoutNode 视图系统与 View 视图系统。如此的职责划分可以实现上层视图适配与下层窗口适配逻辑的解耦。

补充提示：

> Composition 是视图树的创建者。从 Composable 函数到视图树的生成经历这个过程：第一步 Composable 函数执行后填充 SlotTable，SlotTable 中记录着 Composable 执行过程的状态信息；第二步基于 SlotTable 生成和更新 LayoutNode 视图树。Composition 负责从 Composable 执行到视图树生成（更新）的整个过程。

ComposeView 接入 View 视图后，内部的 UI 工作都在 Compose 侧闭环处理，来自 AndroidCompose-View 的绘制、测量布局与手势事件分发等都下沉到 LayoutNode 去完成。ComposeView 作为 View 可以挂载到原有 View 视图树中的任意位置。因此一个传统视图项目可以通过 ComposeView 阶段性地接入 Compose。一个纯 Compose 页面就是将 ComposeView 直接挂载到 ContentView 上面，如图 1-12 所示。

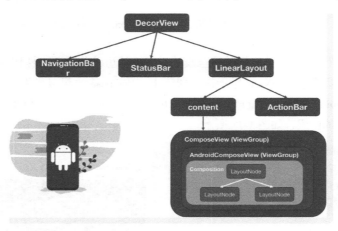

● 图 1-12　一个纯 Compose 页面

▶▶ 1.1.5　不只是 Android UI 框架

Compose 并非一个简单的 SDK，它是由一系列库及配套工具组成的完整的 UI 解决方案，如图 1-13 所示。

在开发阶段，Android Studio 为我们提供了代码的实时静态检查，以及对 Compose UI 的实时预览功能，在编译阶段，Compose Compiler Plugin 会对@ Composable 注解进行预处理，通过插入代码，提升了编码效率。在运行阶段，**Compose 从上到下分为四层，每一层都可以被单独使用，在不同维度提供能力支持**，见表 1-2。

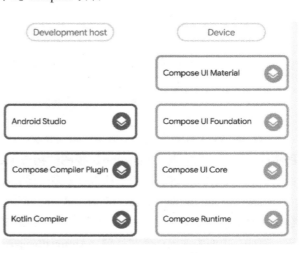

● 图 1-13　Compose 技术栈

表 1-2　Compose 模块分层

Comopse 模块	说　明
Material	此模块位于最上层，基于 Material Design 系统实现的各种 Composable，同时提供了基于 Material Design 的主题、图标等。如果用户的 App 中使用 Material Design，不妨基于此层进行构建
Foundation	此模块为 UI 提供了一些基础的 Composable，例如 Row、Column、LazyColumn 等布局类 UI，以及特定手势识别等，这些基础 Composable 在很多平台都可以通用
UI	UI 层的功能众多，包含多个模块（ui-text、ui-graphics、ui-tooling 等），这些模块构筑了上层 Composable 运行的基础，例如 Composable 的测量、布局、绘制、事件处理以及 Modifier 管理等
Runtime	Compose 通过 UI 树的 diff 驱动界面刷新，此模块提供了基本的对 UI 树的管理能力，如果只需要 Compose 的树的管理功能，而不需要其 UI，则可以直接基于此层进行构建

可以只使用 Compose 的 Runtime 层构建任何基于数据驱动能力的系统或类库。在这样清晰的分层结构下，我们甚至可以隔离那些平台相关代码，自底向上自己来实现跨平台的 UI 系统。

补充提示：

Android 领域资深专家 Jake Wharton 认为对 Compose 各层模块应该分别看待，其核心是底层的 Runtime，上层 UI 只是其应用场景之一：

"What this means is that Compose is, at its core, a general-purpose tool for managing a tree of nodes of any type. Well a 'tree of nodes' describes just about anything, and as a result Compose can target just about anything。"

Kotlin 出品方 JetBrains 也是 Compose 项目的主要参与者。依托 Kotlin 跨平台的特性，JetBrains 启动了 Compose Multiplatform 项目。可以使用 Compose 开发包括 Android、Desktop（Windows、Linux、macOS）甚至 Web 等不同平台的 UI，未来的 Compose 将极大地拓展 Kotlin 的应用场景，以及 Android 开发者的能力边际。

1.2　搭建开发环境

俗话说磨刀不误砍柴工，在正式使用 Compose 之前，先学习一下其开发环境的搭建。

▶▶ 1.2.1　准备所需要的开发工具

1. Android Studio

Android Studio 几乎是 Android 项目开发的不二选择，而且随着版本的更新，将有越来越多针对 Compose 的新特性出现，本书中的代码实例也是基于最新的稳定版本 Android Studio 实现的。如果要开发跨平台的 Compose 应用，那么也可以考虑选择 IntelliJ IDEA，本书只聚焦 Android。

2. Android SDK

Android SDK 是一套开发工具包，用于为 Android 平台开发应用程序，每当 Google 发布了一个新的 Android 版本时，相应的 SDK 也会随之一起发布。

▶▶ 1.2.2 部署开发环境

可以在 Android 官网下载到最新版本的 Android Studio，如图 1-14 所示。

● 图 1-14　下载最新版本 Android Studio（Windows 环境）

补充知识：

　　Android Studio 下载地址：https://developer.android.google.cn/studio。

　　Android Studio 为多个系统（Linux、maCOS、ChromeOS）分别提供了稳定版和预览版供下载。不同的 Android Studio 版本对 AGP（Android Gradle Plugin）的版本要求也不同。

1. Windows 环境安装

从官网下载完安装包后，双击启动安装。如果手头没有真机测试，可以在安装开始时勾选 Android Virtual Device，将同时为我们安装 Android 模拟器，方便开发调试，如图 1-15 所示。

● 图 1-15　安装 Android Studio（Windows 环境）

接下来选择 Android Studio 的安装路径，单击 Next > Finish 后，等待安装完成。启动 Android Studio
之后，需要依次完成 IDE 主题选择和 Android SDK 下载。可以先选择一个 API 版本，之后可以根据需
要，通过 SDK Manager 下载其他版本 SDK。SDK 选择完成后，单击 Next > Finish 等待下载即可，如
图 1-16所示。

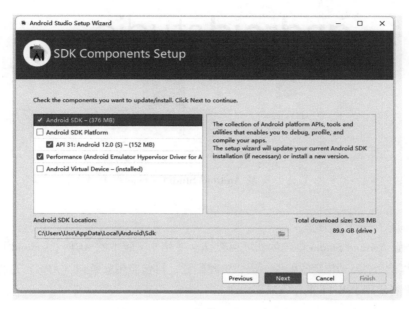

● 图 1-16　安装 Android SDK

补充提示．

　下载其他版本的 Android SDK。

　可以通过 Android Studio 通过 File→Settings→ Appearance & Behavior→System Settings→Android
SDK 来选择安装其他版本的 Android SDK。勾选右下角的 Show Package Details 来自定义安装内容。

2. macOS 环境安装

macOS 平台的安装过程与 Windows 平台是大致相同的，只需进入官网下载最新的 dmg 安装包即
可。值得注意的是，目前 Android Studio 已经适配了 Apple M1 芯片，可以根据当前 CPU 架构来下载对
应版本，如图 1-17 所示。

● 图 1-17　下载 Android Studio（macOS 环境）

安装很简单,只需将 Android Studio 拖至 Applications 目录即可,如图 1-18 所示。

● 图 1-18 安装 Android Studio (macOS 环境)

3. 配置 Gradle JDK (可选)

目前使用新版 Android Studio 创建的新项目默认会使用 7. x 版本的 AGP (Android Gradle Plugin)。AGP 是用来帮助开发者自动化完成编译源码、资源配置、打包应用安装包 (APK) 过程的。7. x 版本 AGP 会强制开发者使用 JDK 11 来完成编译构建。

补充提示:
目前已知 Compose 可以在 AGP 4.2 中使用 JDK 8 就完成构建,并不会强制使用 AGP 7. x。

可以通过 Preference→Build, Execution, Deployment→Build Tools→Gradle 手动配置 Gradle JDK 版本。当前的 Android Studio 版本内置了 JDK11,所以选择 Embedded JDK version 11. 0. 10 就可以了,如图 1-19 所示。

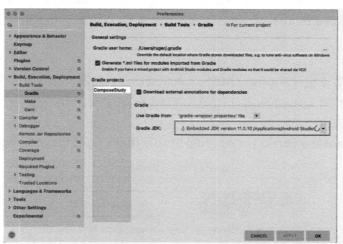

● 图 1-19 配置 Gradle JDK

1.3 创建第一个 Compose 应用

在学习一门新技术时，通常会使用 HelloWorld 入门。接下来就让我们在 Android Studio 中创建一个 Compose HelloWorld 项目。

▶▶ 1.3.1 创建新的 Compose 项目

如图 1-20 所示，就像创建一个普通 Android 项目一样，需要在 Android Studio 欢迎页中选中左侧标签页栏中的 Projects，并在该标签页中选择 New Project，进入项目模板选择页面，如图 1-21 所示。

● 图 1-20　Android Studio 欢迎页

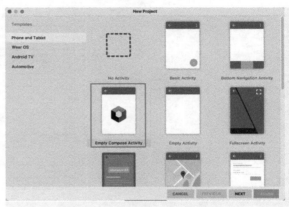

● 图 1-21　选择项目模板

项目模板中会帮助我们配置好一些默认项目配置信息，并提供可直接运行的模板工程。选中左侧标签页栏中的 Phone and Tablet，创建一个用于手机和平板计算机的移动应用，在该标签页中选中 Empty Compose Activity，创建一个 Compose 的 HelloWorld。当然这里也允许我们创建用于 WearOS、Android TV、Automotive 等其他终端设备的模板。

单击右下角的 Next 按钮，进入接下来的项目信息配置页面，如图 1-22 所示。

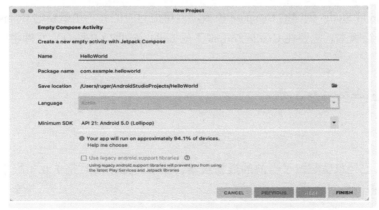

● 图 1-22　项目信息配置页面

可以在该页面中配置项目信息，Name 表示项目以及 App 名称，Package Name 表示项目的主包名，Android 是以主包名来区分不同应用的。Save Location 设置项目的存储路径。Language 是项目开发语言，由于 Compose 需要使用 Kotlin 编写，所以这里无法选择其他语言。当然，Compose 项目中仍然可以引入和编译 Java 代码。

Minimum SDK 表示项目所支持的最小 Android 版本，Compose 支持 Android 版本最低到 5.0（API 21），可以兼容大约 94.1% 的 Android 设备。Use legacy android. support. libraries 表示是否使用老版 support 库，这里被置为灰色不能选择，因为 Compose 目前只存在于 AndroidX 中。

配置为完成后，单击右下角的 FINISH 按钮，稍等片刻后项目即创建成功，如图 1-23 所示。

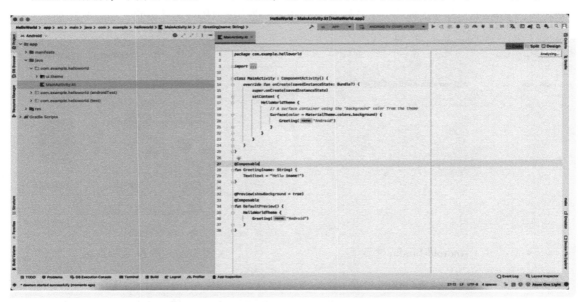

● 图 1-23　项目创建成功

▶▶ 1.3.2　保持 Compose 版本更新

刚刚通过 Android Studio 创建的 Compose 模板项目可能对应的并不是最新的 Compose 版本，所以需要进一步配置来升级版本。需要在 Gradle Scripts 下的 build. gradle（Project）文件中做修改。

```
buildScript {
  ext {
    compose_version = '1.1.1'
  }
  ...
}
```

Android Studio 已经默认配置了当前的最新版本，编者写作本书时是 1.0.4 版本，后期也可以在 Compose 官网文档查询最新的 Compose 版本。

补充提示：

目前官方的中文文档与英文文档不是同步更新的，所以需要手动将语言切换至英语才能确保查询到最新的官方文档：https://developer.android.google.cn/jetpack/androidx/releases/compose#versions。

由于 Compose 版本依赖于 Kotlin 版本，如果只修改 Compose 版本而没有修改 Kotlin 版本，在进行编译时，编译器会弹出如下警告：

```
This version (1.0.4) of the Compose Compiler requiresKotlin version 1.5.31 but you appear to
be using Kotlin version 1.5.21 which is not known to be compatible. Please fix your configura-
tion.
```

大概意思是 Compose 1.0.4 版本需要 Kotlin 1.5.31 版本，而当前使用的是 1.5.21 版本，可能会存在未知的兼容性问题。当出现这类错误时，我们需要为工程升级对应的 Kotlin 版本。可以通过修改 Kotlin Gradle 插件的方式升级 Kotlin 版本。同样是修改 build.gradle（Project）文件：

```
buildScript {
  ...
  dependencies {
    classpath "org.jetbrains.kotlin:kotlin-gradle-plugin:1.5.31"
  }
  ...
}
```

修改完成后，单击红色区域右侧的 Sync Now，即可交由 Gradle 完成项目的同步更新。

▶▶ 1.3.3　在模拟器中运行 Compose 应用

完成了前面的配置后，接下来就可以运行准备好的 HelloWorld 项目了。作为一个应用，需要运行在 Android 系统的终端设备上，终端设备可以是手机、手表，也可以是电视。如果有一部 Android 手机，那么可以通过数据线连接计算机进行开发调试，即使没有真机，也可以使用 Android Studio 自带的模拟器进行开发。这里简单介绍一下如何使用 Android 模拟器来运行我们的应用。

选择 Tools → AVD Mananger 会打开 Android Studio 自带的模拟器管理页面，如图 1-24 所示。

● 图 1-24　模拟器管理页面

单击中间的 CREATE VIRTUAL DEVICE 按钮会进入选择模拟器设备选择页面，如图 1-25 所示。在这里可以自由选择喜欢的模拟器，这里不仅可以选择手机，还可以选择平板计算机、手表、电视等。这些模拟的设备都是谷歌自己研发的。这里选择 Pixel 5 机型，单击右下角的 Next 按钮。

如果第一次使用模拟器，需要下载对应版本的系统镜像，如图 1-26 所示。图中已经下载了 R、Q、P 三个版本的系统镜像，分别对应的是 Android 11、10、9 系统。ABI 表示该系统镜像支持的 CPU 架构，对于一般的 PC 主机而言都是 x86 架构的，而手机一般都是 ARM 架构的。这意味着并不是所有应用都能运行在创建的 x86 模拟器上。当然也可以进入 Other Images 标签页选择 ARM 架构的虚拟机。

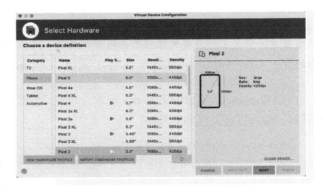

● 图 1-25　模拟器设备选择页面

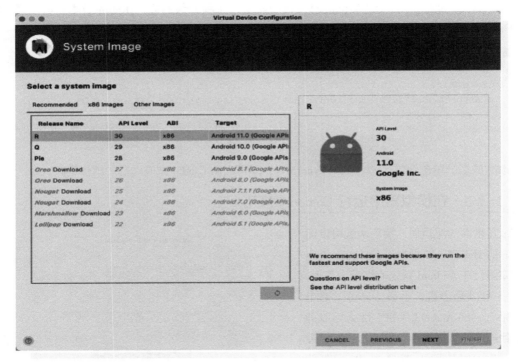

● 图 1-26　模拟器镜像选择

补充提示：

如果用户使用的计算机 CPU 芯片是 x86 架构的，却使用的是 ARM 系统镜像，运行时可能会比较卡顿，这是由于模拟器会自动帮助我们完成从 ARM 汇编指令到 X86 汇编指令的翻译过程，这一过程是有时间成本的。Android Studio 在右侧也贴心提醒我们在 x86 主机上使用 x86 系统镜像会有更好的性能表现。

选择镜像后，单击右下角的 Next 按钮，进入模拟器配置信息页面，如图 1-27 所示。

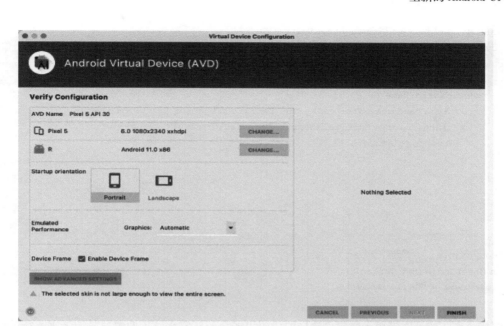

● 图 1-27 模拟器配置信息页面

此处创建了一个 Pixel 5，x86 CPU 架构的 Android 11.0 模拟器。AVD Name 表示模拟器的名称，这里使用默认值即可。Startup orientation 表示启动时的方向，使用垂直即可。Device Frame 表示模拟器是否显示边框，默认打勾即可。接着单击右下角的 FINISH 按钮稍等片刻模拟器就创建好了。单击模拟器管理页面的启动按钮启动模拟器，然后就可以像使用手机一样在模拟器上运行 Android 应用了。

如果运行时提示 Android Gradle plugin requires Java 11 to run. You are currently using Java 1.8。这意味着用户使用的是 7.0 版本以上的 AGP，因为 7.0 版本以上的 AGP 会强制使用 JDK11，所以需要手动修改当前项目 Gradle JDK 版本，请主动设置 Gradle JDK 版本。编译顺利通过后，等一会儿就可以在右侧模拟器上看到 HelloWorld 程序了，如图 1-28 所示。

● 图 1-28 编译运行 HelloWorld 项目

▶▶ 1.3.4 分析第一个 Compose 应用

当然只学习如何运行别人的程序是远远不够的。接下来看看 Android Studio 帮我们生成的 HelloWorld 演示程序是如何编写的。打开 MainActivity.kt，会看到这样的代码：

```
class MainActivity : ComponentActivity() {
  override fun onCreate(savedInstanceState: Bundle?) {
    super.onCreate(savedInstanceState)
    setContent {
      HelloWorldTheme {
        // A surface container using the 'background' color from the theme
        Surface(color = MaterialTheme.colors.background) {
          Greeting("Android")
        }
      }
    }
  }
}


@Composable
fun Greeting(name: String) {
  Text(text = "Hello $name!")
}
```

习惯传统方式的开发者第一次看到这样的代码可能会一头雾水,不要着急,编者来逐行解读一下代码。

如果你做过 Android 开发,应该对 Activity 已经很了解了,一般会使 setContentView 传入所预先定义的视图 XML 文件的资源 ID。Compose 使用 Kotlin DSL 而非 XML 描述 UI,所以这里不再出现 setContentView 的调用。

Kotlin DSL 由 Composable 组件构成。例如 HelloWorld 中有一个名为 Greeting 的 Composable 组件。Composable 组件实际上就是一个带有@ Composable 注解的函数。第一次接触 Compose 难免会困惑:UI 组件为什么是一个函数,而不是一个 View 的实例,这是 Android 开发者常见的思维惯性,在 Compose 开发中要跳出这种惯性。

接下来看看这个名为 Greeting 的 Composable 组件做了什么。

```
@Composable
fun Greeting(name: String) {
  Text(text = "Hello $name!")
}
```

可以看到其中使用 Text 声明了一串文本,实际上这里的 Text 也是一个带有@ Composable 注解的函数,这里将要展示的文本信息作为参数传入 Text 函数进行调用,Composble UI 组件都是顶级函数,可以在任意位置调用,例如这里 Text 组件被 Greeting 组件所调用。值得注意的是,Composable 函数只能在 Composable 函数中调用,所以肯定存在一个根 Composable,这个根 Composable 实际上是 setContent 提供的。代码如下所示:

```
setContent {
  HelloWorldTheme {
    // A surface container using the 'background' color from the theme
```

```
        Surface(color = MaterialTheme.colors.background) {
          Greeting("Android")
        }
      }
    }
```

setContent{…} 的 block 内部的代码就执行在根 Composable 中。setContent 内的第一个 Composable 组件是 HelloWorldTheme，它由 Android Studio 根据项目名称自动生成，为界面提供默认主题。内部的子组件都继承其主题的样式。接下来是一个 Surface 组件，这里简单理解为一个摆放内容的布局类组件即可，后面章节会详细介绍这个组件。接下来就是调用 Greeting 组件，将其内部的 Text 绘制出来。

▶▶ 1.3.5 对 Compose 应用进行预览

Android Studio 支持对 Composable 组件进行预览，只需要为希望预览的 Composable 函数再增加一个 @ Preview 注解即可。HelloWorld 代码中有一个 DefaultPreview，这是新建工程为我们默认添加专门用来预览的 Composable，代码如下：

```
@ Preview
@ Composable
fun DefaultPreview() {
  HelloWorldTheme {
    Greeting("Android")
  }
}
```

注意：
    当 Composable 有参数且缺少默认值时，将无法预览。

可以在 MainActivitiy. kt 界面中单击右上角的标签栏 Split，打开预览面板，用户可以一边编写代码一边看预览效果，如图 1-29 所示。需要注意预览效果要编译之后才会生效。

● 图 1-29　预览界面

当一个文件中有多个添加@ Preview 的 Composable 时，在预览面板中可以同时看到它们，这可以带来高效的开发体验，比如可以同时预览不同主题、不同分辨率下的显示效果。@ Preview 也允许通过参数来设置这些不同的预览效果。以下是 Preview 注解的部分参数示例：

```
// 设置预览的界面带有背景颜色
@ Preview(showBackground = true, backgroundColor = 0xFF00FF00)
// 设置预览的界面大小
@ Preview(widthDp = 50, heightDp = 50)
// 设置预览中的语言
@ Preview(locale = "fr-rFR")
// 显示状态栏
@ Preview(showSystemUi = true)
// 启动夜间模式
@ Preview(showBackground = true, uiMode = Configuration.UI_MODE_NIGHT_YES)
// Pixel 设备中预览
@ Preview(device = Devices.PIXEL)
```

补充提示：

> Android Studio 预览面板还提供了动态预览模式，可以直接预览动画，测试手势交互等。同时也支持将当前预览页面像 App 一样运行到手机或模拟器上。

▶▶ 1.3.6 已有项目引入 Compose

前面介绍了如何新建一个 Compose 项目，当然也可以为已有的旧项目引入 Compose。**Compose 与 View 视图体系有良好的兼容性，允许我们阶段性地将传统视图项目改造成 Compose 项目。**

1. 在工程中引入 Compose

就像使用其他 Jetpack 库一样，首先需要添加 Compose 相关依赖：

```
dependencies {
  implementation "androidx.compose.ui:ui:$ compose_version"
  implementation "androidx.compose.material:material:$ compose_version"
  implementation "androidx.compose.ui:ui-tooling-preview:$ compose_version"
  debugImplementation "androidx.compose.ui:ui-tooling:$ compose_version"
  ...
}
```

最好在 build. gradle（Project）中统一定义 compose_version，同时注意升级 kotlin-gradle-plugin 到对应版本，具体参考 1.3.2 节内容。

除了添加 Gradle 依赖外，还需要在主模块的 android 闭包中添加 Compose 的编译参数。具体配置如下所示：

```
android {
  ...
  buildFeatures {
```

```
    compose true
  }
  composeOptions {
    kotlinCompilerExtensionVersion compose_version
    kotlinCompilerVersion '1.5.31'
  }
}
```

完成上述配置后，单击 Sync 按钮，等待 Gradle 配置生效，接下来就可以在工程中使用 Compose 写代码了。以 Android 平台而言，Compose 实际上都承载在 ComposeView 上，如果想要在旧项目中使用 Compose 开发，就需要在使用处添加一个 ComposeView。可以在 XML 文件中静态声明或在程序中动态构造出一个 ComposeView 实例，这里为演示方便，就采用 XML 文件中静态声明的方式。在 activity_ main. xml 中添加 ComposeView，如下所示：

```
<? xml version="1.0" encoding="utf-8"? >
<androidx.compose.ui.platform.ComposeView xmlns:android="http:// schemas.android.com/
apk/res/android"
    xmlns:app="http:// schemas.android.com/apk/res-auto"
    xmlns:tools="http:// schemas.android.com/tools"
    android:id="@ +id/root"
    android:layout_width="match_parent"
    android:layout_height="match_parent"
    tools:context=".MainActivity">
</androidx.compose.ui.platform.ComposeView>
```

接下来仅需在 MainActivity 中查找该 View 并使用 setContent 即可，这里编者在其中简单声明了一个 Text 组件。代码如下所示：

```
class MainActivity : AppCompatActivity() {
  override fun onCreate(savedInstanceState: Bundle?) {
    super.onCreate(savedInstanceState)
    setContentView(R.layout.activity_main)
    findViewById<ComposeView>(R.id.root).setContent {
      Text("Hello World")
    }
  }
}
```

这样就完成了在旧项目中接入 Compose 的过程，可以看出整个接入过程实际上非常简单，所有 **Compose 代码逻辑都承载在 ComposeView 之上，对原有基于 View 的代码侵入极小。可以大胆地将自己的已有项目逐步迁移到 Compose。**

2. 在 Compose 中使用 View 组件

不少功能性的传统视图控件在 Compose 中没有对应的 Composable 实现，例如 SurfaceView、Web- View、MapView 等。因此在 Compose 中可能会有使用传统 View 控件的需求。Compose 提供了名为 An- droidView 的 Composable 组件，允许在 Composable 中插入任意基于继承自 View 的传统视图控件。

下面的例子中，使用 AndroidView 在 Composable 中显示一个 WebView：

```kotlin
class MainActivity : ComponentActivity() {
  override fun onCreate(savedInstanceState: Bundle?) {
    super.onCreate(savedInstanceState)
    setContent {
      AndroidView(factory = { context ->
        WebView(context).apply {
          settings.javaScriptEnabled = true
          webViewClient = WebViewClient()
          loadUrl("https://jetpackcompose.cn/")
        }
      }, modifier = Modifier.fillMaxSize())
    }
  }
}
```

本例需要为 AndroidView 传入一个工厂的实现，工厂方法中可以获取 Composable 所在的 Context，并基于其构建 View 视图控件。代码中还出现了对 Modifier 的使用，在后面的章节会专门进行介绍。这里可以理解为是将 AndroidView 组件铺满整个屏幕。

WebView 的使用不是本书的重点，相关配置这里就不赘述了，总之通过调用 loadUrl，WebView 在 Composable 视图树中成功显示了一个网页，如图 1-30 所示。**AndroidView 可以有效补充 Compose 目前能力上的不足，扩展 Composable 的使用场景**。

● 图 1-30　在 Compose 内使用 WebView 组件

1.4 本章小结

　　本章首先认识了 Compose 的整个发展历程，以及 Compose 相比于基于 View 的传统视图体系的优势。接下来带领大家创建了第一个 HelloWorld 示例项目，对示例中的代码进行了初步的学习，并讲解了在已有项目中如何接入 Compose 框架，以及如何在 Compose 中复用已有的 View 组件。通过本章的学习，想必大家对 Compose 已经有了初步的认识，编者会在接下来的章节带领大家不断学习，搭建起一个扎实的 Compose 知识框架体系。

第2章

▶▶▶▶▶▶▶

了解常用 UI 组件

在前面的章节中，我们已经大致了解了 Compose 和传统开发方式不同的地方。在 Compose 中，每个组件都是一个带有@ Composable 注解的函数，被称为 Composable。Compose 已经预置了很多基础的 Composable 组件，它们都是基于 Material Design 规范设计，例如 Button、TextField、TopAppBar 等。

在布局方面，Compose 提供了 Column、Row、Box 三种布局组件，类似于传统视图开发中的 LinearLayout（Vertical）、LinearLayout（Horizontal）、FrameLayout，可以满足各类产品的常见布局需求。

在介绍这些 UI 和 Layout 组件之前，我们先来了解一个重要概念，它影响组件的样式，例如外观、背景、填充、布局等，这就是 Modifier 修饰符。

2.1 Modifier 修饰符

在传统开发中，使用 XML 文件来描述组件的样式，而 Jetpack Compose 设计了一个精妙的东西，它叫作 Modifier。

Modifier 允许我们通过链式调用的写法来为组件应用一系列的样式设置，如边距、字体、位移等。在 Compose 中，每个基础的 Composable 组件都有一个 modifier 参数，通过传入自定义的 Modifier 来修改组件的样式。

▶▶ 2.1.1 常用修饰符

本节介绍一些预置的 Modifier 修饰符，它们对于所有 Composable 组件都通用，也是我们平常接触最多的。

1. Modifier. size

先来介绍最常用的 size 修饰符，它用来设置被修饰组件的大小。

```
Row {
  Image(
    painterResource(id = R.drawable.pic),
    contentDescription = null,
    modifier = Modifier
```

```
      .size(60.dp) // width 与 heigh 同时设置为 60dp
      .clip(CircleShape) // 将图片裁剪为圆形
  )
  Spacer(Modifier.width(10.dp))
  Image(
    painterResource(id = R.drawable.pic),
    contentDescription = null,
    modifier = Modifier
      .size(100.dp)// width 与 heigh 同时设置为 100dp
      .clip(CircleShape)
  )
}
```

上面的代码运行结果如图 2-1 所示。

size 同时提供了重载方法，支持单独设置组件的宽度与高度。

```
Image(
  painter = painterResource(id = R.drawable.pic),
  contentDescription = stringResource(R.string.description),
  modifier = Modifier.size(
      width = 200.dp, height = 500.dp)// 分别指定 width & height
)
```

● 图 2-1　size 修饰符

2．Modifier. background

backgroud 修饰符用来为被修饰组件添加背景色。背景色支持设置 color 的纯色背景，也可以使用 brush 设置渐变色背景。Brush 是 Compose 提供的用来创建线性渐变色的工具。

```
Row {
  Box(
    Modifier
      .size(50.dp)
      .background(color = Color.Red)// 设置纯色背景
  ) {
    Text("纯色", Modifier.align(Alignment.Center))
  }
  WidthSpacer(value = 10.dp)
  Box(
    Modifier
      .size(50.dp)
      .background(brush = verticalGradientBrush)// 设置渐变色背景
  ) {
    Text("渐变色", Modifier.align(Alignment.Center))
  }
}



// 创建 Brush 渐变色
```

```
val verticalGradientBrush = Brush.verticalGradient(
  colors = listOf(
    Color.Red,
    Color.Yellow,
    Color.White
  )
)
```

代码执行结果如图 2-2 所示。

● 图 2-2　background 修饰符

补充提示：

　　传统视图中 View 的 background 属性可以用来设置图片格式的背景，Compose 的 background 修饰符只能设置颜色背景，图片背景需要使用 Box 布局配合 Image 组件实现。关于这些组件将在本章后面的内容中介绍。

3. Modifier. fillMaxSize

前面我们介绍了 size 方法，但是有的时候想要让组件在高度或者宽度上填满父空间，此时可以使用 fillMaxXXX 系列方法：

```
// 填满整个父空间
Box(Modifier.fillMaxSize().background(Color.Red))
// 高度填满父空间
Box(Modifier.fillMaxHeight().width(60.dp).background(Color.Red))
// 宽度填满父空间
Box(Modifier.fillMaxWidth().height(60.dp).background(Color.Red))
```

代码执行结果如图 2-3 所示。

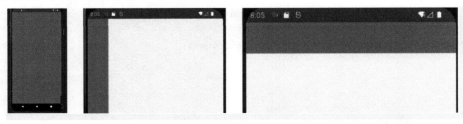

● 图 2-3　fillMaxSize、fillMaxHeight、fillMaxWidth 修饰符

4. Modifier. border & Modifier. padding

border 用来为被修饰组件添加边框。边框可以指定颜色、粗细，以及通过 Shape 指定形状，比如圆角矩形等。**padding** 用来为被修饰组件增加间隙。可以在 border 前后各插入一个 padding，区分对外和对内的间距，代码如下：

```
Box(
  modifier = Modifier
    .padding(8.dp) // 外间隙
    .border(2.dp, Color.Red, shape = RoundedCornerShape(2.dp)) // 边框
    .padding(8.dp) // 内间隙
) {
  Spacer(
    Modifier
      .size(width = 100.dp, height = 10.dp)
      .background(Color.Red))
}
```

执行结果如图 2-4 所示。

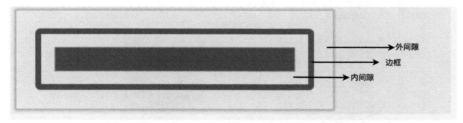

● 图 2-4   boder、padding 修饰符

补充提示：

相对于传统布局有 Margin 和 Padding 之分，Compose 中只有 padding 这一种修饰符，根据在调用链中的位置不同发挥不同作用，概念更加简洁，这也体现了 Modifier 中链式调用的特点。

5. Modifier. offset

offset 修饰符用来移动被修饰组件的位置，我们在使用时只分别传入水平方向与垂直方向的偏移量即可。

注意：

Modifier 调用顺序会影响最终 UI 呈现的效果，这里应使用 offset 修饰符偏移，再使用 background 修饰符绘制背景色。

```
Box(
  modifier = Modifier
    .size(100.dp)
```

```
        .offset(x = 200.dp, y = 150.dp)
        .background(Color.Red)
)
```

也可以使用 offset 的重载方法，返回一个 IntOffset 实例：

```
Box(
  modifier = Modifier
    .size(100.dp)
    .offset { IntOffset(200.dp.roundToPx(), 150.dp.roundToPx()) }
    .background(Color.Red)
)
```

代码运行后如图 2-5 所示。

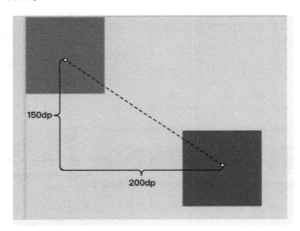

● 图 2-5　offset 修饰符

▶▶ 2.1.2　作用域限定 Modifier 修饰符

Compose 充分发挥了 Kotlin 的语法特性，让某些 Modifier 修饰符只能在特定**作用域**中使用，有利于类型安全地调用它们。所谓的 "作用域"，在 Kotlin 中就是一个带有 Receiver 的代码块。例如 Box 组件参数中的 conent 就是一个 Reciever 类型为 BoxScope 的代码块，因此其子组件都处于 BoxScope 作用域中。

```
inline fun Box(
  modifier: Modifier = Modifier,
  contentAlignment: Alignment = Alignment.TopStart,
  propagateMinConstraints: Boolean = false,
  content: @Composable BoxScope.() -> Unit
)
Box {
  // 该代码块 Reciever 类型即为 BoxScope
}
```

需要注意 Reciever 类型默认可以跨层级访问。例如下面的例子中，由于 funB ｛...｝ 处于 funA ｛...｝ 内部，可以在 funB ｛...｝ 中访问到属于 funA ｛...｝ 的方法 visitA( )。

```
class AScope {
  fun visitA() {}
}
class BScope {
  fun visitB(){}
}
fun funA(scope: AScope.() -> Unit) {
  scope(AScope())
}
fun funB(scope: BScope.() -> Unit) {
  scope(BScope())
}
fun main() {
  funA {
    funB {
      visitA()
    }
  }
}
```

在 Compose 的 DSL 中，一般只需要调用当前作用域的方法，像上面这样的 Receiver 跨级访问会成为写代码时的"噪声"，加大出错的概率。Compose 考虑到了这个问题，可以通过@ LayoutScopeMarker 注解来规避 Receiver 的跨级访问。常用组件 Receivier 作用域类型均已使用@ LayoutScopeMarker 注解进行了声明。

```
@ LayoutScopeMarker
@ Immutable
interface ColumnScope


@ LayoutScopeMarker
@ Immutable
interface RowScope


@ LayoutScopeMarker
@ Immutable
interface BoxScope
```

对于添加了此注解的 Receiver，我们在其作用域中默认只能调用作用域提供的方法。像跨级调用外层作用域的方法时，必须通过显式指明 Receiver 具体类型。

补充提示：

　　@ LayoutScopeMarker 的能力其实来自@ DslMarker，这是 Kotlin 专门为 DSL 场景提供的元注解。经过@ DslMarker 定义的注解，在 DSL 中使用时可以规避跨级访问。注意，不同的@ DslMarker 注解之间没有此效果。

作用域限定修饰符的好处在于类型安全，这在传统视图中是难以保证的。例如可以在 XML 中为 LinearLayout 的子组件设置 android::toRightOf 属性，这对于父布局没有任何意义，有时可能还会造成问题，然而我们很难做到根据不同父类型安全地调用不同方法。**Compose 作用域限定实现了 Modifier 的安全调用，我们只能在特定作用域中调用修饰符**，就像只能在 RelativeLayout 内使用 toRightOf一样，如果换作 LinearLayout 将无法设置 toRightOf。接下来简单认识几个常见的作用域限定 Modifier 修饰符。

1. matchParentSize

matchParentSize 是只能在 BoxScope 中使用的作用域限定修饰符。当使用 matchParentSize 设置尺寸时，可以保证当前组件的尺寸与父组件相同。而父组件默认的是 wrapContent，会根据 UserInfo 的尺寸确定自身的尺寸。代码执行后如图 2-6 所示。

```
@Composable
fun MatchParentModifierDemo() {
  Box {
    Box(modifier = Modifier
      .matchParentSize()
      .background(Color.LightGray)
    )
    UserInfo()
  }
}
```

图 2-6　matchParentSize 修饰符

如果使用 fillMaxSize 取代 matchParentSize，那么该组件的尺寸会被设置为父组件所允许的最大尺寸，这样会导致背景铺满整个屏幕。代码执行后如图 2-7 所示。

```
@Composable
fun MatchParentModifierDemo() {
  Box {
    Box(modifier = Modifier
      .fillMaxSize()
      .background(Color.LightGray)
    )
    UserInfo()
  }
}
```

图 2-7　fillMaxSize 修饰符

2. weight

在 RowScope 与 ColumnScope 中，可以使用专属的 weight 修饰符来设置尺寸。与 size 修饰符不同的是，weight 修饰符允许组件通过百分比设置尺寸，也就是允许组件可以自适应适配各种屏幕尺寸的移动终端设备。

例如，我们希望白色方块、蓝色方块与红色方块共享一整块 Column 空间，其中每种颜色方块高度各占比 1/3，如图 2-8 所示。使用 weight 修饰符可以很容易地实现，代码如下。

```
@ Composable
fun WeightModifierDemo() {
  Column(
    modifier = Modifier
      .width(300.dp)
      .height(200.dp)
  ) {
    Box(
      modifier = Modifier
        .weight(1f)
        .fillMaxWidth()
        .background(Color.White)
    )
    Box(
      modifier = Modifier
        .weight(1f)
        .fillMaxWidth()
        .background(Color.Blue)
    )
    Box(
      modifier = Modifier
        .weight(1f)
        .fillMaxWidth()
        .background(Color.Red)
    )
  }
}
```

● 图 2-8 weight 修饰符

▶▶ 2.1.3 Modifier 实现原理

前面我们提到 Modifier 调用顺序会影响最终 UI 的呈现效果。这是因为 Modifier 会由于调用顺序不同而产生出不同的 Modifier 链，Compose 会按照 Modifier 链来顺序完成页面测量布局与渲染。那么 Modifier 链是如何被构建并解析的呢？本小节将带领大家深入理解 Modifier 链背后的实现原理。

1. 接口实现

```
interface Modifier {
  fun <R> foldIn(initial: R, operation: (R, Element) -> R): R
  fun <R> foldOut(initial: R, operation: (Element, R) -> R): R
  fun any(predicate: (Element) -> Boolean): Boolean
  fun all(predicate: (Element) -> Boolean): Boolean
  infix fun then(other: Modifier): Modifier = ...
  interface Element : Modifier {...}
  companion object : Modifier {...}
}
```

从源码中我们发现 Modifier 实际是一个接口。它有三个具体实现，分别是一个 Modifier 伴生对象，

Modifier. Element 以及 CombinedModifier，如图 2-9 所示。

Modifier 伴生对象是我们对 Modifier 修饰符进行链式调用的起点，即 Modifier. xxx( ) 中开头的那个 Modifier。CombinedModifier 用于连接 Modifier 链中的每个 Modifier 对象。Modifier. Element 代表具体的修饰符。当我们使用 Modifier. xxx( ) 时，其内部实际上会创建一个 Modifier 实例。以 size 为例，其内部会创建 SizeModifier 实例，并使用 then 进行连接。

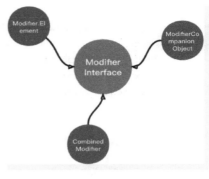

```
fun Modifier.size(size: Dp) = this.then(
  SizeModifier(...)
)
```

● 图 2-9　Modifier 接口实现

SizeModifier 实现了 LayoutModifier 接口，而 LayoutModifier 是 Modifier. Element 的子接口，如图 2-10 所示。

● 图 2-10　Modifier 继承关系

我们创建的各种 Modifier 本质上都是一个 Modifier. Element。像 LayoutModifier 这类直接继承自 Modifier. Element 的接口，这里暂且称它们为 Base Modifier。Base Modifier 种类很多，如表 2-1 所示。

表 2-1　Base Modifier 列表

Base Modifier	说　　明
LayoutModifier	自定义测量与布局过程
OnGloballyPositionedModifier	当组件尺寸与布局位置确定时，获取组件信息
RemeasurementModifier	使组件强制重新测量
onRemeasuredModifier	在重新测量后，获取组件最新尺寸
DrawModifier	自定义组件绘制
PointerInputModifier	自定义手势事件监听与处理
NestedScrolllModifier	用来处理嵌套组件滑动场景，解决手势冲突
FocusModifier	使组件变为可聚焦的
FocusRequesterModifier	能够使组件动态获取焦点
FocusEventModifier	用来观察组件获取焦点事件
SemanticsModifier	为组件增加文本语意，常用于自动化测试与无障碍模式等场景
ParentDataModifier	可以获取父组件相关信息
ComposedModifier	被装箱的 Modifier，本节后面会专门介绍

2. 链的构建

前面提到过，Modifier. size( ) 内部会创建一个 SizeModifier 实例，并使用 then 进行连接。then 返回一个 CombinedModifier，后者用来连接两个 Modifier. Element。

```
interface Modifier {
  infix fun then(other: Modifier): Modifier =
    if (other === Modifier) this else CombinedModifier(this, other)
}

class CombinedModifier(
  private val outer: Modifier,
  private val inner: Modifier
) : Modifier
```

CombinedModifier 连接的两个 Modifier 分别存储在 outer 与 inner 中，从 CombinedModifier 的数据结构可以联想到，Compose 对 Modifier 的遍历，就像剥洋葱一样从外（outer）到内（inner）一层层访问。需要注意的是，outer 与 inner 作为 private 属性不能被外部直接访问，Modifier 专门提供了 foldOut() 与 foldIn() 用来遍历 Modifier 链，这部分我们马上就会讲到。接下来通过例子理解一下 Modifier 链的构建：

假设从 Modifier 伴生对象为起点开始构造一个调用链，首先设置 size。作为链上的第一个修饰符，此时的 this. then 的 this 指向作为起点的 Modifier 伴生对象，then 直接返回 SizeModifier，此时链的结构如图 2-11 所示。

```
Modifier.size(100.dp)

companion object : Modifier {
  // Modifier 伴生对象的 then 返回 other
  override infix fun then(other: Modifier):
Modifier = other
  ...
}
```

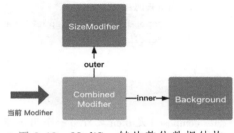

● 图 2-11　链的结构

接着，通过 Modifier. background 为组件增加背景色。Modifier. background 内部使用 then 连接了 SizeModifier 和 Background，Background 是 DrawModifier 的子类。此时 Modifier 链的整体数据结构如图 2-12所示。

```
Modifier.size(100.dp)
    .background(Color.Red)

fun Modifier.background(
  color: Color,
  shape: Shape = RectangleShape
) = this.then( // 当前 this 指向 SizeModifier
实例
  Background(...)
)
```

● 图 2-12　Modifier 链的整体数据结构

接着，调用 Modifier. padding（10. dp）为其设置内边距，此时 padding 内部使用的 this 指针指向的是 CombinedModifier 实例，通过 then 连接了一个 PaddingModifier 实例，如图 2-13 所示。

```
Modifier
  .size(100.dp)
  .background(Color.Red)
  .padding(10.dp)

fun Modifier.padding(all: Dp) =
  this.then( // 当前 this 指向 CombinedModifier 实例
    PaddingModifier(...)
  )
```

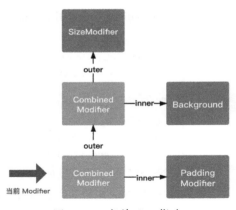

● 图 2-13　当前 this 指向
Combined Modifier 实例

最后，添加一些手势监听，通常使用 Modifier. pointerInput ( ) 来定制手势处理。pointerInput 内部并没有直接调用 then，而是调用了 composed 方法。深入研究 composed( ) 后发现，其背后仍然使用 then ( ) 来进行连接，此时连接的是一个 ComposedModifier 实例，如图 2-14 所示。

```
Modifier
  .size(100.dp)
  .background(Color.Red)
  .padding(10.dp)
  .pointerInput(Unit) {
    ...
  }

fun Modifier.pointerInput(
  key1: Any?,
  block: suspend PointerInputScope.() -> Unit
): Modifier = composed(
  ...
) {
  ...
  remember(density) {
    // SuspendingPointerInputFilter 才是幕后真正完
成手势处理的 Modifier
    SuspendingPointerInputFilter(viewConfigura-
tion, density)
  }
}
```

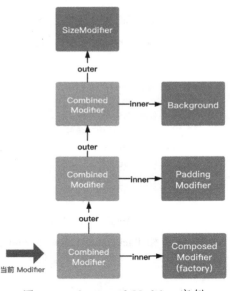

● 图 2-14　Composed Modifier 实例

到此为止，我们知道了一个 Modifier 链是如何构成的，随着调用修饰符方法越多，链就会越长，这里就不再赘述了。

3. 链的解析

Compose 在绘制 UI 时，会遍历 Modifier 链获取配置信息。Compose 使用 foldOut( ) 与 foldIn( ) 遍历 Modifier 链，就像 Kotlin 集合的 fold 操作符一样，链上的所有节点被"折叠"成一个结果后，传入视图树用于渲染。

```
fun <R> foldIn(initial: R, operation: (R, Element) -> R): R
fun <R> foldOut(initial: R, operation: (Element, R) -> R): R
```

foldIn 和 foldOut 的方法相同：initial 是折叠计算的初始值，operation 是具体计算方法。Element 参数表示当前遍历到的 Modifier，返回值也是 R 类型，表示本轮计算的结果，会作为下一轮 R 类型参数传入。

folIn 和 foldOut 的遍历顺序有所不同，假设 Modifier 调用顺序如下：

```
Modifier.size(100.dp)
  .background(Color.Red)
  .padding(10.dp)
  .pointerInput(Unit) {...}
```

foldIn( ) 代表从正向遍历：SizeModifier-> Background -> PaddingModifier -> ComposedModifier，而 foldOut 是反向遍历，即 ComposedModifier -> PaddingModifier -> Background -> SizeModifier。

我们以 Layout Composable 为例最后 Compose 处理 Modifier 链的时机。很多 Compose 组件都是基于 Layout 实现的，为这些组件添加的修饰符最终也会作为参数传入 Layout 组件。有关 Layout 组件在第 5 章还会专门介绍。

在 Layout 的实现中我们看到，构建的 Modifier 实例被传入一个名为 materializerOf 的方法。继续深入学习，我们会走进 Composer. materialize( )。

```
@ Composable inline fun Layout(
  content: @Composable () -> Unit,
  modifier: Modifier = Modifier,
  measurePolicy: MeasurePolicy
) {
  ...
  ReusableComposeNode<ComposeUiNode, Applier<Any>>(
    ...
    skippableUpdate = materializerOf(modifier)
  )
}

internal fun materializerOf(
    modifier: Modifier
): @Composable SkippableUpdater<ComposeUiNode>.() -> Unit = {
  val materialized = currentComposer.materialize(modifier)
  ...
}
```

在 materialize 中出现了 foldIn 的调用，当 Modifier 链中包含 ComposedModifier 时，也会在这里被摊平，将工厂生产 Modifier 加入到链中，最终链中将不再有 ComposedModifier。

```
fun Composer.materialize(modifier: Modifier): Modifier {
  ...
  val result = modifier.foldIn<Modifier>(Modifier) { acc, element ->
    acc.then(
      if (element is ComposedModifier) {
        @ kotlin.Suppress("UNCHECKED_CAST")
        val factory = element.factory as Modifier.(Composer, Int) -> Modifier
        // 生产 Modifier
        val composedMod = factory(Modifier, this, 0)
        // 生成出的 Modifier 可能仍包含 ComposedModifier,此处递归处理
        materialize(composedMod)
      } else element
    )
  }
  ...
  return result
}
```

Modifier 链后续还会使用 foldOut 方法进行遍历，生成 LayoutNodeWrapper 链来间接影响组件的测量布局与渲染，由于不是本书的重点，这里就不赘述了。

2.2 常用的基础组件

本节将对常用 Composable 组件的使用做一个简单介绍。由于本书容量有限，不可能覆盖所有组件以及所有参数。希望通过这些基础组件的学习，燃起大家使用 Compose 的热情，未来可以自发学习更多组件的深入用法。

▶▶ 2.2.1 文字组件

1. Text 文本

文本是 UI 中最常见的元素之一。在 Compose 中，Text 是遵循 Material Design 规范设计的上层文本组件，如果想脱离 Material Design 使用，也可以直接使用更底层的文本组件 BasicText。

我们知道**Composable 组件都是函数，所有的配置来自参数传递，通过参数列表就可以了解组件的所有功能**。Text 组件的参数列表如下所示，接下来会介绍其中几个有代表性的参数的使用。

```
@ Composable
fun Text(
  text: String, // 要显示的文本
  modifier: Modifier = Modifier, // 修饰符
  color: Color = Color.Unspecified, // 文字颜色
  fontSize: TextUnit = TextUnit.Unspecified, // 文字大小
```

```
fontStyle: FontStyle? = null, // 绘制文本时使用的字体变体(例如斜体)
fontWeight: FontWeight? = null, // 文本的粗细
fontFamily: FontFamily? = null, // 文本的字体
letterSpacing: TextUnit = TextUnit.Unspecified, // 文本间距
textDecoration: TextDecoration? = null, // 文本的装饰,例如下画线等
textAlign: TextAlign? = null, // 文本的对齐方式
lineHeight: TextUnit = TextUnit.Unspecified, // 每行文本的间距
overflow: TextOverflow = TextOverflow.Clip, // 文本溢出的视觉效果
softWrap: Boolean = true, // 控制文本是否能够换行,如果为 false,则会定位
maxLines: Int = Int.MAX_VALUE, // 文本最多可以有几行
onTextLayout: (TextLayoutResult) -> Unit = {},  // 在文本发生变化之后,会回调一个 TextLay-
outResult,包含此文本的各种信息
style: TextStyle = LocalTextStyle.current // 文本的风格配置,如颜色、字体、行高等
)
```

最佳实践：

    Text 组件的参数会按照其使用频度排序（比如 text 和 modifier 排在靠前的位置），并尽量添加默认实现，便于在单元测试或者预览中使用。我们自定义的 Composable 组件也应该遵循这样的参数设计原则。

    Text 的基本功能是显示一段文字，可以为 text 参数中传入要显示的文字内容。Compose 也提供了 stringResource 方法通过 R 资源文件获取字符串。

```
// 指定字符串
Text(text = "Hello World")

// 指定文字资源
Text(text = stringResource(R.string.hello_world))
```

补充提示：

    除了 stringResource，Compose 也提供了获取其他类型资源的方法，例如 colorResource、integerResource、painterResource（Drawable 类型资源）等。

2. style 文字样式

style 参数接受一个 TextStyle 类型，TextStyle 中包含一系列设置文字样式的字段，例如行高、间距、字体大小、字体粗细等。

```
Text(
  text = "Hello World\n" + "Goodbye World"
)
Text(
  text = "Hello World\n" + "Goodbye World",
  style = TextStyle(
    fontSize = 25.sp, // 字体大小
```

```
        fontWeight = FontWeight.Bold, // 字体粗细
        background = Color.Cyan, // 背景
        lineHeight = 35.sp // 行高
    )
)
Text(
    text = "Hello World",
    style = TextStyle(
        color = Color.Gray,
        letterSpacing = 4.sp // 字体间距
    )
)
Text(
    text = "Hello World",
    style = TextStyle(
        textDecoration = TextDecoration.LineThrough// 删除线
    )
)
Text(
    text = "Hello World",
    style = MaterialTheme.typography.h6.copy(fontStyle = FontStyle.Italic)
)
```

上述代码的运行结果如图 2-15 所示。其中 TextDecoration 可以为文字增加删除线或下画线，FontStyle 可以用来设置文字是否是斜体。

● 图 2-15 配置 TextStyle

补充提示：

TextStyle 虽然是一个普通 data class，但是它提供了 data class 那样的 copy 方法，可以非常高效地构造一个新实例。

代码中出现的 MaterialTheme. typography. h6 是一个预置的 TextStyle。Compose 项目默认都有一个

Type. kt 文件，它和其他一些预置的 TextStyle 就定义在那里，这些都是 Material Design 规范中的文字样式，例如 h1、h2、overline 等。

```
val defaultFontFamily: FontFamily = FontFamily.Default
val h1: TextStyle = TextStyle(
    fontWeight = FontWeight.Light,
    fontSize = 96.sp,
    letterSpacing = (-1.5).sp
)
val h2: TextStyle = TextStyle(
    fontWeight = FontWeight.Light,
    fontSize = 60.sp,
    letterSpacing = (-0.5).sp
)
...
val overline: TextStyle = TextStyle(
    fontWeight = FontWeight.Normal,
    fontSize = 10.sp,
    letterSpacing = 1.5.sp
)
```

表 2-2 就是 Material Desgin 2 的 Typography 规范，定义了各类文字样式，样式名称也体现了它们的使用场景，比如 H1 是一级标题，BUTTON 是按钮文字等。

表 2-2　Material Design 字体

Scale Category	Typeface	Weight	Size	Case	Letter spacing
H1	Roboto	Light	96	Sentence	-1.5
H2	Roboto	Light	60	Sentence	-0.5
H3	Roboto	Regular	48	Sentence	0
H4	Roboto	Regular	34	Sentence	0.25
H5	Roboto	Regular	24	Sentence	0
H6	Roboto	Medium	20	Sentence	0.15
Subtitle 1	Roboto	Regular	16	Sentence	0.15
Subtitle 2	Roboto	Medium	14	Sentence	0.1
Body 1	Roboto	Regular	16	Sentence	0.5
Body 2	Roboto	Regular	14	Sentence	0.25
BUTTON	Roboto	Medium	14	All caps	1.25
Caption	Roboto	Regular	12	Sentence	0.4
OVERLINE	Roboto	Regular	10	All caps	1.5

如果我们的项目采用了 Material Design 设计规范，那么可以为 Text 的 style 参数直接设置 Typography 中预置的 TextStyle。当然也可以脱离 Material Design 来定义自己的文本样式。

补充提示：

TextStyle 中的大部分字段也可以在 Text 参数中直接设置，例如 fonteSize、fontWeight、fontStyle 等。注意 Text 参数会覆盖对 TextStyle 同名属性的设置。

maxLines 参数

maxLines 参数可以帮助我们将文本限制在指定的行数之间，当文本超过了参数设置的阈值时，文本会被截断。overflow 可以处理文字过多的场景，在 Ellipsis 模式下会以...结尾

```
Text(
    text = "你好世界,我正在使用 Jetpack Compose 框架来开发我的 App 界面",
    style = MaterialTheme.typography.body1
)

Text(
    text ="你好世界,我正在使用 Jetpack Compose 框架来开发我的 App 界面",
    style = MaterialTheme.typography.body1,
    maxLines = 1,
)

Text(
    text = "你好世界,我正在使用 Jetpack Compose 框架来开发我的 App 界面",
    style = MaterialTheme.typography.body1,
    maxLines = 1,
    overflow = TextOverflow.Ellipsis
)
```

代码执行结果如图 2-16 所示。

你好世界，我正在使用 Jetpack Compose 框架来开发我的 App 界面

你好世界，我正在使用 Jetpack Compose 框架来开

你好世界，我正在使用 Jetpack Compose 框架来开...

● 图 2-16　maxLines 参数

3. fontFamily 字体风格

fontFamily 参数用来设置文字字体，代码及运行结果如图 2-17 所示。

```
Text("Hello World")
Text("Hello World", fontFamily = FontFamily.Monospace)
Text("Hello World", fontFamily = FontFamily.Cursive)
```

● 图 2-17　fontFamily 参数

4. AnnotatedString 多样式文字

在很多应用场景中，我们需要在一段文字中对局部内容应用特别格式以示突出，比如一个超链接或者一个电话号码等，此时需要用到 AnnotatedString。AnnotatedString 是一个数据类，除了文本值，它还包含了一个 SpanStyle 和 ParagraphStyle 的 Range 列表。SpanStyle 用于描述在文本中子串的文字样式，ParagraphStyle 则用于描述文本中子串的段落样式，Range 确定子串的范围。

```
@ Composable
fun Text(
  text: AnnotatedString,
  modifier: Modifier = Modifier,
  ...
)


class AnnotatedString internal constructor(
  val text: String,
  val spanStyles: List<Range<SpanStyle>> = emptyList(),
  val paragraphStyles: List<Range<ParagraphStyle>> = emptyList(),
  internal val annotations: List<Range<out Any>> = emptyList()
) : CharSequence
```

使用 buildAnnotatedString {...}，以 DSL 的方式构建一个 AnnotatedString。其中 append 用来添加子串的文本，withStyle 为 append 的子串指定文字或段落样式。代码如下所示：

```
Text(
  text = buildAnnotatedString {
    withStyle(style = SpanStyle(fontSize = 24.sp)) {
      append("你现在学习的章节是")
    }
    withStyle(
      style = SpanStyle(
        fontWeight = FontWeight.W900,
        fontSize = 24.sp
      )
    ) {
      append("Text")
    }
    append(" \n")
    withStyle(style = ParagraphStyle(lineHeight = 25.sp)) {
      append("在刚刚讲过的内容中,我们学会了如何应用文字样式,以及如何限制文本的行数和处理溢出的视觉效果。")
      append(" \n")
```

```
        append("现在,我们正在学习 ")
        withStyle(
          style = SpanStyle(
            fontWeight = FontWeight.W900,
            textDecoration = TextDecoration.Underline,
            color = Color(0xFF59A869)
          )
        ) {
            append("AnnotatedString")
        }
      }
    }
)
```

执行结果如图 2-18 所示。

SpanStyle 继承了 TextStyle 中关于文字样式相关的字段，而 ParagraphStyle 继承了 TextStyle 中控制段落的样式，例如 textAlign、lineHeight 等。某种意义上说**SpanStyle 与 ParagraphStyle 分拆了 TextStyle，可以对子串分别进行文字以及段落样式的设置。**

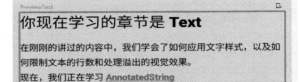

● 图 2-18　AnnotatedString 效果

补充提示：

SpanStyle 或 ParagraphStyle 中的设置优先于整个 TextStyle 中的同名属性设置。

Compose 提供了一种可点击文本组件 ClickedText，可以响应我们对文字的点击，并返回点击位置。可以让 AnnotatdString 子串在相应的 ClickedText 中点击后，做出不同的动作。例如点击一个超链接样式子串可以打开浏览器、点击数字格式子串来拨打电话等。在 AnnotatedString 中可以为子串添加一个 tag 标签，在处理 onClick 事件时，可以根据 tag 实现不同的逻辑。代码如下：

```
val annotatedText = buildAnnotatedString {
  ...
  withStyle(style = ParagraphStyle(lineHeight = 25.sp)) {
    ...
    // 为 pushStringAnnotation 与 pop 之间的区域添加标签
    pushStringAnnotation(tag = "URL", annotation = "https://jetpackcompose.cn/docs/elements/text")
    withStyle(
      style = SpanStyle(
        fontWeight = FontWeight.W900,
        textDecoration = TextDecoration.Underline,
        color = Color(0xFF59A869)
      )
    ) {
        append("AnnotatedString")
```

```
    }
    pop()
    ...
  }
  ...
}

ClickableText(
  text = annotatedText,
  // ClickableText 可以处理 onClick 事件
  onClick = { offset ->
    // 获取被点击区域的标签为 URL 的 annotation 并进行处理
    annotatedText.getStringAnnotations(
      tag = "URL",
      start = offset,
      end = offset
    ).firstOrNull()?
    .let { annotation ->
      // 打开 URL
      openURL(annotation.item)
    }
  }
)
```

5. SelectionContainer 选中文字

Text 自身默认是不能被长按选择的，否则在 Button 中使用时，又会出现第 1 章那种"可粘贴的 Button"的例子。

Compose 提供了专门的 SelectionContainer 组件，对包裹的 Text 进行选中。可见 Compose 在组件设计上，将关注点分离的原则发挥到了极致。代码执行结果如图 2-19 所示。

```
SelectionContainer {
  Text("我是可以被复制的文字")
}
```

● 图 2-19　使用 SelectionContainer

6. TextField 输入框

TextField 组件是我们最常使用的文本输入框，它也遵循着 Material Design 设计准则。它也有一个低级别的底层组件，叫作 BasicTextField，我们会在之后的章节介绍到它。

TextField 有两种风格，一种是默认的，也就是 filled，另一种是 OutlinedTextField。

```
@Composable
fun TextField(
  value: String, // 输入框显示的文本
  onValueChange: (String) -> Unit,// 当输入框内的文本发生改变时的回调,其中带有最新的文本参数
  modifier: Modifier = Modifier, // 修饰符
```

```
enabled: Boolean = true, // 是否启用
readOnly: Boolean = false, // 控制输入框的可编辑状态
textStyle: TextStyle = LocalTextStyle.current, // 输入框内文字的样式
label: @Composable (() -> Unit)? = null,  // 可选的标签,将显示在输入框内
placeholder: @Composable (() -> Unit)? = null, // 占位符,当输入框处于焦点位置且输入文本为空时,
将被显示
leadingIcon: @Composable (() -> Unit)? = null, // 在输入框开头显示的前置图标
trailingIcon: @Composable (() -> Unit)? = null, // 在输入框末尾显示的后置图标
isError: Boolean = false, // 指示输入框的当前值是否有错误,当值为"true"时,标签、底部指示器和尾部图
标将以错误颜色显示
visualTransformation: VisualTransformation = VisualTransformation.None, // 输入框内的文本
视觉,例如,可以设置 PasswordVisualTransformation 来达到密码文本的效果
keyboardOptions: KeyboardOptions = KeyboardOptions.Default, // 软件键盘选项,包含键盘类型和
ImeAction 等配置
keyboardActions: KeyboardActions = KeyboardActions(), // 当输入服务发出一个 IME 动作时,相应的
回调被调用
singleLine: Boolean = false, // 输入框是否只能输入一行
maxLines: Int = Int.MAX_VALUE, // 输入框所能输入的最大行数
// 用于监听组件状态,便于自定义组件不同状态下的样式
interactionSource: MutableInteractionSource = remember { MutableInteractionSource() },
// 输入框的外观形状
shape: Shape = MaterialTheme.shapes.small.copy(bottomEnd = ZeroCornerSize, bottomStart =
ZeroCornerSize),
// 输入框的颜色组
colors: TextFieldColors = TextFieldDefaults.textFieldColors()
)
```

下面的代码是一个输入框的例子。输入框同时附带一个 label, label 会根据输入框获得焦点而呈现出不同的效果。输入框获得焦点时,底部还会有一个颜色高亮的提示,如图 2-20 所示。

```
@Composable
fun TextFieldSample() {
  var text by remember { mutableStateOf("") }
  TextField(
    value = text,
    onValueChange = { // it: String
      text = it
    },
    label = { Text("用户名") } // 标签
  )
}
```

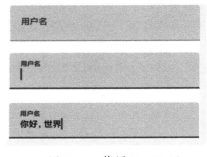

● 图 2-20　使用 TextField

代码中提前出现了关于 State 的使用:var text by remember { mutableStateOf (" ") }。关于状态我们会在第 4 章重点介绍。这里只需要简单知道这个 text 是一个可以变化的文本,用来显示 TextField 输入框中当前输入的文本内容。在 onValueChange 回调中可以获取来自软键盘的最新输入,我们利用这个信息来更新可变状态 text,驱动界面刷新显示最新的输入文本。

补充提示：

来自软键盘的输入内容不会直接更新 TextField，TextField 需要通过观察额外的状态更新自身，这也体现了声明式 UI 中 "状态驱动 UI" 的基本理念。

7. 为输入框添加装饰

在很多情况下，我们的输入框都可能带有前后图标或者按钮，例如在注册界面的表单中，密码一栏可能就含有可以隐藏或者显示密码的小按钮。这些都可以通过 TextField 的参数进行设置：

```
@ Composable
fun TextFieldSample() {
  var username by remember { mutableStateOf("") }
  var password by remember { mutableStateOf("") }
  Column {
    TextField(
      value = username,
      onValueChange = {
        username = it
      },
      label = {
        Text("用户名")
      },
      leadingIcon = {
        Icon(imageVector = Icons.Filled.AccountBox, contentDescription = stringResource(R.
string.description))
      }
    )
    TextField(
      value = password,
      onValueChange = {
        password = it
      },
      label = {
        Text("密码")
      },
      trailingIcon = {
        IconButton(
          onClick = {}
        ) {
          Icon(painter = painterResource(id = R.drawable.visibility), contentDescription =
stringResource(R.string.description))
        }
      }
    )
  }
}
```

代码执行结果如图 2-21 所示。

username 和 password 是我们要在两个输入框中显示的带状态的文字。代码中首次出现了 Column，这是一个布局组件，在接下来的 2.3 节会详细介绍。可以简单地理解为它能将里面的元素从上到下垂直排列。

在第一个输入框中，通过 leadingIcon 参数为输入框添加了前置小图标。小图标由专门的 Icon 组件来展

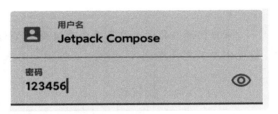

● 图 2-21　装饰 TextField

示，稍后会在 2.2.2 节详细介绍其使用。同理 trailingIcon 可以添加后置图标。

leadingIcon 与 trailingIcon 都是@ Composable（( ) -> Unit）类型，理论上可以摆放任意 Composable 组件。例如第二个输入框，在输入框尾部放置了一个 IconButton，它除了显示 Icon 以外，还可以响应用户点击。

8. OutlinedTextField 边框样式输入框

OutlinedTextField 是按照 Material Design 规范设计的另一种风格的输入框，除了外观上它带有一个边框（如图 2-22 和图 2-23 所示），其他用法和 TextField 基本一致。

```
@ Composable
fun TextFieldSample() {
  var text by remember { mutableStateOf("") }
  OutlinedTextField(
    value = text,
    onValueChange = {
      text = it
    },
    label = { Text("用户名") }
  )
}
```

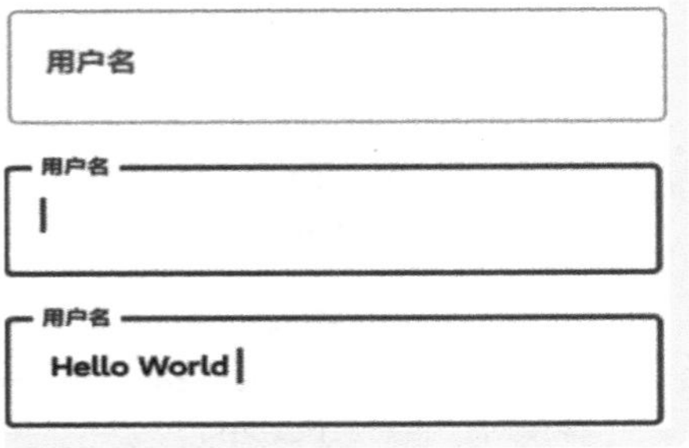

● 图 2-22　OutlinedTextField

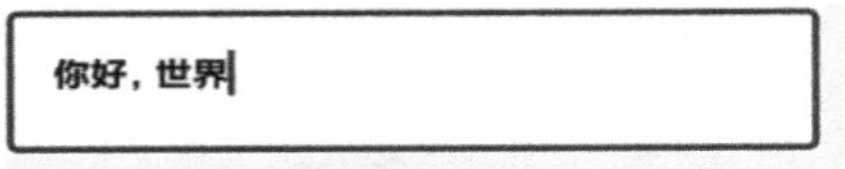

● 图 2-23　OutlinedTextField（无 Label）

9. BasicTextField 基本演示

BasicTextField 是一个更低级别的 Composable 组件，与 TextField、OutlinedTextField 不同的是，BasicTextField 拥有更多的自定义效果。由于 TextField 和 OutlinedTextField 是根据 Material Design 准则设计的，我们无法直接修改输入框的高度，如果尝试修改高度，会看到输入区域被截断，影响正常输入。

```
@ Composable
fun TextFieldSample() {
  var username by remember { mutableStateOf("") }
  TextField(
    value = username,
    onValueChange = {
      username = it
    },
```

```
    label = {
      Text("用户名")
    },
    leadingIcon = {
      Icon(imageVector = Icons.Filled.AccountBox, contentDescription = null)
    },
    modifier = Modifier.height(30.dp)
  )
}
```

代码执行结果如图 2-24 所示。

这是由于 TextField 没有暴露足够的参数供
我们设置，而 BasicTextField 可以支持大多数的
定制需求。首先来看看 BasicTextField 为我们提
供了哪些可选参数。

● 图 2-24　TextField 输入框被截断

```
@Composable
fun BasicTextField(
  value: String,
  onValueChange: (String) -> Unit,
  modifier: Modifier = Modifier,
  enabled: Boolean = true,
  readOnly: Boolean = false,
  textStyle: TextStyle = TextStyle.Default,
  keyboardOptions: KeyboardOptions = KeyboardOptions.Default,
  keyboardActions: KeyboardActions = KeyboardActions.Default,
  singleLine: Boolean = false,
  maxLines: Int = Int.MAX_VALUE,
  visualTransformation: VisualTransformation = VisualTransformation.None,
  onTextLayout: (TextLayoutResult) -> Unit = {},// 当输入框文本更新时的回调,包括了当前文本的各种
信息
  interactionSource: MutableInteractionSource = remember { MutableInteractionSource() },
  cursorBrush: Brush = SolidColor(Color.Black), // 输入框光标的颜色
  decorationBox: @Composable (innerTextField: @Composable () -> Unit) -> Unit =
    @Composable { innerTextField -> innerTextField() } // 允许在 TextField 周围添加修饰的 Com-
posable lambda,需要在布局中调用 innerTextField()才能完成 TextField 的构建
)
```

可以看到，BasicTextField 的参数和 TextField 有很多共同的地方，而我们自定义的关键在于最后一
个参数 decorationBox。decorationBox 是一个 Composable，它回调了一个 innerTextField 函数给我们。
innerTextField 是框架定义好给我们使用的东西，它就是文字输入的入口，所以需要创建好一个完整的
输入框界面，并在合适的地方调用这个函数。接下来看一段代码并尝试理解它。代码结果如图 2-25
所示。

```
@Composable
fun BasicTextFieldSample() {
```

```
var text by remember { mutableStateOf("") }
BasicTextField(
  value = text,
  onValueChange = {
    text = it
  },
  decorationBox = { innerTextField ->
    Column {
      innerTextField()
      Divider(
        thickness = 2.dp, // 分割线的粗度
        modifier = Modifier
          .fillMaxWidth()
          .background(Color.Black)
      )
    }
  }
)
}
```

通过以上一个简单的代码，我们创建了一个自定义的输入框。在 decorationBox 中，传入了一个自己组合的 Composable 组件。这个 Composable 组件最外层由 Column 这个布局组件控制。Column 能够将里面的元素从上到下垂直排列，第二个组件叫作 Divider，可以使用这个组件创建一条分割线。通过使用合理的布局组件，将 innerTextField 组件和分割线组合起来，形成了一个输入框。这也就是 BasicTextField 的基本使用方法，如图 2-25 所示。

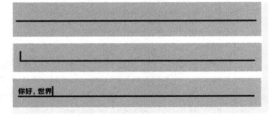

● 图 2-25　使用 BasicTextField

10. 实战：B 站风格搜索框

decorationBox 的存在使得我们可以发挥自己的想象力来创建一个输入框，接下来尝试制作出类似于哔哩哔哩 App 中的搜索输入框（如图 2-26 所示）。

● 图 2-26　搜索输入框

首先我们分析一下，在这个输入框中，含有前置的搜索图标，在未输入文字之前，有个提示的文字（Placeholder）在输入框中，在输入框有文字之后，输入框尾部含有一个可单击的关闭按钮，用来清空输入框当前所有的文字。输入框的外观为：白色的背景+圆角。分析完输入框的特点后，可以开始着手制作了，首先来声明出输入框的外观。

```
@Composable
fun SearchBar() {
  var text by remember { mutableStateOf("") }
```

```
Box(
  modifier = Modifier
    .fillMaxSize() // 填满父布局
    .background(Color(0xFFD3D3D3)),
  contentAlignment = Alignment.Center // 将 Box 里面的组件放置于 Box 容器的中央
) {
  BasicTextField(
    value = text,
    onValueChange = {
      text = it
    },
    decorationBox = { innerTextField ->
      innerTextField()
    },
    modifier = Modifier
      .padding(horizontal = 10.dp)
      .background(Color.White, CircleShape)
      .height(30.dp)
      .fillMaxWidth()
  )
}
```

为了凸显输入框的形状，将当前页面的背景颜色设置为灰色，并将输入框放置于页面中央，如图 2-27 所示。

可以看到，我们已经创建出来了一个带有圆角，背景颜色为白色的输入框。但是输入框的输入位置处于左上角，不符合预期，因为我们还没有合理地布置 innerTextField。

● 图 2-27　圆角输入框

按照需求，输入框内的样式应该由三部分组成，从左往右水平排列，分别是搜索图标、文字内容、取消按钮，如图 2-28 所示。

像这种子项以水平排列的布局，一般使用线性布局组件 Row 来实现（将在 2.3 节详细介绍）。接下来在 decorationBox 中增加 Row，verticalAlignment 参数表示 Row 的子项垂直居中。

● 图 2-28　使用 Row 布局的 SearchBar

```
decorationBox = { innerTextField ->
  Row(
    verticalAlignment = Alignment.CenterVertically,
    modifier = Modifier.padding(vertical = 2.dp, horizontal = 8.dp)
  ) {
```

```
Icon(
    imageVector = Icons.Filled.Search,
    contentDescription = stringResource(R.string.description)
)
innerTextField()
    }
}
```

代码效果如图 2-29 所示。

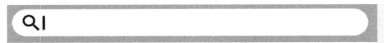

● 图 2-29　使用 Row 布局 innerTextField

接下来增加 Placeholder，当文本框中没有输入内容时，显示 Placeholder 文字，它相比于正常的文字透明度更低，我们通过设置文字颜色透明度来达到这种效果。但是如何让 innerTextField 和这个 Placeholder 显示在同一个位置呢，这里使用帧布局组件 Box 进行实现，具体会在 2.3 节详细介绍。

```
Box(
  modifier = Modifier
      .padding(horizontal = 10.dp),
      contentAlignment = Alignment.CenterStart
      // 设置子元素为竖直方向上的中间,水平方向上的最左边
) {
  if (text.isEmpty()) {
    Text(
      text = "输入点东西看看吧~",
      style = TextStyle(
        color = Color(0, 0, 0, 128)
        )
      )
    }
  innerTextField()
}
```

代码效果如图 2-30 所示。

● 图 2-30　添加 Placeholder

最后添加取消按钮，仅在输入框有输入内容时才显示。使用 IconButton 组件显示 Icon，并在 onClick 中将输入框的内容清空。同时与 Placeholder 一样，根据 text 的状态控制是否显示：

```
decorationBox = { innerTextField ->
  Row(
    verticalAlignment = Alignment.CenterVertically,
    modifier = Modifier.padding(vertical = 2.dp, horizontal = 8.dp)
  ) {
    Icon( /* ...* /)
    Box(/* ...* /) { innerTextField() }
    if(text.isNotEmpty()) {
      IconButton(
        onClick = { text = "" },
        modifier = Modifier.size(16.dp)
      ) {
        Icon (imageVector = Icons.Filled.Close, contentDescription = stringResource (R.
string.description))
      }
    }
  }
}
```

代码效果如图 2-31 所示。

● 图 2-31　添加 Clear 按钮

至此我们使用 Composable 组件完成了一个 B 站样式的搜索框，是不是非常简单呢。

2.2.2　图片组件

1. Icon 图标

Icon 组件用于显示一系列小图标。Icon 组件支持三种不同类型的图片设置：

```
@ Composable
fun Icon(
  imageVector: ImageVector, // 矢量图对象,可以显示 SVG 格式的图标
  contentDescription: String?,
  modifier: Modifier = Modifier,
  tint: Color
)
@ Composable
fun Icon(
  bitmap: ImageBitmap, // 位图对象,可以显示 JPG、PNG 等格式的图标
  contentDescription: String?,
```

```
  modifier: Modifier = Modifier,
  tint: Color
)
@Composable
fun Icon(
  painter: Painter, // 代表一个自定义画笔,可以使用画笔在 Canvas 上直接绘制图标
  contentDescription: String?,
  modifier: Modifier = Modifier,
  tint: Color
)
```

我们除了直接传入具体类型的实例，也可以通过 res/ 下的图片资源来设置图标：

```
Icon(imageVector = ImageVector.vectorResource( id = R.drawable.ic_svg, contentDescription
= "矢量图资源")
Icon(bitmap = ImageBitmap.imageResource( id = R.drawable.ic_png), contentDescription = "图
片资源")
Icon(painter = painterResource( id = R.drawable.ic_both), contentDescription = "任意类型资源")
```

如上所示，ImageVector 和 ImageBitmap 都提供了对应的加载 Drawable 资源的方法，vectorResource 用来加载一个矢量 XML，imageResource 用来加载 jpg 或者 png 图片。painterResource 对以上两种类型的 Drawable 都支持，内部会根据资源创建对应的画笔进行图标的绘制。

接下来使用 Icon 组件显示一个具体的图标，如图 2-32 所示。

```
@Composable
fun IconSample() {
  Icon(
    imageVector = Icons.Filled.Favorite,
    contentDescription = null,
    tint = Color.Red
  )
}
```

● 图 2-32 原黑色（左）、
tint 红色（右）

上述代码中我们直接使用了 Material 包预置的 Favorite 矢量图标，它是一个心形图标。

contentDescription 参数服务于系统的无障碍功能，其中的文字会转换为语言供视障人士听取内容时使用，这个参数没有默认值，必须手动设置，也是官方有意为之，提醒开发者重视对于残障人士的关怀。但是 contentDescription 允许设置为 null。

例子中的 Favorite 是一个 Filled 风格的图标，Material 包每个图标都提供了五种风格可供使用，除了 Filled，还包括 Outlined、Rounded、Sharp、Two tone 等，都可以通过 Icons. xxx. xxx 的方式调用。这五种风格在一些设计上的侧重点不同，如表 2-3 所示。

表 2-3　Icon 的五种类型

Icon 类型	特　　点	图 标 示 例		
Outlined	勾勒轮廓，无填充色	⊘	🗑	🛒

（续）

Icon 类型	特　点	图 标 示 例
Filled	使用纯色填充	
Rounded	纯色填充，同时端点均为圆角	
Sharp	纯色填充，同时端点均为尖角	
Two tone	边框色与填充色使用双色	

补充提示：

　　Icon 组件不仅可以加载 Material 包里自带的图标，也能加载网络下载第三方图标。谷歌也提供了专门的图标库。我们可以从 https://fonts.google.com/icons 下载更多图标使用。此外，Material 自带的包仅有一些常用的图标，如需使用其他所有的 Material 图标，可以添加依赖 implementation "androidx.compose.material：material-icons-extended：$ compose_version"。

2. Image 图片

　　Image 组件用来显示一张图片。它和 Icon 一样也支持三种类型的图片设置，这里以 Painter 类型的组件为例，展示一下它的参数列表：

```
@ Composable
fun Image(
  painter: Painter,
  contentDescription: String?,
  modifier: Modifier = Modifier,
  alignment: Alignment = Alignment.Center,
  contentScale: ContentScale = ContentScale.Fit,
  alpha: Float = DefaultAlpha,
  colorFilter: ColorFilter? = null
)
```

　　跟 Icon 组件一样，可以使用 painterResource 来加载一个本地图片资源传入 painter 参数。项目中也经常需要加载一个远程的图片资源，这部分会在之后的章节介绍。

　　contentScale 参数用来指定图片在 Image 组件中的伸缩样式，类似传统视图 ImageView 的 scaleType 属性，它有以下几种类型，如表 2-4 所示。

表 2-4　ContentScale 类型

ContentScale 类型	说　　明
ContentScale. Crop	居中裁剪类似 ScaleType. centerCrop
ContentScale. Fit：	类似 ScaleType. fitCenter
ContentScale. FillHeight	充满高
ContentScale. FillWidth	充满宽
ContentScale. Inside	类似 ScaleType. centerInside
ContentScale. None	不处理
ContentScale. FillBounds	类似 ScaleType. fitXY 拉伸撑满宽高

colorFilter 参数用来设置一个 ColorFilter，它可以通过对绘制的图片的每个像素颜色进行修改，以实现不同的图片效果。ColorFilter 有三种修改方式：tint、colorMatrix、lighting。

```
// tint 用 BlendMode 混合指定颜色。其中参数 color 将用来混合原图片每个像素的颜色
// 参数 blendMode 是混合的模式,blenModel 有多种混合模式
// 跟传统视图中用的 Xfermode 的 PorterDuff.Model 类似
ColorFilter.tint(color: Color, blendMode: BlendMode = BlendMode.SrcIn)

// colorMatrix 通过传入一个 RGBA 四通道的 4×5 的数字矩阵去处理颜色变化
// 比如可以降低图片饱和度,以达到图片灰化的目的
ColorFilter.colorMatrix(colorMatrix: ColorMatrix)

// lighting 用来为图片应用一个简单的灯光效果
// 它由两个参数定义,第一个用于颜色相乘,第二个用于添加到原图颜色
ColorFilter.lighting(multiply: Color, add: Color)
```

▶▶ 2.2.3　按钮组件

1. Button 按钮

Button 也是最常用的组件之一，它也是按照 Material Design 风格来实现的。本节让我们看看 Button 的基本使用，照例先看一下 Button 的参数列表，了解一下它的整体功能。

```
@ Composable
fun Button(
  onClick: (() -> Unit)?, // 单击按钮时的回调
  modifier: Modifier? = Modifier, // 修饰符
  enabled: Boolean? = true, // 是否启用按钮
  interactionSource: MutableInteractionSource? = remember { MutableInteractionSource() },
  elevation: ButtonElevation? = ButtonDefaults. elevation(), // 按钮的阴影
  shape: Shape? = MaterialTheme.shapes.small,
  border: BorderStroke? = null,
  colors: ButtonColors? = ButtonDefaults.buttonColors(),
  contentPadding: PaddingValues? = ButtonDefaults.ContentPadding,
  content: (@ Composable @ ExtensionFunctionType RowScope.() -> Unit)?
): Unit
```

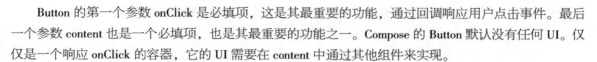

Button 的第一个参数 onClick 是必填项，这是其最重要的功能，通过回调响应用户点击事件。最后一个参数 content 也是一个必填项，也是其最重要的功能之一。Compose 的 Button 默认没有任何 UI。仅仅是一个响应 onClick 的容器，它的 UI 需要在 content 中通过其他组件来实现。

最佳实践：

　　同样是 Button 的重要功能，为什么 onClick 和 content 的位置如此厚此薄彼呢？这是因为 content 是一个带有作用域的函数类型，将函数类型的参数放到列表的最后，在调用时可以省略圆括号，写出更符合 DSL 风格的代码。

创建一个显示文字的 Button，代码效果如图 2-33 所示。

```
@Composable
fun ButtonSample() {
  Button (
    onClick = {}
  ) {
    Text("确认")
  }
}
```

● 图 2-33　使用 Button

content 提供了 RowScope 的作用域，所以当我们想在文字前面水平摆放一个 Icon 时，只需要在 content 中顺序书写即可，代码效果如图 2-34 所示。

```
@Composable
fun ButtonSample() {
  Button(
    onClick = {}
  ) {
    Icon(
      imageVector = Icons.Filled.Done,
      contentDescription = stringResource(R.string.description),
      modifier = Modifier.size(ButtonDefaults.IconSize)
    )
    Spacer(Modifier.size(ButtonDefaults.IconSpacing))
    Text("确认")
  }
}
```

● 图 2-34　添加图标

可以根据需求，在 content 中实现各种复杂的 Button 样式。

Button 有一个参数 interactionSource，在前面的组件中也出现过。它是一个可以监听组件状态的事件源，通过它我们可以根据组件状态设置不同的样式，比如按钮按下时什么效果，正常时什么效果，类似传统视图中的 Selector。interactionSource 通过以下方法获取当前组件状态：

● interactionSource. collectIsPressedAsState（）判断是否按下状态。

● interactionSource. collectIsFocusedAsState（）判断是否获取焦点的状态。

● interactionSource. collectIsDraggedAsState（）判断是否拖动。

来看下面的例子，通常状态下按钮边框为白色，当处于选中状态时，框线将变为绿色。

```
@Composable
fun InteractionSourceDemo() {
    val interactionSource = remember {
        MutableInteractionSource()
    }
    val pressState = interactionSource.collectIsPressedAsState()
    val borderColor = if (pressState.value) Color.Green else Color.White

    Button(
        onClick = { },
        border = BorderStroke(2.dp, color = borderColor),
        interactionSource = interactionSource
    ) {
        Text("Long Press")
    }
}
```

Button 并非唯一可点击组件，理论上**任何 Composable 组件都可以通过 Modifier. clickable 修饰符化身为可点击组件**。而当 Button 被点击后，需要额外进行一些事件响应处理，比如显示 Material Desgin 风格的水波纹等，这些都是其内部通过拦截 Modifier. clickable 事件实现的处理，由于 Modifier. clikable 已经被内部实现所占用，Button 需要提供单独的 onClick 参数供开发者使用。

注意：

　　Button 的 onClick 在底层是通过覆盖 Modifier. clickable 实现的，所以不要为 Button 设置 Modifier. clickable，即使设置了，也会因为被 onClick 覆盖而没有任何效果。

2. IconButton 图标按钮

IconButton 组件实际上只是 Button 组件的简单封装（一个可点击的图标），它一般用于应用栏中的导航或者其他行为。一般来说，我们需要在 IconButton 组件里提供一个图标组件，这个图标的默认尺寸一般为 24×24dp。

```
@Composable
fun IconButtonSample() {
  IconButton(
    onClick = {  },
  ) {
    Icon(Icons. Filled. Favorite, contentDescription = stringResource(R. string. description))
  }
}
```

效果如图 2-35 所示。

2. FloatingActionButton 悬浮按钮

FloatingActionButton 悬浮按钮（FAB）一般代表当前页面的主要行为。**FAB** 组件也是需要我们提供一个 Icon 组件，效果如图 2-36 所示。

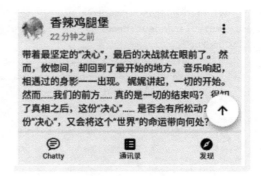

● 图 2-35　IconButton 点击前（左）
与点击后（右）

● 图 2-36　使用 FAB

```
FloatingActionButton(
  onClick = {}
) {
  Icon(Icons.Filled.Arrow, contentDescription = stringResource(R.string.description))
}
```

除了普通的 FAB 之外，Compose 也提供了带有文字扩展的 FAB，即 ExtendedFloatingActionButton 组件。代码及效果如图 2-37 所示。

```
ExtendedFloatingActionButton(
  icon = { Icon(Icons.Filled.Favorite, contentDescription
= null) },
  text = { Text("添加到我喜欢的") },
  onClick = { /* do something* / }
)
```

● 图 2-37　使用拓展版 FAB

▶▶ 2.2.4　选择器

1. Checkbox 复选框

```
@ Composable
fun Checkbox(
  checked: Boolean, // 是否被选中
  onCheckedChange: ((Boolean) -> Unit)?, // 当复选框被点击时被调用的回调
  modifier: Modifier = Modifier,
  enabled: Boolean = true, // 是否启用复选框
  interactionSource: MutableInteractionSource = remember { MutableInteractionSource() },
  colors: CheckboxColors = CheckboxDefaults.colors() // 复选框的颜色组
)
```

CheckBox 允许用户从一个集合中选择一个或多个项目。复选框可以将一个选项打开或关闭。代码

及效果如图 **2-38** 所示。

```
val checkedState = remember
{ mutableStateOf(true) }
Checkbox(
  checked = checkedState.value,
  onCheckedChange = { checkedState.value = it },
  colors = CheckboxDefaults.colors(
    checkedColor = Color(0xFF0079D3)
  )
)
```

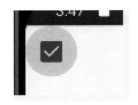

● 图 2-38　使用 CheckBox

2. TriStateCheckbox 三态选择框

很多时候，我们的复选框会有很多个，并且希望能够统一选择或者取消，这个时候就可以用 **TriStateCheckBox** 组件。代码与运行效果（图 **2-39**）如下：

```
// 为两个 CheckBox 定义状态
val (state, onStateChange) = remember { mutableStateOf(true) }
val (state2, onStateChange2) = remember { mutableStateOf(true) }

// 根据子 CheckBox 的状态来设置 TriStateCheckbox 的状态
val parentState = remember(state, state2) {
    if (state && state2) ToggleableState.On
    else if (! state && ! state2) ToggleableState.Off
    else ToggleableState.Indeterminate
}
// TriStateCheckbox 可以为从属的复选框设置状态
val onParentClick = {
    val s = parentState ! = ToggleableState.On
    onStateChange(s)
    onStateChange2(s)
}

TriStateCheckbox(
    state = parentState,
    onClick = onParentClick,
    colors = CheckboxDefaults.colors(
        checkedColor = MaterialTheme.colors.primary
    )
)
Column(Modifier.padding(10.dp, 0.dp, 0.dp, 0.dp)) {
    Checkbox(state, onStateChange)
    Checkbox(state2, onStateChange2)
}
```

● 图 2-39　TriStateCheckbox

在子复选框全选中时，**TriCheckBox** 显示已完成的状态，而如果只有部分复选框选中时，**TriCheckBox** 则显示不确定的状态，当我们在这个时候单击它，则会将剩余没有选中的复选框设置为选中状态。

3. Switch 单选开关

```
@Composable
fun Switch(
  checked: Boolean, // 开关的状态
  onCheckedChange: ((Boolean) -> Unit)?, // 单击开关的回调,会获得最新的开关状态
  modifier: Modifier = Modifier, // 修饰符
  enabled: Boolean = true, // 是否启用
  interactionSource: MutableInteractionSource = remember { MutableInteractionSource() },
  colors: SwitchColors = SwitchDefaults.colors() // 开关组颜色
)
```

Switch 组件可以控制单个项目的开启或关闭状态。代码及效果（图 2-40）如下所示。

```
val checkedState = remember { mutableStateOf(true) }
Switch(
  checked = checkedState.value,
  onCheckedChange = { checkedState.value = it }
)
```

● 图 2-40　使用 Switch

4. Slider 滑竿组件

Slider 类似于传统视图的 Seekbar，可用来做音量、亮度之类的数值调整或者进度条。

```
@Composable
fun Slider(
    value: Float,// 进度值
    onValueChange: (Float) -> Unit, // 进度改变的监听
    modifier: Modifier = Modifier,
    enabled: Boolean = true,
    valueRange: ClosedFloatingPointRange<Float> = 0f..1f, // 进度值的范围默认是 0 到 1
    steps: Int = 0,// 进度分段
    onValueChangeFinished: (() -> Unit)? = null, // 进度改变完成的监听
    interactionSource: MutableInteractionSource = remember { MutableInteractionSource() },
    colors: SliderColors = SliderDefaults.colors()// 滑竿颜色设置,默认值是 SliderDefaults.colors
)
```

其中 colors 参数用来设置滑竿各部位的颜色。滑竿组件中可设置颜色的区域很多，例如滑竿小圆球的颜色、滑竿进度颜色、滑竿底色等。step 参数将进度条平分成（steps+1）段。比如当分成 2 段时，进度条在第一段之间拉动，超过第一段的一半就自动到第一段，没超过就退回到开始位置。Slider 使用的代码如下，效果如图 2-41 所示。

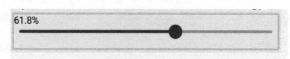

● 图 2-41　使用 Slider

```
@Composable
fun MySliderDemo() {
    var sliderPosition by remember { mutableStateOf(0f) }
```

```
    Text(text = "%.1f".format(sliderPosition * 100) + "%")
    Slider(value = sliderPosition, onValueChange = { sliderPosition = it })
}
```

▶▶ 2.2.5 对话框

1. Dialog 对话框

Dialog 组件的参数如下：

```
@Composable
fun Dialog(
  onDismissRequest: (() -> Unit)?, // 当我们打算关闭对话框时执行的东西
  properties: DialogProperties! = DialogProperties(), // 对话框的属性,用于更进一步自定义
  content: (@Composable () -> Unit)? // 对话框的内容
): Unit
```

其中 content 允许我们通过传入自己的 Composable 组件来描述 Dialog 页面。例如下面这样 Dialog，是我们的 Dialog 宽度不受限制，达到全屏的效果。

```
Dialog(
  onDismissRequest = { .. },
  properties = DialogProperties(
      usePlatformDefaultWidth = false
    )
) {
  Surface(
    modifier = Modifier.fillMaxSize(),
    color = Color.Gray
  ) {
    Text("Hello World")
  }
}
```

properties 参数定制一些对话框特有的行为：

```
DialogProperties(
  dismissOnBackPress: Boolean!, // 是否可以在按下系统返回键的时候取消对话框
  dismissOnClickOutside: Boolean!, // 是否可以在点击对话框以外的区域时取消对话框
  securePolicy: SecureFlagPolicy!,
  usePlatformDefaultWidth: Boolean! // 对话框的内容是否需要被限制在平台默认的范围内
```

Compose 的对话框不像传统视图的对话框那样通过 show( )、dismiss( ) 等命令式的方式显隐，它像不同的 Composable 组件一样，显示与否要看是否在重组中被执行，所以它的显示与否要依赖状态控制。Dialog 和普通 Composable 组件的不同在于其底层需要依赖独立的 Window 进行显示。

下面的例子，展示了如何用状态控制 Dialog 的显隐：

```
@Composable
fun DialogSample() {
  val openDialog = remember { mutableStateOf(true) }
  val dialogWidth = 200.dp
  val dialogHeight = 50.dp
  if (openDialog.value) {
    Dialog(
      onDismissRequest = { openDialog.value = false }
    ) {
      Box(Modifier.size(dialogWidth, dialogHeight).background(Color.White))
    }
  }
}
```

在 Dialog 组件显示过程中，当我们点击对话框以外区域时，**onDismissRequest** 会触发执行，修改 **openDialog** 状态为 false，触发 **DialogSample** 重组，此时判断 **openDialog** 为 false，**Dialog** 无法被执行，对话框消失。有关状态和重组的更多内容会在第 4 章中详细介绍。

2. AlertDialog 警告对话框

AlertDialog 组件是 **Dialog** 组件的更高级别的封装，同时遵守着 **Material Design** 设计标准。它已经帮助我们定位好了标题、内容文本、按钮组的位置。我们只需要提供相应的组件即可。

```
@Composable
fun AlertDialogSample() {
  val openDialog = remember { mutableStateOf(true) }
  if (openDialog.value) {
    AlertDialog(
      onDismissRequest = {
        openDialog.value = false
      },
      title = {
        Text(text = "开启位置服务")
      },
      text = {
        Text(
          "这将意味着,我们会给您提供精准的位置服务,并且您将接受关于您订阅的位置信息。"
        )
      },
      confirmButton = {
        TextButton(
          onClick = {
            openDialog.value = false
            // 其他需要执行的业务需求
          }
        ) {
          Text("同意")
```

```
      }
    },
    dismissButton = {
      TextButton(
        onClick = {
          openDialog.value = false
        }
      ) {
        Text("取消")
      }
    }
  )
}
}
```

代码运行效果如图 2-42 所示。

2. 进度条

Compose 自带了两种 Material Design 的进度条，分别是圆形和直线的进度条，它们都有两种状态，一种是无限加载的，另一种是根据值来动态显示的，下面我们来看看一个圆形的进度条如何使用吧。代码与效果（图 2-43）如下所示。

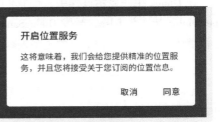

● 图 2-42　使用 AlertDialog

```
// 创建一个进度值
var progress by remember {mutableStateOf(0.1f) }

// 创建一个动画,根据 progress 变量
val animatedProgress by animateFloatAsState(
  targetValue = progress,
  animationSpec = ProgressIndicatorDefaults. ProgressAnima-
tionSpec
)
Column {
  CircularProgressIndicator(progress =animatedProgress)
  // 圆形进度条指示器
  Spacer(Modifier.requiredHeight(30.dp))
  OutlinedButton(
    onClick = {
      if (progress < 1f) progress += 0.1f
    }
  ) {
    Text("增加进度")
  }
}
```

● 图 2-43　CircularProgressIndicator

代码中每次单击按钮，进度就会增加 10%。当不设置 progress 时，就是无限加载的进度条。另外还有直线进度条（LinearProgressIndicator）可供选择，使用方法完全一致。

2.3 常用的布局组件

▶▶ 2.3.1 线性布局

线性布局也是 Android 中最常用的布局方式，对应了传统视图中的 LinearLayout，Compose 根据 orientation 的不同又分为 Column 和 Row，因为两者内部子元素在父容器中的布局和对齐方式不同，分成两个组件更有助于提供类型安全的 Modifier 修饰符。

1. Column

Column 是一个垂直线性布局组件，它能够将子项按照从上到下的顺序垂直排列。

```
@Composable
inline fun Column(
  modifier: Modifier? = Modifier,
  verticalArrangement: Arrangement.Vertical? = Arrangement.Top,
  horizontalAlignment: Alignment.Horizontal? = Alignment.Start,
  content: (@Composable @ExtensionFunctionType ColumnScope.() -> Unit)?
): Unit
```

verticalArrangement 和 horizontalAlignment 参数分别可以帮助我们安排子项的垂直/水平位置，在默认的情况下，子项会以垂直方向上靠上（Arrangement. Top），水平方向上靠左（Alignment. Start）来布置。

接下来简单体验一下 Column 组件，如图 2-44 所示，Column 将里面的两个 Text 组件按照垂直排列了，并且带有一定的间隔。

```
Column {
  Text(
    text = "Hello, World!",
    style = MaterialTheme.typography.h6
  )
  Text("Jetpack Compose")
}
```

Hello, World!
Jetpack Compose

● 图 2-44　使用 Column

我们尝试为 Column 组件加上边框效果，效果如图 2-45 所示。

```
Column(
  modifier = Modifier
    .border(1.dp, Color.Black)
) {
  Text(
    text = "Hello, World!",
    style = MaterialTheme.typography.h6
  )
  Text("Jetpack Compose")
}
```

Hello, World!
Jetpack Compose

● 图 2-45　为 Column 添加边框

可以发现，Column 组件将我们的两个 Text 组件包裹起来了。在不给 Column 指定高度、宽度、大小的情况下，Column 组件默认会包裹里面的子项。在这个时候，我们无法使用 Column 参数中的 verticalArrangement 或 horizontalAlignment 来定位子项在 Column 中的整体位置。

只有指定了高度或者宽度，才能使用 verticalArrangement 或 horizontalAlignment 来定位子项在 Column 中的位置。如果高度与宽度都指定了，就可以同时使用以上的两参数来定位子项的水平/垂直位置，如图 2-46 所示。

```
Column(
  modifier = Modifier
    .border(1.dp, Color.Black)
    .size(150.dp),
  verticalArrangement = Arrangement.Center
) {
  Text(
    text = "Hello, World!",
    style = MaterialTheme.typography.h6
  )
  Text("Jetpack Compose")
}
```

图 2-46　设置 verticalArrangement

通过 verticalArrangement 参数，我们将两个 Text 排布在了 Column 组件的中央，但水平方向上仍然是 Column 默认定义的 Alignment. Start（水平靠左）方向。

在给 Column 定义了大小之后，我们能够使用 Modifier. align 修饰符来独立设置子项的对齐规则，如图 2-47 所示。

```
Column(
  modifier = Modifier
    .border(1.dp, Color.Black)
    .size(150.dp),
  verticalArrangement = Arrangement.Center
) {
  Text(
    text = "Hello, World!",
    style = MaterialTheme.typography.h6,
    modifier = Modifier.align(Alignment.CenterHorizontally)
  )
  Text("Jetpack Compose")
}
```

图 2-47　设置文本对齐

注意：

在对齐效果的影响下，Modifier. align 修饰符会优先于 Column 的 horizontalAlignment 参数。

对于垂直布局中的子项，Modifier. align 只能设置自己在水平方向的位置，反之水平布局的子项，只能设置自己在垂直方向的位置。这很好理解，我们以 Column 为例，当 Column 中有多个子项时，它们在垂直方向永远是线性排列。如果各子项被允许单独设置，可能会出现 Bad Case，比如 Column 中有 A、B、C 三个子项，如果配置 A 的对齐方向是 Aligment. Bottom，B 为 Aligment. Top，那么这显然是无法实现的。所以 Clumen 的子项在垂直方向的布局只能通过 verticalArragnement 进行整体设置。

2. Row

Row 组件能够将内部子项按照从左到右的方向水平排列。和 Column 组件配合，我们就可以构建出很丰富的界面。下面来使用 Row 组件制作一个文章卡片。

```
Surface(
  shape = RoundedCornerShape(8.dp),
  modifier = Modifier
    .padding(horizontal = 12.dp) // 设置 Surface 的外边距
    .fillMaxWidth(),
  elevation = 10.dp
) {
  Column(
    modifier = Modifier.padding(12.dp) // 里面内容的外边距
  ) {
    Text(
      text = "Jetpack Compose 是什么?",
      style = MaterialTheme.typography.h6
    )
    Spacer(Modifier.padding(vertical = 5.dp))
    Text(
      text = "Jetpack Compose 是用于构建原生 Android 界面的新工具包。它可简化并加快 Android 上的界面开发,使用更少的代码、强大的工具和直观的 Kotlin API,让应用生动而精彩。"
    )
    Row(
      modifier = Modifier.fillMaxWidth(),
      horizontalArrangement = Arrangement.SpaceBetween
    ) {
      IconButton(onClick = { /* TODO* / }) {
        Icon(Icons.Filled.Favorite, null)
      }
      IconButton(onClick = { /* TODO* / }) {
        Icon(painterResource(id = R.drawable.chat), null)
      }
      IconButton(onClick = { /* TODO* / }) {
        Icon(Icons.Filled.Share, null)
      }
    }
  }
}
```

效果如图 2-48 所示。

Row 的 horizontalArrangement 参数帮助我们合理配置了按钮的水平位置。可以看到，喜欢和分享按钮呈左右两端对齐。Arrangment 定义了很多子项位置的对齐方式，除了 Center（居中）、Start（水平靠左）、End（水平靠右）等常见的对齐方式，还有一些特定场景下可能用到的对齐方式，例如 Space Between、Space Evenly 等，如图 2-49 所示。

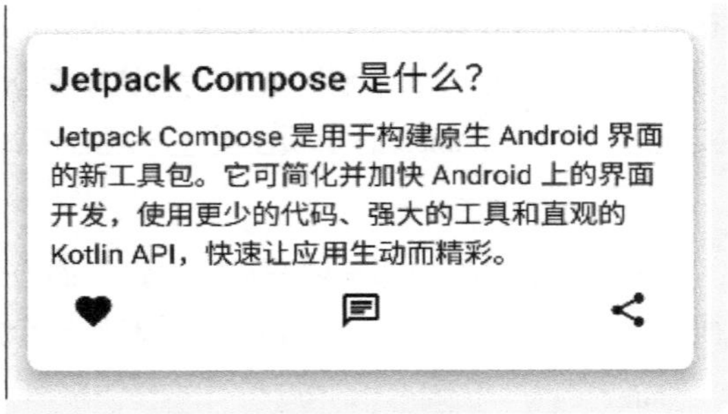

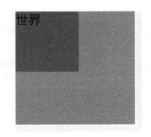

Jetpack Compose 是什么？

Jetpack Compose 是用于构建原生 Android 界面的新工具包。它可简化并加快 Android 上的界面开发，使用更少的代码、强大的工具和直观的 Kotlin API，快速让应用生动而精彩。

● 图 2-48 文章卡片

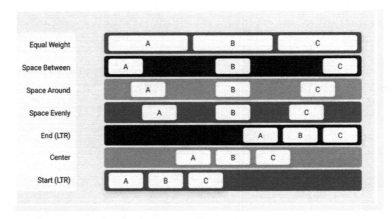

● 图 2-49 设置 horizontalArrangement

▶▶ 2.3.2 帧布局

1. Box

Box 组件是一个能够将里面的子项依次按照顺序堆叠的布局组件，在使用上类似于传统视图中的 FrameLayout。代码和效果（图 2-50）如下所示。

```
Box {
  Box(
    modifier = Modifier.size(150.dp).background(Color.Green)
  )
  Box(
    modifier = Modifier.size(80.dp).background(Color.Red)
  )
  Text(
    text = "世界"
  )
}
```

● 图 2-50 使用 Box

2. Surface

Surface 从字面上来理解，是一个平面，在 Material Design 设计准则中也同样如此，我们可以将很多的组件摆放在这个平面之上，可以设置这个平面的边框、圆角、颜色等。接下来用 Surface 组件做出一些不同的效果。

```
Surface(
  shape = RoundedCornerShape(8.dp),
  elevation = 10.dp,
  modifier = Modifier
    .width(300.dp)
    .height(100.dp)
) {
  Row(
    modifier = Modifier
      .clickable {}
  ) {
    Image(
      painter = painterResource(id = R.drawable.pic),
      contentDescription = stringResource(R.string.description),
      modifier = Modifier.size(100.dp),
      contentScale = ContentScale.Crop
    )
    Spacer(Modifier.padding(horizontal = 12.dp))
    Column(
      modifier = Modifier.fillMaxHeight(),
      verticalArrangement = Arrangement.Center
    ) {
      Text(
        text = "Liratie",
        style = MaterialTheme.typography.h6
      )
      Spacer(Modifier.padding(vertical = 8.dp))
      Text(
        text = "礼谙"
      )
    }
  }
}
```

代码运行效果如图 2-51 所示。

可以看到，我们在 Surface 组件里面编写了主要的 UI 代码，而 Surface 主要负责整个组件的形状、阴影、背景等，Surface 可以帮助我们更好地解耦一些代码，而不必在单个组件上添加很多的 Modifier 修饰符方法。

● 图 2-51　使用 Surface

Surface 与 Box 之间的区别：

- 如果我们需要快速设置界面的形状、阴影、边框、颜色等，则用 Surface 更为合适，它可以减少 Modifier 的使用量。
- 如果只是需要简单地设置界面的背景颜色、大小，且有时候需要简单安排里面布局的位置，则可以使用 Box。

▶▶ 2.3.3 Spacer 留白

在很多时候，需要让两个组件之间留有空白的间隔，这个时候就可以使用 Spacer 组件。代码效果如图 2-52 所示。

```
Row {
  Box(Modifier.size(100.dp).background(Color.Red))
  Spacer(Modifier.width(20.dp)) // 这里也可以使用 Modifier.padding(horizontal = xx.dp)
  Box(Modifier.size(100.dp).background(Color.Magenta))
  Spacer(Modifier.weight(1f))
  Box(Modifier.size(100.dp).background(Color.Black))
}
```

上面的代码同时也暗示了 Spacer 的另一种使用场景。代码中使用 Box 绘制占位的矩形块，其实当 Box 没有 content 时，完全可以用 Spacer 替换。另外，还可以给 Spacer 做如下封装，可以更方便地用在水平或垂直布局中。

● 图 2-52 使用 Spacer

```
@Composable
fun WidthSpacer(
  value: Dp
) = Spacer(Modifier.width(horizontal = value))

@Composable
fun HeightSpacer(
  value: Dp
) = Spacer(modifier = Modifier.height(vertical = value))

Row {
  Button(...)
  WidthSpacer(value = 10.dp)
  Text(...)
}
```

▶▶ 2.3.4 ConstraintLayout 约束布局

熟悉 View 系统的读者一定对约束布局 ConstraintLayout 不陌生。在构建嵌套层级复杂的视图界面时，使用约束布局可以有效降低视图树高度，使视图树扁平化。约束布局在测量布局耗时上，比传统

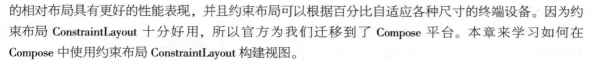

的相对布局具有更好的性能表现，并且约束布局可以根据百分比自适应各种尺寸的终端设备。因为约束布局 ConstraintLayout 十分好用，所以官方为我们迁移到了 Compose 平台。本章来学习如何在 Compose 中使用约束布局 ConstraintLayout 构建视图。

在开始之前，需要在 build. gradle（app）脚本中添加 Compose 版本 ConstraintLayout 对应的依赖项。

```
implementation "androidx. constraintlayout: constraintlayout-compose: $ constraintlayout _
version"
```

1. 创建与绑定引用

在 View 系统中，我们在 XML 文件中可以为 View 组件设置资源 ID，并将资源 ID 作为索引来声明组件应当摆放的位置。在 Compose 版本的 ConstraintLayout 中，可以主动创建引用并绑定至某个具体组件上，从而实现资源 ID 相似的功能。每个组件都可以利用其他组件的引用获取到其他组件的摆放位置信息，从而确定自己应摆放的位置。

在 Compose 中有两种创建引用的方式：createRef( ) 和 createRefs( )。字面意思非常清楚，createRef( ) 每次只会创建一个引用，而 createRefs( ) 每次可以创建多个引用（最多 16 个）。

```
// createRef()
val portraitImageRef = remember { createRef() }
val usernameTextRef = remember { createRef() }
// createRefs()
val (portraitImageRef, usernameTextRef) = remember { createRefs() }
```

接下来可以使用 Modifier. constrainAs( ) 修饰符将前面创建的引用绑定到某个具体组件上。可以在 constrainAs 尾部 Lambda 内指定组件的约束信息。值得注意的是，我们只能在 ConstraintLayout 尾部的 Lambda 中使用 createRef( )、createRefs( ) 创建引用，并使用 Modifier. constrainAs( ) 来绑定引用，这是因为 ConstrainScope 尾部 Lambda 的 Reciever 是一个 ConstraintLayoutScope 作用域对象。

```
ConstraintLayout(
  modifier = Modifier
    .width(300.dp)
    .height(100.dp)
    .padding(10.dp)
) {
  // ConstraintLayoutScope
  val portraitImageRef = remember { createRef() }
  Image(
    painter = painterResource(id = R.drawable.user_portrait),
    contentDescription = stringResource(R.string.description),
    modifier = Modifier.constrainAs(portraitImageRef) {
      // ConstrainScope
      top.linkTo(parent.top)
      bottom.linkTo(parent.bottom)
      start.linkTo(parent.start)
    }
  )
}
```

而 Modifier. constrainsAs( ) 尾部 Lambda 是一个 ConstrainScope 作用域对象，可以在其中获取到当前组件的 parent、top、bottom、start、end 等信息，并使用 linkTo 指定组件约束。因为这里希望用户画像能够居左对齐，所以将 top 拉伸至父组件的顶部，bottom 拉伸至父组件的底部，start 拉伸至父组件的左部。通过约束布局，我们可以很容易地实现图 2-53 这样的用户卡片。

Compose 技术爱好者
我的个人描述...

• 图 2-53 用户卡片

```
@ Composable
fun ConstraintLayoutDemo() {
  ConstraintLayout(
    modifier = Modifier
      .width(300.dp)
      .height(100.dp)
      .padding(10.dp)
  ) {
    val (portraitImageRef, usernameTextRef, desTextRef) = remember { createRefs() }
    Image(
      painter = painterResource(id = R.drawable.user_portrait),
      contentDescription = stringResource(R.string.description),
      modifier = Modifier.constrainAs(portraitImageRef) {
        top.linkTo(parent.top)
        bottom.linkTo(parent.bottom)
        start.linkTo(parent.start)
      }
    )
    Text(
      text = "Compose 技术爱好者",
      fontSize = 16.sp,
      maxLines = 1,
      textAlign = TextAlign.Left,
      modifier = Modifier
        .constrainAs(usernameTextRef) {
          top.linkTo(portraitImageRef.top)
          start.linkTo(portraitImageRef.end, 10.dp)
        }
    )
    Text(
      text = "我的个人描述...",
      fontSize = 14.sp,
      color = Color.Gray,
      fontWeight = FontWeight.Light,
      modifier = Modifier
        .constrainAs(desTextRef) {
          top.linkTo(usernameTextRef.bottom,5.dp)
          start.linkTo(portraitImageRef.end,10.dp)
```

```
      }
    )
  }
}
```

也可以在 ConstrainScope 中为指定组件的宽高信息，在 ConstrainScope 中直接设置 width 与 height 即可，有几个可选值可供使用，如表 2-5 所示。

表 2-5　Dimensiion 可选值

Dimension 可选值	描　述
wrapContent ( )	实际尺寸为根据内容自适应的尺寸
matchParent ( )	实际尺寸为铺满整父组件的尺寸
fillToConstraints ( )	实际尺寸为根据约束信息拉伸后的尺寸
preferredWrapContent ( )	如果剩余空间大于根据内容自适应的尺寸时，实际尺寸为自适应的尺寸。如果剩余空间小于内容自适应的尺寸时，实际尺寸则为剩余空间的尺寸
ratio （String）	根据字符串计算实际尺寸所占比率，例如" 1：2"
percent （Float）	根据浮点数计算实际尺寸所占比率
value （Dp）	将尺寸设置为固定值
preferredValue （Dp）	如果剩余空间大于固定值时，实际尺寸为固定值。如果剩余空间小于固定值时，实际尺寸则为剩余空间的尺寸

当用户名过长时，可以通过设置 end 来指定组件最大所允许的宽度，并将 width 设置为 preferred-WrapContent，这意味着当用户名较短时，实际宽度会随着长度进行自适应调整，如图 2-54 所示。

```
Text(
  text = "一个名字特别特别特别特别特别长的用户名",
  fontSize = 16.sp,
  textAlign = TextAlign.Left,
  modifier = Modifier
    .constrainAs(usernameTextRef) {
      top.linkTo(portraitImageRef.top)
      start.linkTo(portraitImageRef.end, 10.dp)
      end.linkTo(parent.end, 10.dp)
      width = Dimension.preferredWrapContent
    }
)
```

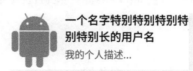

一个名字特别特别特别特别特别长的用户名
我的个人描述...

● 图 2-54　使用 preferredWrapContent

Compose 版本的 ConstraintLayout 同样也继承了一些优质特性，例如 Barrier、Guideline、Chain 等，方便我们完成各种复杂场景的布局需求，接下来将逐一进行介绍。

2. Barrier 分界线

这里举一个直观的例子，我们希望将两个输入框左对齐摆放，且距离文本组件中最长者仍保持 10dp 的间隔。当用户名、密码等发生变化时，输入框的位置能够自适应调整。在这个需求场景下，就需要使用到 Barrier 特性了，仅需在两个文本结束处添加一条分界线即可，如图 2-55 所示。

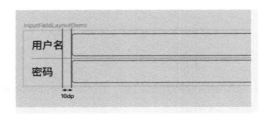

● 图 2-55　使用 Barrier 分界线

我们使用 createEndBarrier 创建一条结尾分界线，此时分界线位置位于两个文本中较长文本的结尾处。

```
val (usernameTextRef, passwordTextRef, usernameInputRef, passWordInputRef, dividerRef) =
remember { createRefs() }
var barrier = createEndBarrier(usernameTextRef, passwordTextRef)
```

接下来设置输入框的约束信息，将左侧起始位置指定为分界线后 10dp 的位置。

```
OutlinedTextField(
  value = "",
  onValueChange = {},
  modifier = Modifier.constrainAs(usernameInputRef) {
    start.linkTo(barrier, 10.dp) // 指定起始位置
    top.linkTo(usernameTextRef.top)
    bottom.linkTo(usernameTextRef.bottom)
    height = Dimension.fillToConstraints
  }
)
```

3. Guideline 引导线

前面我们说的 Barrier 分界线是需要依赖其他引用，从而确定自身位置的。可以使用 Guideline 不依赖任何引用，凭空创建出一条引导线。

假设我们希望将用户头像摆放在距离屏幕顶部 2∶8 的高度位置，头像以上的部分为用户背景，头像以下的部分为用户信息（如图 2-56 所示）。为完成这样的需求，就需要使用到 Guideline 引导线了。

首先可以使用 createGuidelineFromTop 创建从顶部出发的引导线。

● 图 2-56　使用 Guideline 引导线

```
val guideline = createGuidelineFromTop(0.2f)
```

接下来的用户背景就可以依赖这条引导线确定宽高了。

```
Box(modifier = Modifier
  .constrainAs(userPortraitBackgroundRef) {
    top.linkTo(parent.top)
    bottom.linkTo(guideline)
    height = Dimension.fillToConstraints
    width = Dimension.matchParent
  }
  .background(Color(0xFF1E9FFF))
)
```

摆放头像位置也很简单，仅需将 top 与 bottom 连接至引导线。

```
Image(
  painter = painterResource(id = R.drawable.boy_portrait),
  contentDescription = stringResource(R.string.description),
  modifier = Modifier
    .constrainAs(userPortraitImgRef) {
      top.linkTo(guideline)
      bottom.linkTo(guideline)
      start.linkTo(parent.start)
      end.linkTo(parent.end)
    }
    .size(100.dp)
    .clip(CircleShape)
    .border(width = 2.dp, color = Color(0xFF5FB878), shape = CircleShape)
)
```

4. Chain 链接约束

ConstraintLayout 另一个非常好用的特性就是 Chain 链接约束，通过链接约束可以允许多个组件平均分配布局空间，这个功能类似于 weight 修饰符。

这里用一个直观的例子进行演示，我们希望在界面上展示四句诗词。首先需要创建四个引用对应这四句诗词，接着创建一条垂直的链接约束将四句诗词连接起来，末尾参数需要传入一个 ChainStyle，以表示我们期望链接布局样式。

```
val (quotesFirstLineRef, quotesSecondLineRef, quotesThirdLineRef, quotesForthLineRef) =
remember { createRefs() }
createVerticalChain(quotesFirstLineRef, quotesSecondLineRef, quotesThirdLineRef, quotes-
ForthLineRef, chainStyle = ChainStyle.Spread)
```

Compose 提供了三种 Chain Style，如图 2-57所示。

- Spread：链条中每个元素平分整个 parent 空间。
- SpreadInside：链条中首尾元素紧贴边界，剩下每个元素评分整个 parent 空间。
- Packed：链条中所有元素聚集到中间。

接下来仅需将每个引用绑定到具体组件上就可以了，使用起来非常简单。

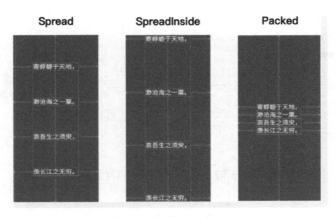

● 图 2-57　使用 Chain 链接

```
Text(
  text = "寄蜉蝣于天地,",
  color = Color.White,
  fontSize = 30.sp,
  fontWeight = FontWeight.Bold,
  modifier = Modifier.constrainAs(quotesFirstLineRef) {
    start.linkTo(parent.start)
    end.linkTo(parent.end)
  }
)
```

▶▶ 2.3.5　Scaffold 脚手架

Scaffold 组件实现了 Material Design 的布局结构，通过配合其他 Material 组件可以轻松地构建 Material Design 风格的界面，接下来看一个带有 TopAppBar 的 Scaffold 例子。代码效果如图 2-58 所示。

```
Scaffold(
  topBar = {
    TopAppBar(
      title = {
        Text("主页")
      },
      navigationIcon = {
        IconButton(
          onClick = { /* TODO* / }
        ) {
          Icon(Icons.Filled.Menu, null)
        }
      }
    )
  }
```

● 图 2-58　使用 Scaffold

```
) {
  Box(
    modifier = Modifier.fillMaxSize(),
    contentAlignment = Alignment.Center
  ) {
    Text("主页界面")
  }
}
```

如上所示，我们构建出了一个应用常见的首页布局。接下来在 Scaffold 组件中添加一个底部导航栏（BottomNavigation），如图 2-59 所示。

```
data class Item(
  val name: String,
  val icon: Int
)

@Composable
fun Sample() {
  var selectedItem by remember { mutableStateOf(0) }
  val items = listOf(
    Item("主页", R.drawable.home),
    Item("列表", R.drawable.list),
    Item("设置", R.drawable.settings)
  )
  Scaffold(
    topBar = {
      TopAppBar(
        title = {Text("主页")},
        navigationIcon = {
          IconButton(onClick = { /* TODO* / }) {
            Icon(Icons.Filled.Menu, null)
          }
        }
      )
    },
    bottomBar = {
      BottomNavigation {
        items.forEachIndexed { index, item ->
          BottomNavigationItem(
            selected = selectedItem == index,
            onClick = { selectedItem = index },
            icon = { Icon(painterResource(item.icon), null) },
            alwaysShowLabel = false,
            label = { Text(item.name) }
          )
```

● 图 2-59　使用 ButtomNavigation

```
        }
      }
    }
  ) {
    Box(
      modifier = Modifier.fillMaxSize(),
      contentAlignment = Alignment.Center
    ) {
      Text("主页界面")
    }
  }
}
```

可以看到，我们添加了其他的 Material 组件到 Scaffold 里面，Scaffold 自动处理好各自的位置，BottomNavigation 组件创造了底部导航栏的总体布局，比如高度等，这些都是按照 Material Design 风格设计的，要修改整体的颜色，可以在 BottomNavigation 的其他参数中修改。

BottomNavigationItem 组件则创建了具体的导航图标以及标签，在 BottomNavigationItem 组件中可以设置一些其他参数，例如选中/未选中时的图标颜色。在上述的例子中，我们设置了 alwaysShowLabel = false，也就是只有当前的页面才显示标签文字。现在底部导航栏还不能切换界面，不过没有关系，我们会在后面 Navigation 章节进行详细讲解。

通过 Scaffold 组件创建一个侧边栏很简单，Scaffold 有一个 drawerContent 参数，只需要传递一个自定义的 Composable 的 content 即可。代码及效果（图 2-60）如下。

```
Scaffold(
  ...
  drawerContent = {
    Text("Hello")
  },
) {
  Box(
    modifier = Modifier.fillMaxSize(),
    contentAlignment = Alignment.Center
  ) {
    Text("")
  }
}
```

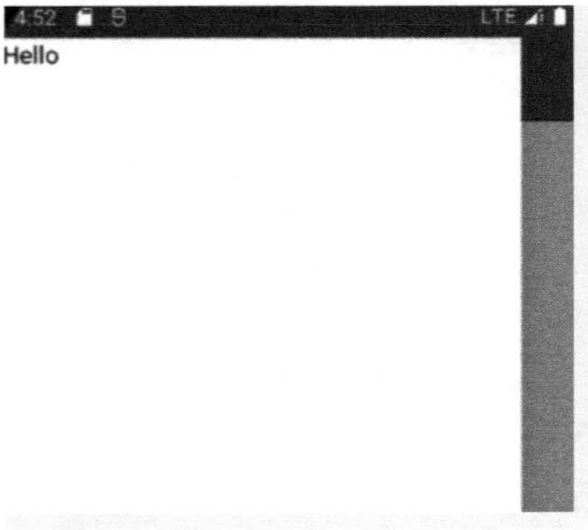

● 图 2-60　设置 drawerContent

如上所示，我们创建好了一个侧边栏。此时如果按下了系统返回键，应用会直接退出。我们希望此时只是关闭侧边栏。Compose 提供了用于拦截系统返回键的组件 BackHandler。此外，通过 ScaffoldState 可以监听侧边栏是否已打开。

```
val scaffoldState = rememberScaffoldState()
val scope = rememberCoroutineScope()
Scaffold(
  drawerContent = {
```

```
    Text("Hello")
  },
  scaffoldState = scaffoldState
) {
  Box(
    modifier = Modifier.fillMaxSize(),
    contentAlignment = Alignment.Center
  ) {
    Text("")
  }
}
BackHandler(
  enabled = scaffoldState.drawerState.isOpen
) {
  scope.launch {
    scaffoldState.drawerState.close()
  }
}
```

我们通过 rememberScaffoldState( ) 获取包含侧边栏状态的 ScaffoldState，当侧边栏被打开时，scaffoldState. drawerState. isOpen 被更新为 true，此时，BackHandler 开始监听系统返回键事件，返回键被按下则会通过 scaffoldState 来关闭侧边栏。这里还通过 rememberCoroutineScope( ) 创建了一个协程作用域，因为 close( ) 是一个挂起函数。

2.4 列表

很多产品中都有展示一组数据的需求场景，如果数据数量是可以枚举的，则仅需通过 Column 组件来枚举列出，代码和效果（图 2-61）如下所示。

```
@ Composable
fun Menu(
  options: List<Options>,
  expanded: Boolean,
  onDismissRequest: () -> Unit
) {
  DropdownMenu(
    expanded = expanded, onDismissRequest = onDismissRequest
  ) {
    Column {
      options.forEach { option ->
        ListItem(text = { Text(option.text) })
      }
    }
  }
}
```

● 图 2-61　设计 Menu

然而很多时候，列表中的项目会非常多，例如通讯录记录、短信、音乐列表等。我们需要滑动列表来查看所有内容，可以通过给 Column 的 Modifier 添加 verticalScroll( ) 方法来让列表实现滑动。

▶▶ 2.4.1　LazyComposables

我们刚刚提到，给 Column 的 Modifier 添加 verticalScroll( ) 方法可以让列表实现滑动。但是如果列表过长，众多的内容会占用大量的内存。然而更多的内容对于用户其实都是不可见的，没必要加载到内存。所以 Compose 提供了专门用于处理长列表的组件，这些组件只会在我们能看到的列表部分进行重组和布局，它们分别是 LazyColumn 和 LazyRow。其作用类似于传统视图中的 ListView 或者 Recycler-View。

▶▶ 2.4.2　LazyListScope 作用域

LazyColumn 和 LazyRow 内部都是基于 LazyList 组件实现的，虽然这是一个 internal 的内部组件，我们无法直接使用它。

LazyList 和其他布局类组件不同，不能在它的 content 里面直接裸写子 Composable 组件。它的 content 是一个 LazyListScope. ( ) -> Unit 类型的作用域代码块，在内部通过 LazyListScope 提供的 item 等方法来描述列表中的内容，整体符合 DSL 的代码风格：

```
LazyColumn {
  // 在 LazyColumn 中添加一个 Text
  item {
    Text(text = "第一项内容")
  }
  // 在第一个 Text 之后添加五个 Text
  items(5) { index ->
    Text(text = "第 ${index+2}项内容")
  }
  // 添加另一个 Text
  item {
    Text(text = "最后一项")
  }
}
```

除了 item 和 items（Int），LazyListScope 还提供了 items（List<T>）以及 itemsIndexed（List<T>）扩展函数，允许直接传入一个 List 对象。比如像下面这样创建一个菜单：

```
@ Composable
fun Menu(
  options: List<Options>,
  expanded: Boolean,
  onDismissRequest: () -> Unit
) {
  DropdownMenu(
    expanded = expanded, onDismissRequest = onDismissRequest
```

```
) {
  LazyColumn {
    items(options) { option ->
      ListItem(text = { Text(option.text) })
    }
  }
}
```

▶▶ 2.4.3 内容填充

有的时候也需要在列表中为内容设置外边距，这也非常容易，Lazy 组件提供了 contentPadding 参数。代码及运行效果（图 **2-62**）如下所示。

```
LazyColumn(
  modifier = Modifier
    .fillMaxSize()
    .background(Color.Gray),
  contentPadding = PaddingValues(35.dp)
) {
  items(50) { index ->
    ContentCard(index)
  }
}


@Composable
fun ContentCard(index: Int) {
  Card(
    elevation = 8.dp,
    modifier = Modifier
      .fillMaxWidth()
  ) {
    Box(
      modifier = Modifier
        .fillMaxSize()
        .padding(15.dp),
      contentAlignment = Alignment.Center
    ) {
      Text(
        text = "我是序号第 $index 位的卡片",
        style = MaterialTheme.typography.h5
      )
    }
  }
}
```

● 图 2-62　设置 contentPadding

我们还能通过 **Arrangement** 来设置 Lazy 组件中每个项目之间的间隔（水平/竖直），如图 **2-63** 所示。

```
LazyColumn(
  modifier = Modifier
    .fillMaxSize()
    .background(Color.Gray),
  contentPadding = PaddingValues(35.dp),
  verticalArrangement = Arrangement.spacedBy(10.dp)
) {
  items(50) { index ->
    ContentCard(index)
  }
}
```

● 图 2-63　设置 **Arrangement**

2.5　本章小结

本章我们学习了 Compose 中的一些常用 Modifier 修饰符，并深入讲解了 Modifier 链的构建与解析过程。紧接着又对 Compose 中的一些基础布局组件进行了介绍，在学习过程中，大家可以发现 Compose 的基础布局组件设计其实还是借鉴自 View 的，例如帧布局 FrameLayout 在 Compose 对应的就是 Box，而线性布局 LinearLayout 则对应的是 Column/Row，我们通过组合这些布局组件并结合 Modifier 修饰符，就可以实现各类复杂的 UI 页面。

第3章

▶▶▶▶▶▶

定制 UI 视图

3.1 构建 UI 页面

第 2 章我们学习了 Compose 的基础 UI 和布局组件，本节将学习如何利用这些组件搭建完整的 UI 页面。Bloom 是谷歌提供的一个假想产品，附带了详细的 UI 设计稿，下面就以设计图稿中的页面为场景，学习各种 Composable 组件的使用。

设计图稿中包含了三个页面：Welcome 欢迎页、Log in 登录页与 Home 主页，如图 3-1 所示。

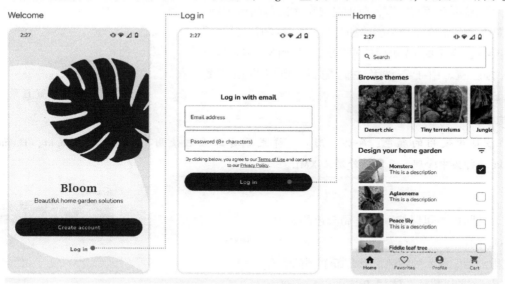

● 图 3-1　Bloom 设计图稿

补充提示：

　　Bloom 设计图稿和相关素材的下载地址：

　　https://github.com/android/android-dev-challenge-compose/blob/assets/Bloom.zip

我们注意到，设计图稿的页面采用了沉浸式状态栏，所以首先需要在 Activity 的 onCreate 中设置 window.setDecorFitsSystemWindows（false），这意味着 DecorView 不再为 SystemUI（也就是状态栏与导航栏等）预留 Padding。

▶▶ 3.1.1 配置颜色、字体与形状

在使用 Compose 开发这三个 UI 页面之前，需要先对设计图稿中会用到的颜色、字体与形状等信息进行统一的配置，这样后续开发时就可以直接依赖这些配置信息了。

当创建一个新项目时，Compose 会在项目中生成 ui/theme 目录，其中包含了如下四个文件，如图 3-2 所示。

- Color.kt：颜色配置。
- Shape：kt：形状配置。
- Theme.kt：主题配置。
- Type.kt：字体配置。

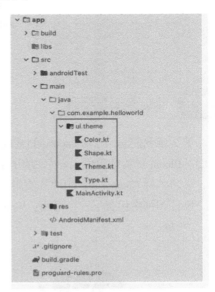

官方建议我们把颜色、字体、形状等配置信息存放在这四个文件中，并以全局变量的形式提供。当然这不是强制的，但是当项目越来越庞大时，随意存放这些颜色信息，维护时可能会比较头疼，所以不妨统一存放统一管理。

设计图稿中有两套主题，分别是亮色主题与暗色主题。关于主题配置我们在下一节会单独介绍，所以本节只关注单一（亮色）主题下的 UI 页面的实现，以及颜色、字体与形状信息的设置。由于不涉及主题配置，所以也用不到 Theme.kt 文件。

● 图 3-2 资源配置目录

最佳实践：

在项目中使用的颜色、字体、形状、样式等资源应该使用 Color.kt、Shape.kt、Theme.kt、Type.kt 进行集中管理，无须额外定义 XML。

1. 颜色

在设计图稿中可以找到对全局颜色的定义，如图 3-3 所示。

这里需要配置 8 种颜色信息，每个颜色都有对应的十六进制数值。这里 Primary、Secondary 等其实都是 Material Desgin 设计原则中规定的主题配色字段，后面会专门介绍，这里就先忽略它。

值得注意的是，Surface 的颜色信息与其他的不同，后面多出了一个 85%，这表示该颜色透明

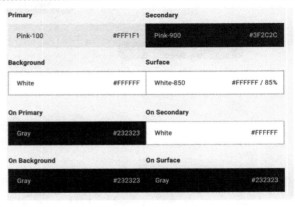

● 图 3-3 主题颜色配置

度为 85%。那么该如何配置颜色透明度的呢？实际上配置的颜色信息是一个四字节 Int 整形数字，每个字节保存着 ARGB 对应的信息（如图 3-4 所示）。例如 Pink-100 对应的是 0xFFF1F1，这实际上只描述了低位 RGB 三种颜色对应的数值，如果希望透明度为 100%，则需要在最高位添加一个字节的 0xFF，最终也就是 0xFFFFF1F1 了。0xFF 对应的 10 进制是 255，表示 100% 透明度，如果要设置 85% 的透明度，则 255×85% 所对应的 16 进制为 0xD8。所以最终 White-850 应表示为 0xD8FFFFFF。

● 图 3-4　ARGB 二进制结构

接下来在 Color. kt 中声明这些颜色供项目使用。

```
// Color.kt
val pink100 = Color(0xFFFFF1F1)
val pink900 = Color(0xFF3F2C2C)
val white = Color(0xFFFFFFFF)
val white850 = Color(0xD9FFFFFF)
val gray = Color(0xFF232323)
```

注意：

　　我们需要确认所导入 Color 的包名是否与本书一致。如果误用了 Android 原生的 Color，Android Studio 也会提示使用错误。

2. 字体

接下来是字体的配置，我们一样可以在设计图稿中找到字体的配置，如图 3-5 所示。

● 图 3-5　字体配置

可以看到这里需要用到 Nunito Sans 字体家族，可以在网上下载到这个字体家族中所用到的 ttf 字体文件，并将其放入 res/font 目录下。如果项目中没有 font 目录，可以自己新建一个。接下来需要先在 Type. kt 中声明这个字体家族。

```
// Type.kt
val nunitoSansFamily = FontFamily(
  Font(R.font.nunitosans_light, FontWeight.Light),
```

```
    Font(R.font.nunitosans_semibold, FontWeight.SemiBold),
    Font(R.font.nunitosans_bold, FontWeight.Bold)
)
```

这里需要指明当前字体家族中不同字重所对应的字体资源文件，接下来就可以根据设计图稿中的字体配置信息进行实际配置了。

```
// Type.kt
val nunitoSansFamily = FontFamily(
  Font(R.font.nunitosans_light, FontWeight.Light),
  Font(R.font.nunitosans_semibold, FontWeight.SemiBold),
  Font(R.font.nunitosans_bold, FontWeight.Bold)
)
val h1 = TextStyle(
  fontSize = 18.sp,
  fontFamily = nunitoSansFamily,
  fontWeight = FontWeight.Bold
)
val h2 = TextStyle(
  fontSize = 14.sp,
  letterSpacing = 0.15.sp,
  fontFamily = nunitoSansFamily,
  fontWeight = FontWeight.Bold
)
...
val caption = TextStyle(
  fontSize = 12.sp,
  fontFamily = nunitoSansFamily,
  fontWeight = FontWeight.SemiBold
)
```

可以看到，这里只需指定每个字体的字体家族和字重，Compose 会根据前面所配置的信息索引到对应的字体资源文件并使用。

3. 形状

同样可以根据设计图稿，在 **Shape. kt** 中配置形状信息，设计图稿对于形状的要求如图 3-6 所示。

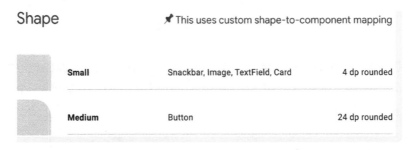

● 图 3-6　形状配置

根据设计要求，页面中的 Snackbar、Image、TextField 与 Card 等组件使用 4dp 圆角，而所有 Button 组件使用 25dp 圆角。在 Compose 中可以使用 RoundedCornerShape 表示圆角信息，配置如下：

```
// Shape.kt
val small = RoundedCornerShape(4.dp)
val medium = RoundedCornerShape(24.dp)
```

▶▶ 3.1.2　Welcome 欢迎页

首先还原 Welcome 欢迎页，可以对 Welcome 欢迎页上的 UI 元素不断地分解，然后独立开发每个分解后的小组件，最后将这些小组件组合起来，用来构建整个 UI 界面。首先新建一个 WelcomePage 组件。

```
// WelcomePage.kt
@Composable
fun WelcomePage() {
    ...
}
```

通过分析页面，发现 Welcome 欢迎页可以分成背景与内容两部分，如图 3-7 所示。

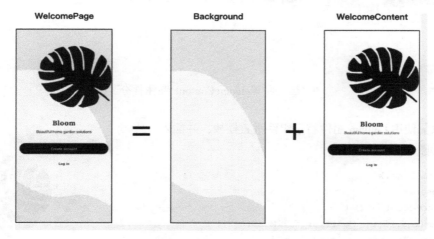

● 图 3-7　Welcome 欢迎页拆分

在这种情况下使用 Box 组件很容易就能声明出这种结构。

```
// WelcomePage.kt
@Composable
fun WelcomePage() {
  Box(
    modifier = Modifier
      .fillMaxSize()
      .background(pink100) // Color.kt 配置的颜色
  ) {
```

```
    Image(
        painter = rememberVectorPainter(image = ImageVector.vectorResource(id = R.drawable.
ic_light_welcome_bg)),
        contentDescription = "weclome_bg",
        modifier = Modifier.fillMaxSize()
    )
    WelcomeContent()
    }
}
```

接下来进一步分解 WelcomeContent，大致可以分为三部分：LeafImage、WelcomeTitle 与 Welcome-Buttons，如图 3-8 所示。

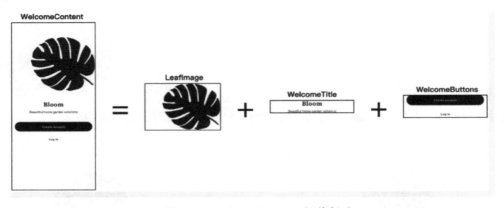

● 图 3-8　WelcomeContent 组件拆分

接下来仅需使用 Column 组件将子组件垂直摆放，并插入一些留白即可，如图 3-9 所示。

```
// WelcomePage.kt
@Composable
fun WelcomeContent() {
    Column(modifier = Modifier.fillMaxSize()) {
        Spacer(Modifier.height(72.dp))
        LeafImage()
        Spacer(modifier = Modifier.height(48.dp))
        WelcomeTitle()
        Spacer(modifier = Modifier.height(40.dp))
        WelcomeButtons()
    }
}
```

● 图 3-9　Welcome 欢迎页结构

1. LeafImage

使用 Image 显示叶子的图片，并根据设计图稿的要求将左边距设为 88dp。

```
// WelcomePage.kt
@Composable
fun LeafImage() {
  Image(
    painter = rememberVectorPainter(image = ImageVector.vectorResource(id = R.drawable.ic_
light_welcome_illos)),
    contentDescription = "weclome_illos",
    modifier = Modifier
      .wrapContentSize()
      .padding(start = 88.dp)
  )
}
```

2. WelcomeTitle

按照设计图稿要求配置 WelcomeTitle 中文字的字体和颜色，如图 3-10 所示。

● 图 3-10　WelcomeTile 样式要求

实际上 WelcomeTitle 组件是一张 Bloom 字样的图片和一串文本的垂直排列，因此可用 Column 实现。Modifier 设置的图片与文本宽高都遵守设计图稿要求。

```
// WelcomePage.kt
@Composable
fun WelcomeTitle() {
  Column(
    horizontalAlignment = Alignment.CenterHorizontally,
    modifier = Modifier.fillMaxWidth()
  ) {
    Image(
      painter = rememberVectorPainter(image = ImageVector.vectorResource(id = R.drawable.
ic_light_logo)),
      contentDescription = "weclome_logo",
      modifier = Modifier
        .wrapContentWidth()
        .height(32.dp)
    )
    Box(
      modifier = Modifier
        .fillMaxWidth()
        .height(32.dp),
```

```
            contentAlignment = Alignment.BottomCenter
        ) {
            Text(
                text = "Beautiful home garden solutions",
                textAlign = TextAlign.Center,
                style = subtitle1, // Type.kt 内配置的字体
                color = gray // Color.kt 内配置的颜色
            )
        }
    }
}
```

3. WelcomeButtons

该组件由 **Create account** 按钮和 **Log in** 按钮两部分垂直堆叠构成，主要工作是两个按钮的背景色、文本颜色与字体的设置，如图 3-11 所示。

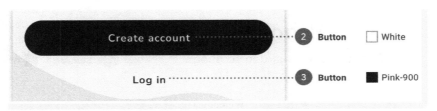

● 图 3-11　WelcomeButtons 样式要求

```
// WelcomePage.kt
@Composable
fun WelcomeButtons() {
  Column(
    horizontalAlignment = Alignment.CenterHorizontally,
    modifier = Modifier.fillMaxWidth()
  ){
    Button(
      onClick = { },
      modifier = Modifier
        .height(48.dp)
        .padding(horizontal = 16.dp)
        .fillMaxWidth()
        .clip(medium), // Shape.kt 配置的形状
      colors = ButtonDefaults.buttonColors(backgroundColor = pink900)
    ) {
      Text(
        text = "Create account",
        style = button, // Type.kt 配置的字体
        color = white // Color.kt 配置的颜色
```

```
    )
  }
  Spacer(modifier = Modifier.height(24.dp))
  TextButton(onClick = { }) {
    Text(
      text = "Log in",
      style = button, // Type.kt 配置的字体
      color = pink900, // Color.kt 配置的颜色
    )
  }
}
}
```

这样就完成了 Welcome 欢迎页的编写，是不是特别简单呢。值得注意的是，对于 Button 组件我们是使用 colors 参数来配置背景色的，如果使用 background 修饰符会失效。这是因为 Button 是一个 Material 组件，对于所有 Material 组件都需要通过设置 colors 参数的方式来设置组件颜色。

▶▶ 3.1.3　LoginIn 登录页

接下来完成登录页的 UI 构建，经过前面的学习，相信我们已经具备分解页面的能力了。根据 UI 设计图稿，可以将登录页进行如下分解，如图 3-12 所示。

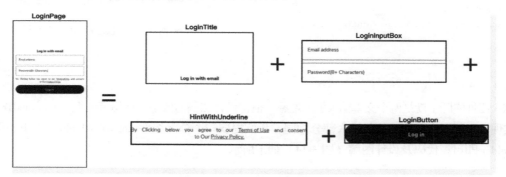

● 图 3-12　LoginPage 登录页分解

使用 Column 组件将这些子组件堆叠起来就可以了。另外，根据设计图稿要求，还需要为 Column 整体添加水平方向 16dp 的边距。

```
@Composable
fun LoginPage() {
  Column(
    Modifier
      .fillMaxSize()
      .background(white)
      .padding(horizontal = 16.dp) // 设计图稿中所规定的内边距
  ) {
```

```
        LoginTitle()
        LoginInputBox()
        HintWithUnderline()
        LoginButton()
    }
}
```

1. LoginTitle

按照设计图稿的要求,**LoginTitle** 的文本基线距顶部的距离应为 **184dp**,文本基线距底部距离应为 **16 dp**。我们使用 **paddingFromBaseline** 进行设置。此外,根据设计图稿设置字体与颜色,代码及设计图稿(图 3-13)如下所示。

```
@Composable
fun LoginTitle() {
  Text(
    text = "Log in with email",
    modifier = Modifier
      .fillMaxWidth()
      .paddingFromBaseline(top = 184.dp, bottom
= 16.dp),
    style = h1,
    color = gray,
    textAlign = TextAlign.Center
  )
}
```

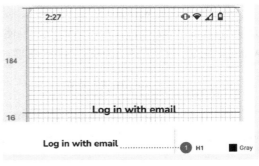

● 图 3-13　**LoginTitle** 字体样式

2. LoginInputBox

这个组件实际上就是两个文本输入框的堆叠,根据设计图稿的效果,选用带边框的 **OutlinedTextField** 予以实现。由于两个输入框的代码大部分相同,我们提取一个公共组件 **LoginTextField**,调用处仅传入 **Placeholder** 即可。代码及设计图稿(图 3-14)如下所示。

```
@Composable
fun LoginInputBox() {
  Column {
    LoginTextField("Email address")
    Spacer(modifier = Modifier.height(8.dp))
    LoginTextField("Password(8+ Characters)")
  }
}

@Composable
fun LoginTextField(placeHolder:String) {
  OutlinedTextField(
    value = "",
    onValueChange = {},
```

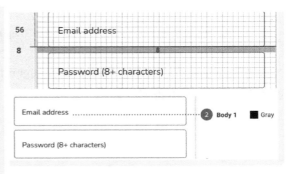

● 图 3-14　**LoginInputBox** 样式

```
    modifier = Modifier
      .fillMaxWidth()
      .height(56.dp)
      .clip(small),
    placeholder = {
      Text(
        text = "$placeHolder",
        style = body1,
        color = gray
      )
    }
  )
}
```

3. HintWithUnderline

虽然 Text 组件本身支持为文本串添加下画线，但并不支持仅对文本中具体某几个单词添加下画线，所以需要自己来定制 Composable 组件。通过设计图稿可以看出来，这个组件可以划分为 TopText 与 BottomText 两部分，如图 3-15 所示。

HintWithUnderline
By Clicking below you agree to our Terms of Use and consent
to Our Privacy Policy.
TopText
By Clicking below you agree to our Terms of Use and consent
BottomText
to Our Privacy Policy.

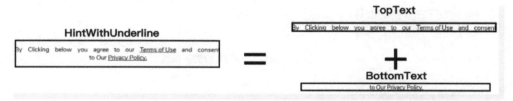

● 图 3-15　HintWithUnderline 组件拆分

TopText 可以看作是对整行单词进行两端对齐，而 BottomText 则看作是居中对齐。我们仅需将这两部分组合即可。

```
@Composable
fun HintWithUnderline() {
  Column(
    // 根据设计图稿设定的边距
    modifier = Modifier.paddingFromBaseline(top = 24.dp, bottom = 16.dp)
  ) {
    TopText()
    BottomText()
  }
}
```

对于两部分文本的颜色与字体，仍然按照设计图稿中的要求来配置，如图 3-16 所示。

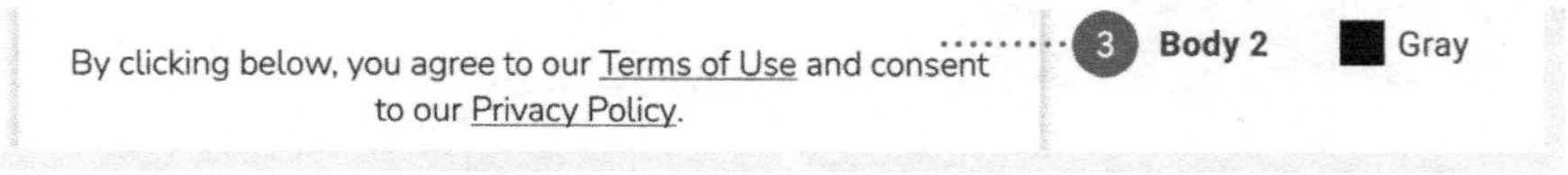

By clicking below, you agree to our Terms of Use and consent
to our Privacy Policy.
3
Body 2
Gray

● 图 3-16　字体样式要求

TopText 中需要使用 Row 组件，并设置两端对齐。接下来将句子进行分词，然后把每个单词创建对应的 Text 组件并添加到 Row 组件中，并且需要将带下画线的单词单独插入 Row 组件里。

```
@Composable
fun TopText() {
  Row(
    modifier = Modifier.fillMaxWidth(),
    horizontalArrangement = Arrangement.SpaceBetween // 设置两端对齐
  ) {
    var keywordPre = "By Clicking below you agree to our".split(" ")
    var keywordPost = "and consent".split(" ")
    for (word in keywordPre) {
      Text(
        text = word,
        style = body2,
        color = gray,
      )
    }
    Text(
      text = "Terms of Use",
      style = body2,
      color = gray,
      textDecoration = TextDecoration.Underline // 设置下画线
    )
    for (word in keywordPost) {
      Text(
        text = word,
        style = body2,
        color = gray,
      )
    }
  }
}
```

BottomText 是一个居中对齐的文本，实现起来非常简单。

```
@Composable
fun BottomText() {
  Row(
    modifier = Modifier.fillMaxWidth(),
    horizontalArrangement = Arrangement.Center // 设置居中对齐
  ) {
    Text(text = " to Our ",
      style = body2,
      color = gray
    )
    Text(text = "Privacy Policy.",
```

```
    style = body2,
    color = gray,
    textDecoration = TextDecoration.Underline
  )
 }
}
```

这样就完成了 HintWithUnderline 组件 UI 代码的编写。接下来完成登录页中最后一个组件。

4. LoginButton

该组件实际上就是一个登录按钮，只需要注意按钮的形状和颜色，以及内部文案的颜色与字体，如图 3-17 所示。

● 图 3-17　LoginButton 样式

```
@ Composable
fun LoginButton() {
 Button(
   onClick = {},
   modifier = Modifier
     .height(48.dp)
     .fillMaxWidth()
     .clip(medium),
   colors = ButtonDefaults.buttonColors(backgroundColor = pink900)
 ) {
   Text(
     text = "Log in",
     style = button,
     color = white
   )
 }
}
```

这样就完成了 Login 登录页的编写，最后一起来完成 Home 主页。

▶▶ 3.1.4　Home 主页

和前面一样，可以将 Home 页面分解成四个部分。前三个组件使用 Column 堆叠起来就可以了。由于最后的 BottomBar 要始终在页面底部，因此可以使用 Scaffold 组件通过设置 bottombar 来完成，如图 3-18 所示。

根据设计图稿需要将整个页面的水平边距设置为 16dp，如图 3-19 所示。

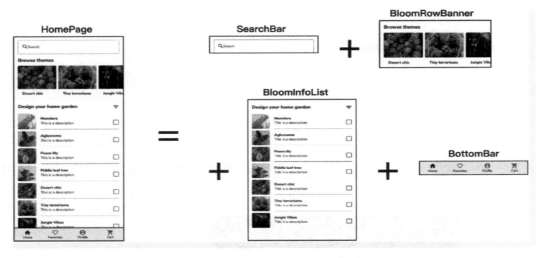

● 图 3-18　HomePage 页面拆分

```
@Composable
fun HomePage() {
  Scaffold(
    bottomBar = {
      BottomBar()
    }
  ) {
    Column(
      Modifier
        .fillMaxSize()
        .background(white)
        .padding(horizontal = 16.dp) // 设置边距
    ) {
      SearchBar()
      BloomRowBanner()
      BloomInfoList()
    }
  }
}
```

● 图 3-19　设置页面水平边距

接下来配置图片和文案。这里就以静态资源进行提供。

```
data classImageItem(val name: String, val resId: Int)
val bloomBannerList = listOf(
  ImageItem("Desert chic", R.drawable.desert_chic),
  ImageItem("Tiny terrariums", R.drawable.tiny_terrariums),
  ImageItem("Jungle Vibes", R.drawable.jungle_vibes)
)
val bloomInfoList = listOf(
```

```
    ImageItem("Monstera", R.drawable.monstera),
    ImageItem("Aglaonema", R.drawable.aglaonema),
    ImageItem("Peace lily", R.drawable.peace_lily),
    ImageItem("Fiddle leaf tree", R.drawable.fiddle_leaf),
    ImageItem("Desert chic", R.drawable.desert_chic),
    ImageItem("Tiny terrariums", R.drawable.tiny_terrariums),
    ImageItem("Jungle Vibes", R.drawable.jungle_vibes)
)
val navList = listOf(
    ImageItem("Home", R.drawable.ic_home),
    ImageItem("Favorites", R.drawable.ic_favorite_border),
    ImageItem("Profile", R.drawable.ic_account_circle),
    ImageItem("Cart", R.drawable.ic_shopping_cart)
)
```

1. BottomBar

底边栏非常简单，只需要根据设计图稿的要求实现出来就可以了，如图 3-20 所示。

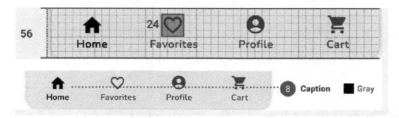

● 图 3-20　**BottomBar** 样式

```
@Composable
fun BottomBar() {
  BottomNavigation(
    modifier = Modifier
      .fillMaxWidth()
      .height(56.dp)
      .background(pink100)
  ) {
    navList.forEach {
      BottomNavigationItem(
        onClick = {},
        icon = {
          Icon(
            painterResource(id = it.resId),
            contentDescription = null,
            modifier = Modifier.size(24.dp),
          )
        },
```

```
      label = {
        Text(
          it.name,
          style = caption,
          color = gray,
        )
      },
      selected = ("Home" == it.name)
    )
   }
  }
}
```

2. SearchBar

用 TextField 实现 SearchBar。

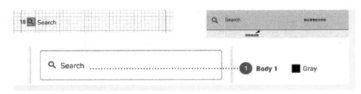

● 图 3-21　　SearchBar 样式

值得注意的是 TextField 是一个 Material 组件，会携带有默认的背景色与底部边框颜色。所以还需要对 TextField 进行额外的颜色配置，和前面同为 Material 组件的 Button 组件配置方法一样。

```
@Composable
fun SearchBar() {
  Box {
    TextField(
      value = "",
      onValueChange = {},
      modifier = Modifier
        .fillMaxWidth()
        .height(56.dp)
        .clip(RoundedCornerShape(4.dp))
        .border(BorderStroke(1.dp, Color.Black)), // 添加圆角边框
      leadingIcon = {
        Icon(
          painter = rememberVectorPainter(image = ImageVector.vectorResource(id = R.drawa-
ble.ic_search)),
          contentDescription = "search",
          modifier = Modifier.size(18.dp)
        )
      },
```

```
      placeholder = {
        Text(
          text = "Search",
          style = body1,
          color = gray
        )
      },
      colors = TextFieldDefaults.outlinedTextFieldColors(
        backgroundColor = white,
        unfocusedBorderColor = white, // 未选中时的下边框颜色
        focusedBorderColor = white, // 选中时的下边框颜色
      ),
    )
  }
}
```

3. BloomRowBanner

该组件可以由 Text 组件与 LazyRow 组件组合而成，布局宽高与文案字体依然按照设计图稿来声明，如图 3-22 所示。

通过前面列表章节的学习，想必我们已经了解 LazyRow 组件该怎么用了，这里提供一个子元素模板组件 PlantCard，如图 3-23 所示。

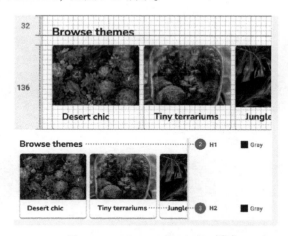

● 图 3-22 BloomRowBanner 样式

● 图 3-23 PlantCard 样式

```
@Composable
fun PlantCard(plant: ImageItem) { // 子元素模板组件
  Card(
    modifier = Modifier
      .size(136.dp)
      .clip(RoundedCornerShape(4.dp))
  ) {
```

```
      Column {
        Image(
          painterResource(id = plant.resId),
          contentScale = ContentScale.Crop,
          contentDescription = "image",
          modifier = Modifier
            .fillMaxWidth()
            .height(96.dp)
        )
        Box(
          Modifier
            .fillMaxWidth()
            .padding(start = 16.dp)
        ) {
          Text(
            text = plant.name,
            style = h2,
            color = gray,
            modifier = Modifier
              .fillMaxWidth()
              .paddingFromBaseline(top = 24.dp, bottom = 16.dp)
          )
        }
      }
    }
}

@Composable
fun BloomRowBanner() {
  Column {
    Box(
      Modifier.fillMaxWidth()
    ) {
      Text(
        text = "Browse themes",
        style = h1,
        color = gray,
        modifier = Modifier
          .fillMaxWidth()
          .paddingFromBaseline(top = 32.dp)
      )
    }
    Spacer(modifier = Modifier.height(16.dp))
    LazyRow(
      modifier = Modifier.height(136.dp)
    ) {
```

```
    items(bloomBannerList.size) {
        if (it ! = 0) {
            // 每个子元素间水平间距为 8dp
            Spacer(modifier = Modifier.width(8.dp))
        }
        PlantCard(bloomBannerList[it]) // 使用子元素模板组件
    }
  }
 }
}
```

4. BloomInfoList

该组件与 BloomRowBanner 是差不多的。但是这个组件的文本右侧有一个小图标，所以就将 Text 组件与 Icon 组件组合成 Row 组件，再让 Row 组件与 LazyColumn 组件组合成 BloomInfoList 组件，如图 3-24 所示。

● 图 3-24　BloomInfoList 样式

与前面的 LazyRow 组件一样，同样为 LazyColumn 提供一个子元素模板组件 DesignCard。

```
@ Composable
fun DesignCard(plant: ImageItem) {
  Row(
    modifier = Modifier.fillMaxWidth()
  ) {
    Image(
      painterResource(id = plant.resId),
      contentScale = ContentScale.Crop,
      contentDescription = "image",
      modifier = Modifier
        .size(64.dp)
        .clip(RoundedCornerShape(4.dp))
    )
    Spacer(modifier = Modifier.width(16.dp))
    Column {
      Row(modifier = Modifier.fillMaxWidth(), horizontalArrangement = Arrangement.SpaceBe-
tween) {
        Column {
          Text(
            text = plant.name,
            style = h2,
            color = gray,
            modifier = Modifier.paddingFromBaseline(top = 24.dp)
          )
          Text(
            text = "This is a description",
            style = body1,
```

```
            color = gray,
            modifier = Modifier
          )
        }
        Checkbox(
          modifier = Modifier
            .padding(top = 24.dp)
            .size(24.dp),
          checked = false,
          onCheckedChange = {},
          colors = CheckboxDefaults.colors(
            checkmarkColor = white
          )
        )
      }
      // 每个子元素底部都有的下画线
      Divider(color = gray, modifier = Modifier.padding(top = 16.dp), thickness = 0.5.dp)
    }
  }
}


@Composable
fun BloomInfoList() {
  Column {
    Row(
      Modifier.fillMaxWidth(),
      horizontalArrangement = Arrangement.SpaceBetween
    ) {
      Text(
        text = "Design your home garden",
        style = h1,
        color = gray,
        modifier = Modifier.paddingFromBaseline(top = 40.dp)
      )
      Icon(
        painterResource(id = R.drawable.ic_filter_list),
        "filter",
        modifier = Modifier
          .padding(top = 24.dp)
          .size(24.dp)
      )
    }
    Spacer(modifier = Modifier.height(16.dp))
    LazyColumn(
      modifier = Modifier
        .fillMaxWidth(),
```

```
    contentPadding = PaddingValues(bottom = 56.dp)
  ) {
    items(bloomInfoList.size) {
      if (it ! = 0) { Spacer(modifier = Modifier.height(8.dp)) }
      DesignCard(bloomInfoList[it])
    }
  }
}
```

▶▶ 3.1.5 布局预览

当所有组件都声明完成后，就可以对它们进行预览了。**Compose 中所有视图组件建议都以顶级函数声明，否则当状态发生改变时，会出现异常重组问题。**目前只需要记住这个原则，本书会在后面状态管理与重组章节进行详细介绍。

```
@ Preview
@ Composable
fun WelcomePageLightPreview() {
  WelcomePage()
}


@ Preview
@ Composable
fun LoginPageLightPreview() {
  LoginPage()
}


@ Preview
@ Composable
fun HomePageLightPreview() {
  HomePage()
}
```

预览效果如图 3-25 所示。

当然还可以在 setContent 中直接使用这些写好的组件。

```
class MainActivity : AppCompatActivity() {
  @ RequiresApi(Build.VERSION_CODES.R)
  override fun onCreate(savedInstanceState: Bundle?) {
    super.onCreate(savedInstanceState)
    window.setDecorFitsSystemWindows(false)
    setContent {
      WelcomePage()
    }
  }
}
```

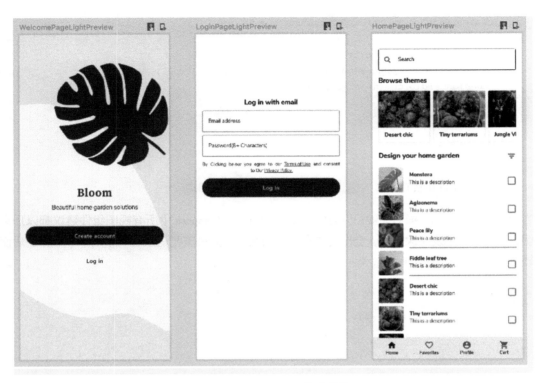

● 图 3-25　Bloom 页面预览

本节带大家使用 Composable 组件完成了静态页面的搭建，接下来学习一下如何使用主题为页面实现更多皮肤效果。

3.2　主题

本节将一起学习如何在 Compose 中配置主题。主题中包括全局的颜色、字体与形状等，也可以拓展配置一些其他类型的多媒体资源，例如文本、声音和图像等，都可以作为主题进行全局配置。

▶▶ 3.2.1　MaterialTheme 介绍

我们先来认识一下 MaterialTheme。MaterialTheme 是 Compose 所提供的基于 Material Design 规范的主题样式模板。通过主题样式模板的配置，整个应用的 Composable 组件会随主题切换实现相应的样式改变。

还记得在本书一开始创建的 HelloWorld 演示项目吗，当我们创建了新的 Compose 项目时，Android Studio 会默认生成一个 Theme 函数，使用了项目名+Theme 的名称。因为项目名称是 HelloWorld，所以生成的也就是 HelloWorldTheme。

```
class MainActivity : ComponentActivity() {
  override fun onCreate(savedInstanceState: Bundle?) {
    super.onCreate(savedInstanceState)
    setContent {
      HelloWorldTheme {
        Surface(color = MaterialTheme.colors.background) {
          Greeting("Android")
        }
      }
    }
  }
}
```

我们使用 Composable 组件创建的 UI 都应该是 HelloWorldTheme 的子元素，这样才能在全局应用主题的效果。

接下来看看这个生成的 HelloWorldTheme 函数为我们做了哪些事。

```
@ Composable
fun HelloWorldTheme(
  darkTheme: Boolean = isSystemInDarkTheme(),
  content: @ Composable() () -> Unit
) {
  val colors = if (darkTheme) {
    DarkColorPalette
  } else {
    LightColorPalette
  }
  MaterialTheme(
    colors = colors, // 颜色
    typography = Typography, // 字体
    shapes = Shapes, // 形状
    content = content // 声明的视图
  )
}
private val DarkColorPalette = darkColors(
  primary = Purple200,
  primaryVariant = Purple700,
  secondary = Teal200
)
private val LightColorPalette = lightColors(
  primary = Purple500,
  primaryVariant = Purple700,
  secondary = Teal200
)
```

在这里我们看到了 MaterialTheme 函数的调用。但是先别急，往上看看，可以看到 Android Studio 默认生成了两种配色的调色板（Light 与 Dark），根据 HelloWorldTheme 传入布尔值参数，选择不同的

调色板，所选择的调色板会被直接透传到 MaterialTheme。

接下来进入 darkColors 与 lightColors 这两个方法，看看返回值表示的是什么。

```
fun lightColors(
    primary: Color = Color(0xFF6200EE),
    primaryVariant: Color = Color(0xFF3700B3),
    secondary: Color = Color(0xFF03DAC6),
    secondaryVariant: Color = Color(0xFF018786),
    background: Color = Color.White,
    surface: Color = Color.White,
    error: Color = Color(0xFFB00020),
    onPrimary: Color = Color.White,
    onSecondary: Color = Color.Black,
    onBackground: Color = Color.Black,
    onSurface: Color = Color.Black,
    onError: Color = Color.White
): Colors = Colors(
    primary,
    primaryVariant,
    secondary,
    secondaryVariant,
    background,
    surface,
    error,
    onPrimary,
    onSecondary,
    onBackground,
    onSurface,
    onError,
    true
)
```

可以看到，lightColors 将所有传入的参数全部透传至 Colors 构造器中，而 Colors 构造器参数是没有默认值的，lightColors 帮助我们生成了许多属性默认值。这其中的 primary、secondary 实际都是 Material Design 设计规则所规定的主题配色字段。前面学习的所有 Material 组件其内部都遵循着 Material Design 的配色风格，当然也可以强制设置为自己希望的配色。

可以看出两种调色板本质上也只是这些主题配色字段的不同，当然也可以自己来定制主题配色字段方案，如表 3-1 所示。

表 3-1 Material Design Color 定义

Color 定义	说　　明
primary	整个应用中最常使用的主色
primaryVariant	主色的变种色，主要用于与主色调做区分的场景。例如 AppBar 使用主色，系统状态栏用变种色

（续）

Color 定义	说　　明
secondary	次选色提供了一种用于强调和区分于主色的能力，常常用于悬浮按钮、复选框、单选按钮、需要突出的文本，以及链接标题等场景
secondaryVariant	次选色的变种，用于与次选色做区分
background	背景色，目前主要用作 Scaffold 系列组件的背景色
surface	平面色，常用于一些平面组建的背景色，例如 Surface 组件、Sheet 组件与 Menu 组件等
error	错误色，常用于组件中表示错误的颜色
onPrimary	常用于使用 primary 作为背景色的组件之上的文本与 icon 颜色
onSecondary	常用于使用 secondary 作为背景色的组件之上的文本与 icon 颜色
onBackground	常用于使用 background 作为背景色的组件之上的文本与 icon 颜色
onSurface	常用于使用 surface 作为背景色的组件之上的文本与 icon 颜色
onError	常用于使用 error 作为背景色的组件之上的文本与 icon 颜色

```
@Composable
fun TopAppBar(
  backgroundColor: Color = MaterialTheme.colors.primarySurface
  ...
)
val Colors.primarySurface: Color get() = if (isLight) primary else surface
```

上述代码中 isLight 表示当前是否处于亮色主题，这会对一些 Material 组件产生影响，例如当 isLight 为 true 时，TopAppBar 组件使用 primary 作为背景色，而当为 false 时，则会以 surface 作为背景色。

接下来举一个简单的案例，假设当主题发生变化时，希望定制的文本颜色也随之改变。当亮色主题时显示为红色字体，暗色主题文本显示为蓝色字体。这里使用 Color 的 **primary** 属性来保存这个配置，当然使用其他字段保存也是可以的。

```
@Composable
fun CustomColorTheme(
  isDark: Boolean,
  content: @Composable() () -> Unit
) {
  var BLUE = Color(0xFF0000FF)
  var RED = Color(0xFFDC143C)
  val colors = if (isDark) {
    darkColors(primary = BLUE) // 将 primary 设置为蓝色
  } else {
    lightColors(primary = RED) // 将 primary 设置为红色
  }
  MaterialTheme(
    colors = colors,
```

```
    typography = Typography,
    shapes = Shapes,
    content = content
  )
}
```

主题配置完之后，就可以在项目中应用了。我们将 UI 中的 Text 组件的字体颜色配置为 Material-Theme. colors. primary。同时创建了两种主题的预览，通过预览窗口就可以看到不同主题下的最终效果，代码和预览效果（图 **3-26**）如下所示。

```
@ Composable
fun SampleText() {
  Text(
    text = "Hello World",
    color = MaterialTheme.colors.primary
  )
}
@ Preview(showBackground = true)
@ Composable
fun DarkPreview() {
  CustomColorTheme(isDark = true) {
    SampleText()
  }
}
@ Preview(showBackground = true)
@ Composable
fun LightPreview() {
  CustomColorTheme(isDark = false) {
    SampleText()
  }
}
```

● 图 3-26　主题颜色预览

▶▶ 3. 2. 2　理解 MaterialTheme 与 CompositionLocal

1. MaterialTheme 工作原理

为了理解 MaterialTheme 工作原理，需要进入源码一探究竟。

```
@ Composable
fun MaterialTheme(
  colors: Colors = MaterialTheme.colors,
  typography: Typography = MaterialTheme.typography,
  shapes: Shapes = MaterialTheme.shapes,
  content: @ Composable () -> Unit
) {
  val rememberedColors = remember {
    colors.copy()
```

```
  }.apply { updateColorsFrom(colors) }
  ...
  CompositionLocalProvider(
    LocalColors provides rememberedColors,
    LocalContentAlpha provides ContentAlpha.high,
    LocalIndication provides rippleIndication,
    LocalRippleTheme provides MaterialRippleTheme,
    LocalShapes provides shapes,
    LocalTextSelectionColors provides selectionColors,
    LocalTypography provides typography
  ) {
    ProvideTextStyle(value = typography.body1, content = content)
  }
}
```

可以看到 MaterialTheme 本身就是一个 Composable 组件，我们传入的 content 参数就是声明在 Theme 中的自定义视图页面组件，透传进 ProvideTextStyle 在其内部进行调用。这其中使用了 CompositionLocalProvider 函数，通过 providers 将 rememberedColors 提供给了 LocalColors。

让我们回到自定义视图页面中，看看是如何通过 MaterialTheme 获取到当前主题配色的，我们使用的是 MaterialTheme. colors. primary。有些读者可能会疑惑，MaterialTheme 不是一个 Composable 函数吗，怎么还可以访问成员属性呢？实际上 MaterialTheme 还有一个同名的单例对象。

```
object MaterialTheme {
  val colors: Colors
    @Composable
    @ReadOnlyComposable
    get() = LocalColors.current
  val typography: Typography
    @Composable
    @ReadOnlyComposable
    get() = LocalTypography.current
  val shapes: Shapes
    @Composable
    @ReadOnlyComposable
    get() = LocalShapes.current
}
```

可以发现在获取到当前主题配色时，使用的是 MaterialTheme 单例对象的 colors 属性，间接使用了 LocalColors。总体来说，在自定义 Theme 中使用的是 MaterialTheme 函数为 LocalColors 赋值，而在获取时使用的是 MaterialTheme 单例对象，间接从 LocalColors 中获取到值。所以 LocalColors 又是什么呢？

```
internal val LocalColors = staticCompositionLocalOf { lightColors() }
```

通过声明可知它是一个 CompositionLocal，其初始值是 lightColors( ) 返回的 Colors 配置，这个在前面提到过。MaterialTheme 方法中通过 CompositionLocalProvider 方法为 Composable 提供了一些 CompositionLocal，这其中包含了所有的主题配置信息。

2. CompositionLocal 介绍

很多时候我们需要在 Composable 视图树中共享一些数据（例如主题配置），一种有效方式就是通过显式参数传递的方式进行实现，当参数越来越多时，Composable 参数列表会变得越来越臃肿，难以进行维护。当 Composable 需要彼此间传递数据，并且实现各自的私有性时，如果仍采用显式参数传递的方式，则可能会产生意料之外的麻烦与崩溃。

为解决上述痛点问题，Compose 提供了 CompositionLocal 用来完成在 Composable 树中共享数据方式。CompositionLocals 是具有层级的，可以被限定在以某个 Composable 作为根结点的子树中，其默认会向下传递，当然当前子树中的某个 Composable 可以对该 CompositionLocals 进行覆盖，从而使得新值会在这个 Composable 中继续向下传递。

注意：
我们只能在 Composable 中获取 CompositionLocal 保存的数据。

Compose 提供了两种创建 CompostionLocal 实例的方式，分别是 compositionLocalOf 与 staticCompositionLocalOf，这里简单以 staticCompositionLocalOf 方法创建 CompostionLocal 实例来举例。

```
import androidx.compose.runtime.compositionLocalOf
var LocalString = staticCompositionLocalOf { "Jetpack Compose" }
```

在 Composable 树中的任何位置都可以使用 CompositionLocalProvider 方法为 CompositionLocal 提供一个值。子组件还可以覆盖父组件所传递下来的数值。我们的示例是在 Column 内使用 CompositionLocal-Provider。

```
setContent {
  CustomColorTheme(true) {
    Column {
      CompositionLocalProvider(
        LocalString provides "Hello World"
      ) {
        Text(
          text = LocalString.current,
          color = Color.Green
        )
        CompositionLocalProvider(
          LocalString provides "Ruger McCarthy"
        ) {
          Text(
            text = LocalString.current,
            color = Color.Blue
          )
        }
      }
      Text(
```

```
        text = LocalString.current,
        color = Color.Red
    )
  }
 }
}
```

实际效果可以看到，虽然所有 Composable 依赖的均是同一个
CompositionLocal，而其得到的实际的值却是不一样的，如图 3-27
所示。

● 图 3-27　使用 CompositionLocal

3. CompositionLocal 创建方式

前面我们提到 CompositionLocal 的创建方式有两种，分别是
compositionLocalOf 与 staticCompositionLocalOf。

compositionLocalOf

当使用 compositionLocalOf 来创建 CompositionLocal 时，如果
所提供的值是一个状态，那么当状态发生更新时，所有读取这个
CompositionLocal 内部 current 数值的 Composable 都会发生重组。

这里使用一个三层嵌套 Box 示例进行举例，首先将 Composi-
tionLocalProvide 包裹在最外层，若某层 Box 触发了重组，便会更
新该层的文本信息。在示例中选择处于中间一层的 Box 来读取
CompositionLocal 内部 current 数值。

当 color 状态发生改变时，可以发现只有中间层发生了重组，
如图 3-28 所示。

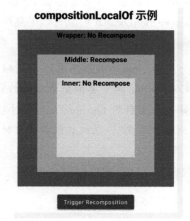

● 图 3-28　使用 CompositionLocalOf

```
val currentLocalColor = compositionLocalOf { Color.Black }
var color by remember { mutableStateOf(Color.Green) }
CompositionLocalProvider(
    currentLocalColor provides color
) {
  TaggedBox("Wrapper: $ recomposeFlag", 400.dp, Color.Magenta) {
    TaggedBox("Middle: $ recomposeFlag", 300.dp, currentLocalColor.current) {
      TaggedBox("Inner: $ recomposeFlag", 200.dp, Color.Yellow)
    }
  }
}
```

staticCompositionLocalOf

如果使用的是 staticCompositionLocalOf 来创建 CompositionLocal，那么当状态发生更新时，Compo-
sitionLocalProvider 的 content 整体会被重组，而不仅仅是在组合中读取其内部 current 数值的 Compos-
able。

我们仅需将前面的例子中 CompositionLocal 的创建方式进行修改。当状态发生改变时，可以看到所有 Box 都参与了重组，如图 3-29 所示。

通过这个实例可以看出，使用 CompositionLocalOf 创建时会记录使用其内部 current 的所有 Composable，当状态发生改变时，对这些 Composable 进行精准重组。而使用 staticCompositionLocalOf 来创建，当状态更新时只会将 content 整体进行重组。当然记录 Composable 是有成本的，所以官方也建议我们如果 CompositionLocal 提供的值发生更改的可能性很小或者是一个永远不会更改的确定值，那么使用 staticCompositionLocalOf 可以有效提高性能。

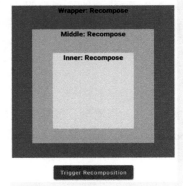

● 图 3-29 使用 staticCompositionLocalOf

最佳实践：

Jim Sproch 建议不要过于依赖 CompositionLocal（Alpha 版本时叫作 Ambients）。CompositionLocal 在 Composable 树中类似全局变量的作用，当我们的项目代码量变得庞大之后，维护起来便会非常头疼。这里引用 Jim Sproch 先生对 CompositionLocal 的评价："每当你使用 CompositionLocal 时，应该感到一丝愧疚"，所以我们在开发时不要过分依赖 CompositionLocal。

 Jim Sproch [G] 1 month ago
If someone is using ambients, I am 99% sure they are abusing them.

Think of ambients like globals. Sometimes they are useful/necessary, but you should feel guilty every time you use them.

 👍 3 😊

▶▶ 3.2.3 定制主题方案

还记得前面我们根据设计图稿定制的 Bloom 项目吗？打开设计图稿可以看到，实际上 Bloom 项目是有两套主题方案的，分别是亮色主题与暗色主题。由于前面还没有学习主题配置，所以只设计了亮色主题下的页面。在不同主题方案下背景颜色、文字颜色与图片资源都是不同的，在这个章节我们就来看看如何在 Bloom 项目中配置主题。

1. 配置颜色

首先学习如何配置颜色样式。根据主题配置其对应的 Colors，设计图稿如图 3-30 所示。

根据设计图稿中的规定，进行如下代码配置。

```
private val BloomLightColorPaltte =lightColors(
    primary = pink100,
    secondary = pink900,
    background = white,
```

```
  surface = white850,
  onPrimary = gray,
  onSecondary = white,
  onBackground = gray,
  onSurface = gray,
)
private val BloomDarkColorPaltte = darkColors(
  primary = green900,
  secondary = green300,
  background = gray,
  surface = white150,
  onPrimary = white,
  onSecondary = gray,
  onBackground = white,
  onSurface = white850
)


@Composable
fun BloomTheme(theme: BloomTheme = BloomTheme.LIGHT, content: @Composable() () -> Unit) {
  CompositionLocalProvider(
    LocalWelcomeAssets provides if (theme == BloomTheme.DARK) WelcomeAssets.DarkWelcomeAs-
sets else WelcomeAssets.LightWelcomeAssets,
  ) {
    MaterialTheme(
      colors = if (theme == BloomTheme.DARK) BloomDarkColorPaltte else BloomLightColorPal-
tte,
      typography = Typography,
      shapes = shapes,
      content = content
    )
  }
}
```

● 图 3-30　Bloom 主题颜色配置

在的视图需要 Color 的地方配置即可。

```
Text(
  text = "Beautiful home garden solutions",
  textAlign = TextAlign.Center,
  color = MaterialTheme.colors.onPrimary
)
```

2. 配置字体

接下来学习如何配置字体样式。还记得 MaterialTheme 方法吗，其实 MateriaTheme 方法的第二个参数 typography 表示的就是我们所配置的字体，只是这个 Typography 是 Android Studio 的项目模板默认帮我们定义好的。

还记得 ui. theme 目录下的 Type. kt 文件吗，前面说过该文件是用来配置字体的，其中包含了 Typography 实例的构建。

```
val Typography = Typography(
  body1 = TextStyle(
    fontFamily = FontFamily.Default,
    fontWeight = FontWeight.Normal,
    fontSize = 16.sp
  )
)
```

再回到 MaterialTheme 实现，可以发现 typography 提供给了 LocalTypography 这个 CompositionLocal 实例，那么在项目中如何使用这个特殊字体也不需要额外介绍了，这与 Colors 是完全一样的。

```
@Composable
fun MaterialTheme(
  colors: Colors = MaterialTheme.colors,
  typography: Typography = MaterialTheme.typography,
  shapes: Shapes = MaterialTheme.shapes,
  content: @Composable () -> Unit
) {
  ...
  CompositionLocalProvider(
    LocalTypography provides typography,
    ...
  ) {
    ProvideTextStyle(value = typography.body1, content = content)
  }
}
```

弄懂原理后，我们将根据设计图稿配置好的字体使用 Typography 统一管理即可。

```
val nunitoSansFamily = FontFamily(
  Font(R.font.nunitosans_light, FontWeight.Light),
  Font(R.font.nunitosans_semibold, FontWeight.SemiBold),
  Font(R.font.nunitosans_bold, FontWeight.Bold)
)
```

```
val bloomTypography = Typography(
  h1 = TextStyle(
    fontSize = 18.sp,
    fontFamily = nunitoSansFamily,
    fontWeight = FontWeight.Bold
  ),
  h2 = TextStyle(
    fontSize = 14.sp,
    letterSpacing = 0.15.sp,
    fontFamily = nunitoSansFamily,
    fontWeight = FontWeight.Bold
  ),
  ....
)
```

仅需将 Typography 实例传入 MaterialTheme 中。

```
@Composable
fun BloomTheme(theme: BloomTheme = BloomTheme.LIGHT, content: @Composable() () -> Unit) {
  MaterialTheme(
    colors = if (theme == BloomTheme.DARK) BloomDarkColorPaltte else BloomLightColorPaltte,
    typography = bloomTypoGraphy,
    shapes = shapes,
    content = content
  )
}
```

接下来只需为 Text 组件配置 style 参数就可以了。

```
Text(
  text = "Beautiful home garden solutions",
  textAlign = TextAlign.Center,
  style = MaterialTheme.typography.subtitle1, // I'm here
  color = MaterialTheme.colors.onPrimary
)
```

3. 配置自定义资源

有时会根据主题的不同使用对应的多媒体资源，例如图片、视频、音频等。通过查阅 MaterialTheme 参数列表，没有发现可以进行配置的参数。难道 Compose 不具备这样的能力？答案当然是否定的，Android 团队已经充分考虑了各种场景，针对这种需求而言，需要进行额外的定制扩展。

前面已经详细介绍了 MaterialTheme 的工作原理，可以通过定制 CompositionLocal 的方式来实现图片资源的扩展，根据主题的不同选用其对应的多媒体资源。

```
open classWelcomeAssets private constructor(
  var background: Int,
  var illos: Int,
  var logo: Int
```

```
) {
  object LightWelcomeAssets : WelcomeAssets(
    background = R.drawable.ic_light_welcome_bg,
    illos = R.drawable.ic_light_welcome_illos,
    logo = R.drawable.ic_light_logo
  )

  object DarkWelcomeAssets : WelcomeAssets(
    background = R.drawable.ic_dark_welcome_bg,
    illos = R.drawable.ic_dark_welcome_illos,
    logo = R.drawable.ic_dark_logo
  )
}

internal var LocalWelcomeAssets = staticCompositionLocalOf {
  WelcomeAssets.LightWelcomeAssets as WelcomeAssets
}
```

如果希望统一使用 MaterialTheme 实例来管理主题中的图片资源，可以通过为 MaterialTheme 拓展属性进行实现。需要注意的是 CompositionLocal 只能在 Composable 中使用，所以需要为这个属性定义 get 方法，并添加@ Composable 注解，因为我们只能在 Composable 中获取 CompositionLocal 保存的数值。

```
val MaterialTheme.welcomeAssets
  @ Composable
  @ ReadOnlyComposable
  get() = LocalWelcomeAssets.current
```

补充提示：

> @ ReadOnlyComposable 注解是可选的，在 Compose 中可以对有返回值的 Composable 使用@ ReadOnlyComposable 注解，这会使当前的 Composable 失去局部重组的能力，从而达到编译优化的效果，因此 Compose 也限制了我们在 ReadOnlyComposable 中不能使用普通 Composable。

通过对 MaterialTheme 的扩展，我们可以使用自定义的主题资源类型，并且仍然能通过 MaterialTheme 实例来管理这些主题资源。

3.3 本章小结

通过 Bloom 实战项目，想必大家对 Compose 组件的使用更加熟悉了。紧接着，我们又对 Compose 主题资源的配置进行了介绍，并深入探索主题配置背后的实现原理。通过对 Bloom 项目的主题配置引入，演示了主题方案如何在实际项目中实际落地。接下来学习作为声明式 UI 框架的 Compose 中最重要也是最核心的概念——状态管理与重组。

第4章

▶▶▶▶▶▶

状态管理与重组

Compose 采取了声明式 UI 的开发范式。在这种范式中，UI 的职责更加单纯，仅作为数据状态的反应，对状态"唯命是从"。如果数据状态没有变化，则 UI 永远不会自行改变。如果把 Composable 的执行看作是一个函数运算，那么状态就是函数的参数，生成的布局就是函数的输出。唯一参数决定唯一输出。

前面我们学习了静态页面的搭建，本章将带领大家学习 Compose 中的状态管理机制，并会了解到重组、副作用等相关知识点。通过状态才能让一个静态页面动起来。

4.1 状态管理

▶▶ 4.1.1 什么是状态

任何一个应用都不可能只由静态页面构成，它需要接收用户的操作，并通过 UI 变化给出用户反馈。大到一个页面的切换，小到一个字符的增删，**所有这些看得见的变化，其本质上都是内部数据的变化**，这些不断变化的数据就是 UI 的"状态"。

在传统视图体系中，状态大多以 View 的成员变量形式存在，例如 TextView 的 mText 就是这个 View 自身的状态。当想要更新 TextView 的文字时，通常先要设法获取 TextView 的实例，然后调用 setText 方法对 mText 进行更新，随着代码的增多，这样的逻辑会变得非常复杂。让我们通过一个计数器的例子体会一下传统的状态管理方式所存在的问题，如图 4-1 所示。

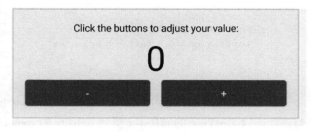

● 图 4-1　计数器界面

在这个计数器中，单击下方的"+"或者"–"按钮时，中间的数字会随之增加或减少。变化的数字就是这个计数器的"状态"，具体到代码，它存在于 TextView 的 mText 中：

```kotlin
class CounterActivity : AppCompatActivity() {
  private lateinit var binding: ActivityCounterBinding

  override fun onCreate(savedInstanceState: Bundle?) {
    ...
    binding.incrementBtn.setOnClickListener {
      binding.counter.text = "${Integer.valueOf(counter.text.toString()) + 1}"
    }
    binding.decrementBtn.setOnClickListener {
      binding.counter.text = "${Integer.valueOf(counter.text.toString()) - 1}"
    }
  }
}
```

当单击按钮后，代码直接修改 TextView 的 mText，更新 UI。应用的计数逻辑与 TextView 耦合在一起。视图组件难以替换，计数逻辑也难以复用。此外，这样的结构随着事件源的增多，很容易出现重复代码，比如例子中的两处 setOnClickListener 中的代码重复度就很高。

当然，可以针对性地做一些优化，改为下面的样子：

```kotlin
class CounterActivity : AppCompatActivity() {
  private lateinit var binding: ActivityCounterBinding
  private val counter : Int = 0
  override fun onCreate(savedInstanceState: Bundle?) {
    binding.incrementBtn.setOnClickListener {
      counter++
      updateCounter()
    }
    binding.decrementBtn.setOnClickListener {
      counter--
      updateCounter()
    }
    ...
  }
  private fun updateCounter() {
    binding.counter.text = "$counter"
  }
}
```

在上面的代码中，最大的改动是新增了成员 counter 用来计数。这本质上是一种**"状态上提"**，计数器状态从 TextView 的 mText 上提到 Activity 的 counter。状态上提之后，所有的修改都从 TextView 流向 counter，计算逻辑对 TextView 的依赖没有了，组件替换更加容易了。

▶▶ 4.1.2 单向数据流

在前面的计数器例子中，通过状态上提虽然让 TextView 的职责变简单了，但是代码仍然有优化空间。首先，计数逻辑在 Activity 中难以单独复用；其次，onClick 内更新 counter 之后需要手动调用

updateCounter（），因此 Button 的职责仍然不够简单。对其进一步优化后，得到下面代码：

```kotlin
class CounterViewModel : ViewModel() {
  private val _counter = MutableLiveData(0)
  val counter : LiveData<Int> = _counter

  fun increment() {
    _counter.value = _counter.value!! + 1
  }
  fun decrement() {
    _counter.value = _counter.value!! - 1
  }
}

class CounterActivity : AppCompatActivity() {
  private lateinit var binding: ActivityCounterBinding
  private val viewModel by viewModels<CounterViewModel>()

  override fun onCreate(savedInstanceState: Bundle?) {
    binding.incrementBtn.setOnClickListener {
      viewModel.increatment()
    }
    binding.decrementBtn.setOnClickListener {
      viewModel.decrement()
    }
    ...
    viewModel.counter.observe(this) { counter ->
      binding.counter.text = "$counter"
    }
  }
}
```

有过 Jetpack 库使用经验的人对上述代码应该十分熟悉。没错，这就是一个经典的 MVVM 架构，而且是一个**数据单向流动的 MVVM 架构**，如图 4-2 所示。通过这次优化，将状态从 Activity 进一步上提到 ViewModel。LiveData 将状态包装成一个可观察对象，Activity 作为观察者监听 counter 的变化来更新 UI。通过观察者模式降低了 Button 的职责，实现了数据流动的"自动化"。

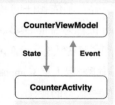

● 图 4-2　单向数据流

补充提示：

> Android 的 MVVM 架构可以在 Data Binding 的加持下与 View 建立双向绑定，也可以只依赖 Live-Data 等打造单向数据流的架构。双向绑定会导致数据流向混乱、维护难度加大，因此较大的项目往往都会单向数据流结构。单向数据流的 MVVM 已经不是诞生自微软的"经典"MVVM 架构了，思想上更类似 MVI（Model-View-Intent）架构。

由于数据来源单一、数据变动可溯源的优点，单向数据流架构下的逻辑更加清晰。但是 Android

传统视图体系中的 View 都倾向于持有自己的状态，如果没有 ViewModel、LiveData 等框架的支持，很难写出符合单向数据流架构的代码。这也是谷歌官方近年来一直大力推广 Jetpack 架构库的原因。

Compose 在设计之初就贯彻了单向数据流的设计思想：首先 Composable 只是一个函数，不会像 View 那样轻易封装私有状态，状态随处定义的情况得到抑制；其次 Compose 的状态像 LiveData 一样能够被观察，当状态变化后，相关联的 UI 会自动刷新，不需要像传统视图那样命令式地逐个通知。因此即使没有 ViewModel 和 LiveData 的加持，也能轻松写出符合单向数据流架构的代码。到此，我们回顾了基于传统视图的状态上提和单向数据流，那么接下来就看看 Compose 是如何实现这一切的，首先深入了解一下 Compose 的"状态"。

▶▶ 4.1.3　Stateless 与 Stateful

传统视图中通过获取组件对象句柄来更新组件状态，而 Compose 中 Composable 只是一个函数，且调用后不返回任何实例，那么 Composable 是如何实现 UI 刷新的呢？

第 1 章创建的 HelloWorld 项目中有一个 Greeting 方法。Greeting 的实现很简单，内部通过调用 Text 将参数 name 以文本的形式显示到界面。

```
@Composable
fun Greeting(name: String) {
  Text(text = "Hello $name!")
}
```

当 Greeting 想要更新显示的文字时，只能再次调用 Greeting 并传入新的 name，内部的 Text 也会再次被调用显示最新的文字。这个通过 Composable 重新执行来更新界面的过程被称为"重组"。所以 Composable 是如何实现 UI 刷新的问题现在有了答案：即通过重组实现。重组是一个复杂的机制，稍后 4.2 节会进行更深入的介绍，这里大家先了解这个概念即可。Compose 通过重组实现 UI 的刷新，而重组正是由于 Composable 的状态变化所触发的。

HelloWorld 中 name 以参数的形式传入 Greeting，Greeting 内部除了参数以外，不依赖任何其他状态，像 Greeting 这样只依赖参数的 Composable 被称为 StatelessComposable。相对的，有的 Composable 内部持有或者访问了某些状态，我们称为 Stateful Composable。Stateless Composable 的重组只能来自上层 Composable 的调用，而 Stateful Composable 的重组来自其依赖状态的变化。

Stateless 是一个"纯函数"，参数是变化的唯一来源，参数不变 UI 就不会变化。因此 Compose 编译器针对其进行了优化，当 Stateless 的参数没有变化时不会参与调用方的重组，重组范围局限在 Stateless 外部，如图 4-3 所示。

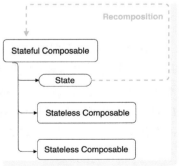

● 图 4-3　Stateful & Stateless & Recomposition

补充提示：

　　纯函数是函数式编程中的概念，纯函数有众多特性，其中一个重要特性就是引用透明，即唯一输入决定唯一输出，Stateless Composable 就具有这个特性。

对 Greeting 进行反编译后，就可以看到编译器针对重组优化做的事情，如图 4-4 所示。

```
@Composable
fun Greeting(name: String) {
    Text(text = "Hello $name!")
}
```

```
public static final void Greeting(String name, Composer $composer, int $changed) {
    String str = name;
    int i = $changed;
    Intrinsics.checkNotNullParameter(str, HintConstants.AUTOFILL_HINT_NAME);
    Composer $composer2 = $composer.startRestartGroup(1047228492);
    ComposerKt.sourceInformation($composer2, "C(Greeting)504@14693L27:MainActivity.kt#peuh75");
    int $dirty = $changed;
    if (($i & 14) == 0) {
        $dirty |= $composer2.changed((Object) str) ? 4 : 2;
    }
    if ((($dirty & 11) ^ 2) != 0 || !$composer2.getSkipping()) {
        TextKt.m6953TextfLXpl1I(LiveLiterals$MainActivityKt.INSTANCE.m16061String$0$str$arg0$callText$funGree
    } else {
        $composer2.skipToGroupEnd();
    }
    ScopeUpdateScope endRestartGroup = $composer2.endRestartGroup();
    if (endRestartGroup != null) {
        endRestartGroup.updateScope(new MainActivityKt$Greeting$3(str, i));
    }
}
```

● 图 4-4　Greeting 反编译代码

编译器在@ Composable 函数体内进行了插桩处理，在 Text 调用之前对参数进行判断，如果参数没有变化，则跳过对 Text 的调用。这就是前面提到的**当参数不变时，Stateless 不参与重组**的本质。

补充提示：

　　Composable 的很多运行时代码是在编译期生成的，使用 Android Studio 自带的 Kotlin 源码反编译工具看不到这些内容，需要使用 Jadx 等工具对生成的 APK 进行反编译查看。

前面提到过**重组来自于状态的改变**，接下来看一看如何在 Composable 中定义一个状态。

▶▶ 4.1.4　**状态的定义**

还是用本章开头出现过的计数器例子，使用 Stateful Composable 来重写这个计数器，如图 4-5 所示。

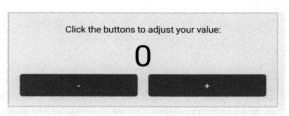

● 图 4-5　计数器样式

配套源码：

　　完整的计数器示例代码：Chapter_ 04_ State/Counter。

Compose 实现的计数器代码如下：

```
@Composable
fun CounterComponent() {
  Column(
    modifier = Modifier.padding(16.dp)
  ) {
    var counter by remember { mutableStateOf(0) }
    Text(
      "Click the buttons to adjust your value:",
      Modifier.fillMaxWidth(),
      textAlign = TextAlign.Center
    )
    Text(
      "$counter",
      Modifier.fillMaxWidth(),
      textAlign = TextAlign.Center,
      style = typography.h3
    )
    Row {
      Button(
        onClick = { counter-- },
        Modifier.weight(1f)
      ) {
        Text("-")
      }
      Spacer(Modifier.width(16.dp))
      Button(
        onClick = { counter++ },
        Modifier.weight(1f)
      ) {
        Text("+")
      }
    }
  }
}
```

CounterComponent 是新写的计数器组件。可以看到，其内部创建了状态 counter 用来记录最新的计数值。代码中先是读取 counter 的值并在 Text 中显示，然后在 Button 的 onClick 中对 counter 进行了修改。CounterComponent 中依赖对 counter 的读写，因此它是一个 Stateful Composable。

在 Compose 中使用 State<T>描述一个状态，泛型 T 是状态的具体类型。

```
interface State<out T> {
  val value: T
}
```

State<T>是一个可观察对象。当 Composable 对 State 的 value 进行读取的同时会与 State 建立订阅关系，当 value 发生变化时，作为监听者的 Composable 会自动重组刷新 UI。当 counter 发生变化时，

CounterComponent 便会触发重组。

有时候 Composable 需要对 State 的 value 进行修改，比如在 CounterComponent 中单击按钮需要修改 counter 的值，所以 counter 可被修改，使用 MutableState<T>来表示可修改状态，其包裹的数据是一个可修改的 var 类型。

```
interface MutableState<T> : State<T> {
  override var value: T
  ...
}
```

1. 创建 MutableState

使用 mutableStateOf(0) 创建 counter，参数是 counter 的初始值，通过类型推导决定了这里的泛型 T 是一个整型。

```
val counter : MutableState<Int> = mutableStateOf(0)
```

除了使用"等号"直接返回 mutableStateOf 的结果外，还有另外两种 MutableState 创建方式。第一种是使用解构。MutableStae 可以通过解构返回 T 类型的 value 以及(T)→Unit 类型的 set 方法：

```
val (counter,setCounter) = mutableStateOf(0)
```

此时 counter 已经是一个 Int 类型的数据，后续使用的地方可以直接访问，无须再使用点操作符获取 value，而需要更新 counter 的地方可以使用 setCounter(xx)完成。

第二种是使用属性代理。使用 Kotlin 的 by 关键字直接获取 Int 类型的 counter。

```
var counter by mutableStateOf(0)
```

如果读者了解 by 关键字的原理应该知道，对 counter 的读写会通过 getValue 和 setValue 这两个运算符的重写最终代理为对 value 的操作，通过 by 关键字，可以像访问一个普通的 Int 变量一样对状态进行读写。

```
inline operator fun <T> State<T>.getValue(thisObj: Any?, property: KProperty<* >): T = value
inline operator fun <T> MutableState<T>.setValue(thisObj: Any?, property: KProperty<* >,
value: T) {
  this.value = value
}
```

补充提示：

　　当使用 by 代理创建 State 时，需要额外引入以下扩展方法：

　　import androidx. compose. runtime. getValue

　　import androidx. compose. runtime. setValue

　　有时 IDE 无法自动 import 上面的依赖，如果发现编译报错，可以手动添加依赖。

最佳实践：

　　创建 State 可以使用直接赋值、结构、代理三种方式，其中代理方式在后续使用中最为简单，所以也是实际项目中的首选。

2. 使用 remember 缓存状态

回看前面 CounterComponent 的例子，Column 中读取 counter 的值并传给 Text 显示。当单击 Button 后，counter 的数值发生增减变化，此时读取状态 counter 的 Column 发生重组，当 Column 再次执行时，到 var counter by remember{mutableStateOf(0)} 时获取的 counter 应该是更新后的数字，这样才能保证在 Text 中显示最新的数值。

此处的 remember 正是保证获取更新值的关键，如果移除包裹 mutableStateOf 的 remember，此时会发现当单击 Button 时，counter 数字没有更新。状态 counter 的变化会触发 Column 的重组，当函数再次执行到 mutableStateOf(0) 时，会重新创建一个初始值为 0 的 MutableState 对象，无法继承前次组合时的状态。而所谓的"状态"应该能跨越重组长期存在。

remember{} 可以帮我们解决这个问题。在 Composable 首次执行时，remember 中计算得到的数据会自动缓存，当 Composable 重组再次执行到 remember 处会返回之前已缓存的数据，无须重新计算。remember 的这一特性非常重要，让一个函数式组件像一个面向对象组件一样持有自己的"成员变量"。需要注意，remember 也是一个 Composable 函数，因此只能在 Composable 中调用。

补充提示：
> remember 缓存的结果有时需要跟随外部状态的变化而更新，所以 remember 可以接收 vararg 参数列表，当任何一个参数发生变化时，将重新计算结果更新缓存。

注意：
> 务必记住，mutabeStateOf 的调用一定要出现在 remember 中，不然每次重组都会创建新的状态。

▶▶ 4.1.5　状态上提

之前已经知道了状态上提的概念，在传统视图体系中通过将状态从 View 上提到 Activity 或者 ViewModel 可以促进视图与逻辑的解耦。Compose 也同样可以通过状态上提来优化代码。

假设想实现一个新的计数器，这个计数器中不出现负数。希望复用 CounterComponent 的 UI，但是由于其内部固化了一套 counter 的更新逻辑，因此无法在多场景中复用。

可以通过将 Statefule 改造为 Stateless 实现提升复用性，改造后 counter 作为参数传入 CounterComponent，状态管理逻辑也由调用方自己实现，**将 Statefule 改造为 Stateless 就是 Compoable 的状态上提**。

最佳实践：
> Stateless 由于不耦合任何业务逻辑，所以功能更加纯粹，相对于 Stateful 的可复用性更好，对测试也更加友好。

状态上提的通常做法就是将内部状态移除，通过参数传入需要在 UI 显示的状态，以及需要回调给调用方的事件，将 CounterComponent 状态上提后的全部代码如下：

```
@Composable
fun CounterScreen() {
```

```
    var counter by remember { mutableStateOf(0) }
    CounterComponent(counter = counter, { counter++ }) {
        if (counter > 0) { counter-- }
    }
}


@Composable
fun CounterComponent(
    counter: Int, // 重组时调用方传入当前需要显示的计数
    onIncrement: () -> Unit, // 向调用方回调单击加号的事件
    onDecrement: () -> Unit // 向调用方回调单击减号的事件
) {
    Column(
        modifier = Modifier.padding(16.dp)
    ) {
        Text(
            "Click the buttons to adjust your value:",
            Modifier.fillMaxWidth(),
            textAlign = TextAlign.Center
        )
        Text(
            "$counter",
            Modifier.fillMaxWidth(),
            textAlign = TextAlign.Center,
            style = typography.h3
        )
        Row {
            Button(
                onClick = { onDecrement() },
                Modifier.weight(1f)
            ) {
                Text("-")
            }
            Spacer(Modifier.width(16.dp))
            Button(
                onClick = { onIncrement() },
                Modifier.weight(1f)
            ) {
                Text("+")
            }
        }
    }
}
```

上述代码中，CounterScreen 在调用 CounterComponent 时为其注入 counter 以及 onIncrement( ) 与 on-

Decrement() 的回调实现，CounterComponent 不再耦合具体业务，完全面向调用方传入的参数编程，这与面向对象编程中的依赖倒置有异曲同工之处。

CounterComponent 经状态上提后，职责更加单一，可复用性与可测试性都得到了提高。此外，状态的上提收敛有助于单一数据源模型的打造。本书在第 1 章介绍过单一数据源的好处，单一数据源下，状态总是自上而下流动，事件总是自下而上传递，如图 4-6 所示。数据流向更清晰，降低出 Bug 的概率。

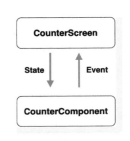

● 图 4-6　单向数据流

最佳实践：

当为了方便 Composable 共享而上提状态时，应该将状态上提到这几个 Composable 的最小共同父 Composable。实现共享的同时，避免 Scope 无意义的扩大。

▶▶ 4.1.6　状态的持久化与恢复

前面说到，remember 可以缓存创建的状态，避免因为重组而丢失。使用 remember 缓存的状态虽然可以跨越重组，但是不能跨越 Activity 或者跨越进程存在。比如当横竖屏等 ConfigurationChanged 事件发生时，状态会发生丢失。如果想要更长久地保存状态，就需要使用到 rememberSavable 了，它可以像 Activity 的 onSaveInstanceState 那样在进程被杀死时自动保存状态，同时像 onRestoreInstanceState 一样随进程重建而自动恢复。

补充提示：

rememberSavable 中的数据会随 onSaveInstanceState 进行保存，并在进程或者 Activity 重建时根据 key 恢复到对应的 Composable 中，这个 key 就是 Composable 在编译期被确定的唯一标识。因此当用户手动退出应用时，rememberSavable 中的数据才会被清空。

rememberSavable 实现原理实际上就是将数据以 Bundle 的形式保存，所以凡是 Bundle 支持的基本数据类型都可以自动保存。对于一个对象类型，则可以通过添加 @Parcelize 变为一个 Parcelable 对象进行保存。比如下面的代码中 City 就是一个 Parcelable 类，而 MutableState 本身也是一个 Parcelable 对象，因此可以直接保存进 rememberSavable。

```
@Parcelize
data class City(val name: String, val country: String) : Parcelable

@Composable
fun CityScreen() {
  var selectedCity = rememberSavable {
    mutableStateOf(City("Madrid", "Spain"))
  }
}
```

补充提示：

当为一个 Parcelable 接口的派生类添加@ Parcelize 时，Kotlin 编译器会自动为其添加 Parcelable 的实现。使用@ Parcelize 注解需要添加 kotlin-parcelize 插件：

```
plugins {
id'kotlin-parcelize'
}
```

有的数据结构可能无法添加 Parcelable 接口，比如定义在三方库的类等，此时可以通过自定义 Saver 为其实现保存和恢复的逻辑。只需要在调用 rememberSavable 时传入此 Saver 即可：

```
object CitySaver : Saver< City, Bundle >{
  override fun restore(value: Bundle) : City? {
    return value.getString("name")?.let { name ->
      value.getString("country")?.let { country ->
        City(name, country)
      }
    }
  }
  override fun SaverScope.save(value: City) : Bundle? {
    return Bundle().apply {
      putString("name", value.name)
      putString("country",value.country)
    }
  }
}


@ Composable
fun CityScreen() {
  var selectedCity = rememberSavable(stateSaver = CitySaver) {
    mutableStateOf(City("Madrid", "Spain"))
  }
}
```

除了自定义 Saver 外，Compose 也提供了 MapSaver 和 ListSaver 供开发者使用：

```
val CitySaver = run {
  val nameKey = "Name"
  val countryKey = "Country"
  mapSaver(
    save = { mapOf(nameKey to it.name, countryKey to it.country) },
    restore = { City(it[nameKey] as String, it[countryKey] as String) }
  )
}


@ Composable
```

```
fun CityScreen() {
  var selectedCity = rememberSavable(stateSaver = CitySaver) {
    mutableStateOf(City("Madrid", "Spain"))
  }
}
```

MapSaver 将对象转换为 Map<String，Any>的结构进行保存，注意 value 是可保存到 Bundle 的类型，同理，ListSaver 则是将对象转换为 List<Any>的数据结构进行保存。

```
val CitySaver = listSaver<City, Any>(
  save = { listOf(it.name, it.country) },
  restore = { City(it[0] as String, it[1] as String) }
)

@Composable
fun CityScreen() {
  var selectedCity = rememberSavable(stateSaver = CitySaver) {
    mutableStateOf(City("Madrid", "Spain"))
  }
}
```

最佳实践:

如果只是需要状态跨越 ConfigurationChanged 而不需要跨进程恢复，那么可以在 AndroidManifest 中设置 android：configChanges，然后使用普通的 remember 即可。因为 Compose 能够在所有 ConfigurationChanged 发生时做出响应，理论上一个纯 Compose 项目不再需要因为 ConfigurationChange 重建 Activity。

▶▶ 4.1.7　使用 ViewModel 管理状态

前面学习了 rememberSavable，它可以在屏幕旋转时甚至进程被杀死时保存状态，理论上可以替代 ViewModel 的存在。但是一个真实的项目，业务逻辑不会只是对 count 的加加减减这样简单，往往要复杂得多，如果这些代码都放在 Stateful Composable 中，会导致 UI 组件的职责不清，毕竟 Composable 的主要职责是负责 UI 的显示。所以当 Stateful 的业务逻辑变得越发复杂时，可以将 Stateful 的状态提到 ViewModel 管理，Stateful 也就变为了一个 Stateless，通过参数传入不同 ViewModel 即可替换具体业务逻辑，可复用性和可测试性也大大提高。

在本章开头已经写好了一个 CounterViewModel，此处基于这个 ViewModel 对 CounterScreen 进行改造：

```
class CounterViewModel : ViewModel() {
  private val _counter = mutableStateOf(0)
  val counter : State<Int> = _counter
  fun increment() {
    _counter.value = _counter.value + 1
```

```
  }
  fun decrement() {
    if (_counter.value > 1) {
      _counter.value = _counter.value - 1
    }
  }
}

@ Composable
fun CounterScreen() {
  val viewModel : CounterViewModel = viewModel()
  CounterComponent(viewModel.counter, viewModel::increament, viewModel::decrement)
}
```

viewModel()是一个@ Composable 方法，用于在 Composable 中创建 ViewModel。CounterScreen 通过 viewModel()创建了一个 CounterViewModel 类型的 ViewModel，ViewModel 持有状态 counter。

补充提示：

在 Composable 中使用viewModel() 需要添加对应的依赖：

"androidx.lifecycle：lifecycle-viewmodel-compose：$ lifecycle_version"

viewModel()会从当前最近的 ViewModelStore 中获取 ViewModel 实例，这个 ViewModelStore 可能是一个 Activity，也可能是一个 Fragment。如果 ViewModel 不存在，就创建一个新的并存入 ViewModelStore。只要 ViewModelStore 不销毁，其内部的 ViewModel 将一直存活。例如一个 Activity 中的 Composable 通过 viewModel () 创建的 ViewModel 被当前的 Activity 持有。在 Activity 销毁之前，ViewModel 将一直存在，viewModel()每次调用将返回同一个实例，所以此时可以不使用 remember 进行缓存。

最佳实践：

需要特别注意的是，调用 viewModel()方法的 Composable 无法进行预览。作为一个最佳实践，可以从持有 ViewModel 的 Composable 中将需要预览的部分提取出 Stateless 组件，就像上面的代码中可以对 CounterComponent 进行预览一样。试想如果没有 CounterComponent，CounterScreen 的 UI 将难以进行预览。

▶▶ 4.1.8　LiveData、RxJava、Flow 转 State

在 MVVM 架构中，View 通过 LiveData 等观察 ViewModel 的状态，当 LiveData 的数据变化时，会以数据流的形式通知 View，因此 LiveData 这类工具也被称为流式数据框架或响应式数据框架。同类框架还有 RxJava、Flow 等。在 Compose 中同样的功能由 State 负责完成，可以将上述这些流式数据转换为 Composable 的 State，当 LiveData 等变化时，可以驱动 Composable 完成重组。

LiveData、Flow、RxJava 各自转换成 State 的扩展方法如下，注意这些方法来自不同的依赖库，见表 4-1。

表 4-1　状态转换方法

扩 展 方 法	依 赖 库
LiveData. observeAsState	androidx. compose. runtime：runtime-livedata：$ composeVersion
Flow. collectAsState( )	不依赖三方库，Compose 自带
Observable. subscribeAsState( )	androidx. compose. runtime：runtime-rxjava2：$ composeVersion 或者 androidx. compose. runtime：runtime-rxjava3：$ composeVersion

最佳实践：

如果你正打算往项目中引入响应式框架，从包体积以及 Compose 的兼容性角度考虑，Flow 是首选方案，如果是一个 Compose first 项目，那么推荐在 ViewModel 中直接使用 State。

▶▶ 4.1.9　状态的分层管理

通过前面的章节，我们学习了如何使用 Stateful Composable 或者 ViewModel 来管理状态。除此之外，使用普通类或者数据类管理状态也是可行的，称为 StateHolder（状态容器）。StateHolder 一般使用 remember 存储在当前 Composable 中。

StateHolder 状态容器定义为一个简单的数据类即可，比如下面这样：

```
class CounterState {
  val counter: State<Int> get() = _counter
  private val _counter = mutableStateOf(0)
  fun increment() {
    _counter.value = _counter.value + 1
  }
  fun decrement() {
    if (_counter.value!! > 1) {
      _counter.value = _counter.value - 1
    }
  }
}
```

Stateful、StateHolder、ViewModel 都可以作为 Compose 状态管理的工具使用，接下来分别看一下它们各自的使用场景。

1. 使用 Stateful 管理状态

简单的 UI 状态以及配套逻辑适合在 Composable 中直接管理。

```
@ Composable
fun MyApp() {
  MyTheme {
    val scaffoldState = rememberScaffoldState()
    val coroutineScope = rememberCoroutineScope()
    Scaffold(scaffoldState = scaffoldState) {
```

```
    MyContent(
      showSnackbar = { message ->
        coroutineScope.launch {
          scaffoldState.snackbarHostState.showSnackbar(message)
        }
      }
    )
  }
}
```

上述代码中，**MyApp** 的 scaffoldState 是 Scaffold 通过参数上提的状态。**MyApp** 需要通过修改 scaffoldState 实现 showSnackBar 的目的，但是具体的逻辑实现封装在了 ScaffoldState 内部，**MyApp** 只是简单调用，像这样简单的业务逻辑可以在 Composable 直接完成。showSnackBar 的事件源虽然来自 **MyContent**，但是把 **MyContent** 作为 Stateless 在 **MyApp** 中使用更符合单向数据流思想，scaffoldState 这种页面级别的状态放在 **MyApp** 中管理也更加合适。

2. 使用 StateHolder 管理状态

状态会产生逻辑，随着 UI 状态的增多，UI 逻辑也越发复杂，此时可以多个状态连同相关逻辑一起放进专门的 StateHolder 进行管理。剥离 UI 逻辑的 Composable 可以专注 UI 布局，符合关注点分离的设计原则。

```
// StateHolder 使用普通类管理 UI 相关的逻辑
class MyAppState(
  val scaffoldState: ScaffoldState,
  val navController: NavHostController,
  private val resources: Resources,
  ...
) {
  val bottomBarTabs = /* State * /
  // 决定什么时候显示 bottomBar 的逻辑代码
  val shouldShowBottomBar: Boolean
    get() = /* ... * /
  // 导航逻辑,是 UI 逻辑的一种类型
  fun navigateToBottomBarRoute(route: String) { /* ... * / }
  // 基于资源显示 snackbar
  fun showSnackbar(message: String) { /* ... * / }
}


@Composable
fun rememberMyAppState(
  scaffoldState: ScaffoldState = rememberScaffoldState(),
  navController: NavHostController = rememberNavController(),
  resources: Resources = LocalContext.current.resources,
  ...
```

```
) = remember(scaffoldState, navController, resources, . {
  MyAppState(scaffoldState, navController, resources, /* ... * /)
}
```

如上所述，随着 MyApp 的组件变多，Snackbar、Bottombar、Navigation 等各种逻辑越来越复杂，相关逻辑代码已经不适合直接写在 MyApp 中了，此时使用 MyAppState 这个 StateHolder 对状态进行统一管理。

最佳实践：

> 由于 StateHolder 要使用 remember 保存在 Composable 中，所以需要为 StateHolder 定义一个配套的 remember 方法，便于在 Composable 中创建和使用。

StateHolder 将逻辑抽离后，MyApp 只关注 UI 布局，使职责变得更加清晰：

```
@ Composable
fun MyApp() {
  MyTheme {
    val myAppState = rememberMyAppState()
    Scaffold(
      scaffoldState = myAppState.scaffoldState,
      bottomBar = {
        if (myAppState.shouldShowBottomBar) {
          BottomBar(
            tabs = myAppState.bottomBarTabs,
            navigateToRoute = {
              myAppState.navigateToBottomBarRoute(it)
            }
          )
        }
      }
    ) {
      NavHost(navController = myAppState.navController, "initial") { /* ... * / }
    }
  }
}
```

StateHolder 无法像 ViewModel 那样在横竖屏切换等 ConfigurationChanged 发生时自动恢复，但是可以通过 rememberSavable 帮它实现同样的效果。

3. 使用 ViewModel 管理状态

从某种意义上讲，ViewModel 只是一种特殊的 StateHolder，但因为它保存在 ViewModelStore 中，所以有以下特点：

- 存活范围大：可以脱离 Composition 存在，被所有 Composable 共享访问。
- 存活时间长：不会因为横竖屏后者进程被杀死等情况丢失状态。

因此 ViewModel 适合管理应用级别的全局状态，各 Composable 可以通过 viewModel ( ) 获取 ViewModel 单例达到"全局共享"的效果，而且 ViewModel 更倾向于管理那些非 UI 的业务状态，业务状态中的数据往往需要脱离 UI 长期保存。

```
data classExampleUiState(
  val dataToDisplayOnScreen: List<Example> = emptyList(),
  val userMessages: List<Message> = emptyList(),
  val loading: Boolean = false
)
class ExampleViewModel(
  private val repository: MyRepository,
  private val savedState: SavedStateHandle
) : ViewModel() {
  var uiState by mutableStateOf<ExampleUiState>(...)
      private set
  // 业务逻辑
  fun somethingRelatedToBusinessLogic() { ... }
}


@Composable
fun ExampleScreen(viewModel: ExampleViewModel = viewModel()) {
  val uiState = viewModel.uiState
  ...
  Button(onClick = { viewModel.somethingRelatedToBusinessLogic() }) {
    Text("Do something")
  }
}
```

在上面的代码中，ExampleUiState 中包含了 userMessages 这样的领域层数据，以及 loading 这样的代表数据加载状态的数据，这些都与 UI 无关，适合用 ViewModel 进行管理。此外，ViewModel 通过 SavedStateHandler 还可以实现 UiState 的持久化保存。

补充提示：

上述代码中通过 private set 避免来自 ViewModel 之外的对于 UiState 的更新，相当于对外暴露的是一个 Immutable 的 State。

ViewModel 的另一个优势是支持 Hilt 依赖注入，尤其是当业务逻辑依赖 Repository 等数据层对象时，通过配合 hilt-navigation-compose 组件库的使用，可以为每个页面的 ViewModel 实例自动注入所需的依赖。在本书的第 8 章中会对这部分内容进行详细介绍。

ViewModel 与 StateHolder 也可以同时使用，两者各司其职。StateHolder 可以用来管理 UI 相关的状态和逻辑，ViewModel 可以用来管理与 UI 无关的状态和逻辑。下面的代码是一个 StateHolder 与 ViewModel 并存的例子：

```
private classExampleState(
  val lazyListState: LazyListState,
  private val resources: Resources,
  private val expandedItems: List<Item> = emptyList()
) { ... }
```

```
@Composable
private fun rememberExampleState(...) { ... }
@Composable
fun ExampleScreen(viewModel: ExampleViewModel = viewModel()) {
  val uiState = viewModel.uiState
  val exampleState = rememberExampleState()
  LazyColumn(state = exampleState.lazyListState) {
    items(uiState.dataToDisplayOnScreen) { item ->
      if (exampleState.isExpandedItem(item) {
        ...
      }
    ...
    }
  }
}
```

在上面的代码中，ExampleState 中管理与 UI 相关的状态，expandedItems 存放的则是可以展开的列表数据，这个展开状态属于一个当前操作的临时状态，不需要长期保存。ViewModel 管理了从数据源请求的数据列表，这些数据借助 ViewModel 可以跨越横竖屏旋转而长期存在。

最佳实践：

> 因为 ViewModel 在 ViewModelStoreOwner 的范围内只有唯一实例，所以更适合存储全局唯一状态，当 State 需要多实例存在时，建议使用 StateHolder 进行管理。

总的来说，在 Compose 中应该根据状态和逻辑的复杂度以及业务类型，选择不同的状态管理方式。在一些复杂场景中，多种管理方式也可能并存，如图 4-7 所示。

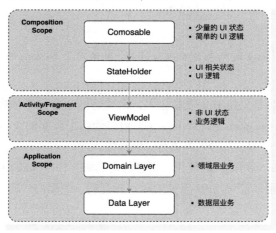

图 4-7　状态分层管理策略

Composable 主攻 UI 的布局，可以持有少量 UI 状态。当 UI 逻辑较多时，可以依赖 StateHolder 管理，Composable 同时依赖多个 StateHolder 负责不同的 UI 逻辑，StateHolder 与 Composable 都保存在 Composable 视图树上，所以所辖状态的生命周期与所处的 Composable 一致，关于 Composable 的生命周期将在 4.3 节进行详细介绍。

Composable 或者 StateHolder 可以依赖 ViewModel 管理 UI 无关的状态及对应的业务逻辑。借助 View-Model，这些状态可以跨越 Composable 甚至 Activity 的生命周期长期存在。ViewModel 依赖处于更底层的领域层或者数据层完成相关业务，从图 4-7 中可知道，**处于底层的业务服务范围往往更广，存活时间也更长**。

4.2 重组与自动刷新

4.2.1 智能的重组

传统视图中通过修改 **View** 的私有属性来改变 **UI**，**Compose** 则通过重组刷新 **UI**。Compose 的重组非常"智能"，当重组发生时，只有状态发生更新的 Composable 才会参与重组，没有变化的 Composable 会跳过本次重组。回看 4.1.4 小节计数器的例子：

```
@Composable
fun CounterComponent() {
  Column(
    modifier = Modifier.padding(16.dp)
  ) {
    var counter by remember { mutableStateOf(0) }
    Text( // Text 1
      "Click the buttons to adjust your value:",
      Modifier.fillMaxWidth(),
      textAlign = TextAlign.Center
    )
    Text( // Text 2
      "$counter",
      Modifier.fillMaxWidth(),
      textAlign = TextAlign.Center,
      style = typography.h3
    )
    Row {
      Button(
        onClick = { counter-- },
        Modifier.weight(1f)
      ) {
        Text("-")
      }
      Spacer(Modifier.width(16.dp))
      Button(
        onClick = { counter++ },
```

```
      Modifier.weight(1f)
    ) {
      Text("+")
    }
  }
 }
}
```

当单击 Button 后，counter 状态的变化会触发整个 Coloum 范围的重组。重组中 Text 2 被传入新的 counter 值，以显示更新后的数字。由于 Text1 显示的内容不依赖 counter，所以不参与重组。

从代码上看起来 Text 1 在重组时明明被调用了，但是它在运行时并不会真正执行，这就是因为其参数没有变化，Compose 编译器会在编译期插入相关的比较代码。

在前面的例子中，Button 组件不依赖 counter，因此也不会参与在重组。虽然在 onClick 中依赖了 counter，但是 onClick 并非是一个 Composable 的函数，所以与重组无关。

▶▶ 4.2.2 避免重组的"陷阱"

由于 Composable 在编译期代码会发生变化，代码的实际运行情况可能并不如你预期的那样。所以需要了解 Composable 在重组执行时的一些特性，避免落入重组的"陷阱"。

1. Composable 会以任意顺序执行

首先需要注意的是当代码中出现多个 Composable 时，它们并不一定按照代码中出现的顺序执行。比如，在一个 Navigation 中处于 Stack 最上方的 UI 会优先被绘制，在一个 Box 布局中处于前景的 UI 具有较高的优先级，因此 Composable 会根据优先级来执行，这与代码中出现的位置可能并不一致。

```
@Composable
fun ButtonRow() {
 MyFancyNavigation {
   StartScreen()
   MiddleScreen()
   EndScreen()
 }
}
```

在上面的代码中 ButtonRow 依次调用了 StartScreen( )、MiddleScreen( )、EndScreen( )三个方法，不能预设这三个方法一定是顺序执行的，也不能在 StartScreen 中更新一个全局变量，然后期望在 MiddleScreen 中获取到这个变化。Composable 都应该"自给自足"，不要试图通过外部变量与其他 Composable 产生关联。在 Composable 中改变外部环境变量属于一种"副作用"行为，关于"副作用"会在 4.3 节详细介绍。这里只需要记住，**Composable 应该尽量避免副作用**。

2. Composable 会并发执行

重组中的 Composable 并不一定执行在 UI 线程，它们可能在后台线程池中并行执行，这有利于发挥多核处理器的性能优势。但是由于多个 Composable 在同一时间可能执行在不同线程，此时必须考虑

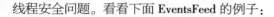

线程安全问题。看看下面 EventsFeed 的例子：

```
@ Composable
fun EventsFeed(localEvents: List<Event>, nationalEvents: List<Event>){
  var totalEvents = 0
  Row {
    Column { // column-content-1
      localEvents.forEach {
          event -> Text("Item: ${event.name}")
        totalEvents++
      }

    }
    Spacer(Modifier.height(10.dp))
    Column { // column-content-2
      nationalEvents.forEach {
          event -> Text("Item: ${event.name}")
        totalEvents++
      }
    }
    Text(
      if (totalEvents == 0) "No events."
      else "Total events $totalEvents"
    )
  }
}
```

本例想使用 totalEvents 记录 events 的合计数量并在 Text 显示，column-content-1 和 column-content-2 有可能在不同线程并行执行，所以 totalEvents 的累加是非线程安全的，结果可能不准确。即使 totalEvents 的结果准确，由于 Text 可能运行在单独线程，所以也不一定能正确显示结果，这同样还是 Composable 的副作用带来的问题，大家需要极力避免。

> **注意：**
>
> 编者写这本书的时候，"并行化"重组仍在开发中，所以当前 Composable 重组仍然发生在主线程，但是未来某一时刻，重组随时会变成并行执行，这要求我们现在就要以这种观点去开发，避免到时出现问题。

3. Composable 会反复执行

除了重组会造成 Composable 的再次执行外，在动画等场景中每一帧的变化都可能引起 Composable 的执行，因此 Composable 有可能会短时间内反复执行，我们无法准确判断它的执行次数。大家在写代码时必须考虑到这一点：**即使多次执行也不应该出现性能问题，更不应该对外部产生额外影响**。来看下面的例子：

```
@ Composable
fun EventsFeed(networkService: EventsNetworkService) {
  val events = networkService.loadAllEvents()
  LazyColumn {
```

```
    items(events) { event ->
      Text(text = event.name)
    }
  }
}
```

在 EventsFeed 中，loadAllEvents 是一个 IO 操作，执行成本高，如果在 Composable 中同步调用，会在重组时造成卡顿。也许有人会提出将数据请求逻辑放到异步线程执行，以提高性能。这里尝试将数据请求的逻辑移动到 ViewModel 中异步执行，避免阻塞中线程：

```
@Composable
fun EventsFeed(viewModel: EventsViewModel) {
  val events = viewModel.loadAllEvents().collectAsState(emptyList())
  LazyColumn {
    items(events) { event ->
      Text(text = event.name)
    }
  }
}
```

虽然没有了同步 IO 的烦恼，但是 events 的更新会触发 EventsFeed 重组，从而造成 loadAllEvents 的再次执行。loadAllEvents 作为一个副作用不应该跟随重组反复调用，Compose 中提供了专门处理副作用的方法，这个会在后面的章节进行介绍。

4. Composable 的执行是"乐观" 的

所谓"乐观"是指 Composable 最终总会依据最新的状态正确地完成重组。在某些场景下，状态可能会连续变化，这可能会导致中间态的重组在执行中被打断，新的重组会插入进来。对于被打断的重组，Compose 不会将执行一般的重组结果反应到视图树上，因为它知道最后一次状态总归是正确的，因此中间状态丢弃也没关系。

```
@Composable
fun MyList {
    val listState = rememberLazyListState()

    LazyColumn(state = listState) {
        // 展示列表项 ...
    }

    // 上报列表展现元素用作数据分析
    MyAnalyticsService.sendVisibleItem(listState.layoutInfo.visibleItemsInfo)
}
```

在上面的代码中，MyList 用来显示一个列表数据。这里试图在重组过程中将列表中展示的项目信息上报服务器，用作产品分析，但这样写是很危险的，因为任何时候大家都无法确定重组能够被正常执行而不被打断。如果此次重组被打断了，那么会出现数据上报内容与实际视图不一致的问题，影响产品分析数据。

像数据上报这类会对外界产生影响的逻辑称为副作用。Composable 中不应该直接出现任何对状态有依赖的副作用代码，当有类似需求时，应该使用 Compose 提供的专门处理副作用的 API 进行包裹，例如 SideEffect{...} 等，副作用可以在里面安全地执行并获取正确的状态。关于副作用的概念及相关 API 会在 4.3 节详细介绍。

针对本小节的介绍得出一个结论：Compose 框架要求 Composable 作为一个无副作用的纯函数运行，只要在开发中遵循这一原则，上述这一系列特性就不会成为程序执行的"陷阱"，反而有助于提高程序的执行性能。

▶▶ 4.2.3 如何确定重组范围

我们知道重组是智能的，会尽可能跳过不必要的重组，仅仅针对需要变化的 UI 进行重组。那么 Compose 如何认定 UI 需要变化呢？或者说 Compose 如何确定重组的最小范围呢？

```
@Composable
fun CounterComponent() { // Scope-1
  Log.d(TAG, "Scope-1 run")
  var counter by remember { mutableStateOf(0) }
  Column { // Scope-2
    Log.d(TAG, "Scope-2 run")
    Button(
      onClick = run {
        Log.d(TAG, "Button-onClick")
        return@ run { counter++ }
      }
    ) { // Scope-3
      Log.d(TAG, "Scope-3 run")
      Text("+")
    }
    Text(" $counter")
  }
}
```

上述代码仍然是一个计算器的例子，编者在代码的各处添加 Log 来验证重组的范围。当单击 Button 时，状态 counter 的更新触发 CounterComponent 重组，那么此时输出的日志如下：

```
Scope-1 run
Scope-2 run
Button-onClick
```

日志如上所示，是否与你想的一样呢？接下来分析一下为什么是这样的结果，在分析之前，先了解一下 Compose 重组的底层原理。

经过 Compose 编译器处理后的 Composable 代码在对 State 进行读取的同时，能够自动建立关联，在运行过程中当 State 变化时，Compose 会找到关联的代码块标记为 Invalid。在下一渲染帧到来之前，Compose 会触发重组并执行 invalid 代码块，Invalid 代码块即下一次重组的范围。能够被标记为 Invalid 的代码必须是非 inline 且无返回值的 Composable 函数或 lambda。

Composable 观察 State 变化并触发重组是在被称为"快照"的系统中完成的。所谓"快照"就是将被访问的状态像拍照一样保存下来，当状态变化时，通知所有相关 Composoable 应用的最新状态。"快照"有利于对状态管理进行线程隔离，这在多线程场景下的重组是十分重要的。

了解了 Compose 重组底层原理，也就知道了**只有受到 State 变化影响的代码块，才会参与到重组，不依赖 State 的代码则不参与重组，这就是重组范围的最小化原则。**

那么参与重组的代码块为什么必须是非 inline 的无返回值函数呢？因为 inline 函数在编译期会在调用处展开，因此无法在下次重组时找到合适的调用入口，只能共享调用方的重组范围。而对于有返回值的函数，由于返回值的变化会影响调用方，所以必须连同调用方一同参与重组，因此它不能单独作为 Invalid 代码块。

接下来根据重组范围最小化原则来分析一下前面 CounterComponent. kt 代码中的日志输出结果：

```
Scope-1 run
Scope-2 run
Button-onClick
```

整个代码块中只有 16 行的 Text（"$ counter"）依赖状态，需要注意这行代码的意思并非"Text 读取 counter"，而是"Scope-2 读取 counter 并传入 Text"，所以 Scope-2 参与重组，日志输出"Scope-2 run"。

按照重组最小化原则，访问 counter 的最小范围应该是 Scope2，为什么"Scope1-run"也输出了呢？还记得最小化范围的定义必须是非 inline 的 Composable 函数或 lambda 吗？Column 实际上是个 inline 声明的高阶函数，内部 content 也会被展开在调用处，Scope-2 与 Scope-1 共享重组范围，"Scope-1 run"日志被输出。如果将 Column 换成一个非 inline 的 Composable（比如 Card 组件），此时"Scope-1 run"将不再输出，最小重组范围将局限在 Scope-2 内。

另外，虽然 Button 没有依赖 counter，但是 Scope-2 的重组会触发 Button 的重新调用，所以"Button-onclick"的日志也会输出。虽然 Button 会重新调用，但是其 content 内部并没有依赖 counter，所以"Scope-3 run"也就不会输出。

▶▶ 4.2.4 优化重组的性能

前面我们知道了 Composable 的重组是智能的，遵循范围最小化原则。重组中执行到的 Composable 只有其参数发生变化时，才会参与这次重组。Composable 参数的比较是由编译后传入的 Composer 完成的，那么 Composer 又是与谁去比较呢？

在 1.1.4 节提过 Composable 经过执行之后会生成一颗视图树，每个 Composable 对应了树上的一个节点。因此**Composable 智能重组的本质其实是从树上寻找对应位置的节点并与之进行比较，如果节点未发生变化，则不用更新。**

视图树构建的实际过程比较复杂，Composable 执行过程中，先将生成的 Composition 状态存入 SlotTable，而后框架基于 SlotTable 生成 LayoutNode 树，并完成最终界面渲染。谨慎来说，Composable 的比较逻辑发生在 SlotTable 中，并非是 Composable 在执行中直接与视图树节点作比较。

1. Composable 的位置索引

在重组过程中，Composition 上的节点可以完成增、删、移动、更新等多种变化。Compose 编译器会根据代码调用位置，为 Composable 生成索引 key，并存入 Composiitoin。Compoable 在执行中通过与 key 的对比，可以知道当前应该执行何种操作。

补充提示：

> 从前面图 4- 4 中可以看到索引 key 是如何添加的。反编译代码中的 startRestartGroup（1047228492）就是为 Greeting 的调用建立索引，重组执行到此处时，通过查找 SlotTable 中 key 是否存在，就可以知道 Greeting 内接下来执行的是节点插入还是节点更新。

```
Box {
  if (state) {
    val str = remember(Unit) { "call_site_1" }
    Text(str) // Text_of_call_site_1
  } else {
    val str = remember(Unit) { "call_site_2" }
    Text(str) // Text_of_call_site_2
  }
}
```

Composable 中遇到 if/else 等条件语句时，也会插入 startXXXGroup 代码，并通过添加索引 key 识别节点的增减。例如上面的代码会根据 state 的不同显示不同 Text，编译器会为 if 和 else 分支分别建立索引，当 state 由 true 变为 false 时，Box 发生重组，通过 key 的判断可知，else 内的代码需要以插入逻辑执行，而 if 内生成的节点需要被移除。

试想一下，如果没有编译期的位置索引而仅靠运行时的比较，首先执行到 remeber（Unit）时，由于缓存原因仍然会返回当前树上存放的 str，即 "call_site_1"，接着执行到 Text_of_call_site_2 发现与当前树上的节点类型一样，参数 str 也没有变化，因此会判定为无须重组，文本将无法正常更新。

可见，**Composable 在编译期建立的索引是保证其重组能够智能且正确执行的基础**。这个索引是根据 Composable 在静态代码中的被调用的位置决定的。但是在某有些场景中，Composable 无法通过静态代码位置进行索引，此时我们可以通过辅助手段在运行时为其添加索引，便于重组中进行比较。

2. 通过 key 增加索引信息

```
@ Composable
fun MoviesScreen(movies: List<Movie>) {
  Column {
    for (movie in movies) {
      // MovieOverview 无法在编译期进行索引
      // 只能根据运行时的 index 进行索引
      MovieOverview(movie)
    }
  }
}
```

在上面的代码中，基于 Movie 列表数据展示 MovieOverview。此时无法基于代码中的位置进行索引，只能在运行时基于 index 进行索引。这样的索引会根据 item 的数量发生变化，造成无法准确进行比较。

如图 4-8 所示，当前 MoviesScreen 已经有两条数据，当在头部再插入一条数据时，之前的索引发生错误，无法在比较时起到锚定原对象的作用。

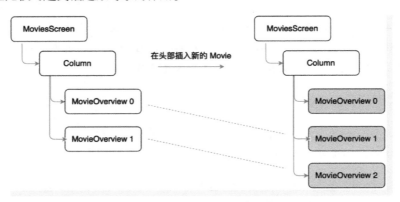

● 图 4-8　插入列表头部导致的重组

当重组发生时，新插入的数据会与以前的 0 号数据比较，以前的 0 号数据会与以前的 1 号数据比较，以前的 1 号数据作为新数据插入，结果所有 item 都会发生重组，但我们期望的行为是，仅新插入的数据需要组合，其他数据因为没有变化不应该发生重组。图中灰色的部分表示参与重组的 Item。

此时可以使用 key 方法为 Composable 在运行时手动建立唯一索引，代码如下：

```
@Composable
fun MoviesScreen(movies: List<Movie>) {
  Column {
    for (movie in movies) {
     key(movie.id) { // 使用 Movie 的唯一 Id 作为 Composable 的索引
       MovieOverview(movie)
     }
    }
  }
}
```

使用 Movie. id 传入 Composable 作为唯一索引，当插入新数据后，之前对象的索引没有被打乱，仍然可以发挥比较时的锚定作用，如图 4-9 所示，之前的数据没有发生变化，对应的 Item 无须参与重组。

最佳实践：

    存在于 for 循环中的 Composable，建议为每个 item 使用 key 添加唯一索引，将有助于数量变化时的重组性能。

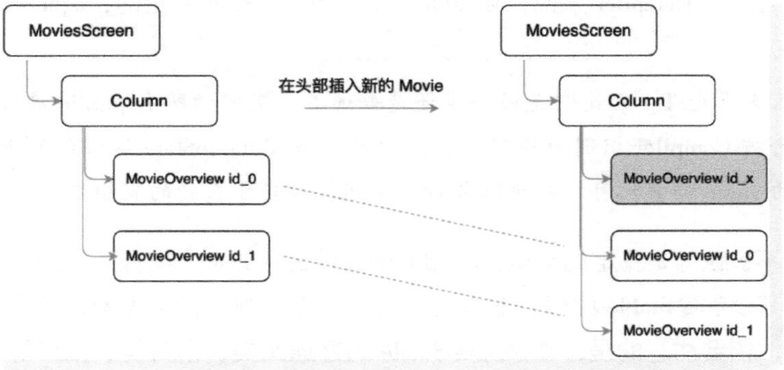

● 图 4-9 插入列表头部导致的重组（使用 key）

3. 活用@ Stable 或@ Immutable

前面讲过，Composable 基于参数的比较结果来决定是否重组。更准确地说，只有当参与比较的参数对象是稳定的且 equals 返回 true，才认为是相等的。

那么什么样的类型是稳定的呢？比如 Kotlin 中常见的基本类型（Boolean、Int、Long、Float、Char）、String 类型，以及函数类型（Lambda）都可以称得上是稳定的，因为它们都是不可变类型，它们参与比较的结果是永远可信的。反之，如果参数是可变类型，它们的 equlas 结果将不再可信。

下面的例子清晰地展示了这一点：

```
class MutableData(var data: String)

@ Composable
fun MutableDemo() {
    var mutable = remember { MutableData("Hello") }
    var state by remember { mutableStateOf(false) }
    if (state) {
        mutable.data = "World"
    }
    //WrapperText 显示会随着 state 的变化而变化
    Button(onClick = { state = true }) {
        WrapperText(mutable)
    }
}


@ Composable
fun WrapperText(mutable: MutableData) {
    Text(data.data)
}
```

上述代码中，MutableData 是一个"不稳定"的对象，因为它有一个 var 类型的成员 data，当单击 Button 改变状态时，mutable 修改了 data。对于 WrapperText 来说，参数 mutable 在状态改变前后都指向同一个对象，因此仅仅靠 equals 判断会认为是参数没有变化。但实际测试后会发现 WrapperText 的重组仍然发生了，因为对于 Compiler 来说，MutableData 参数类型是不稳定的，equals 结果并不可信。

补充提示：

> 对于一个非基本类型 T，无论它是数据类还是普通类，若它的所有 public 属性都是 final 的不可变类型，则 T 也会被 Compiler 识别为稳定类型。此外，像 MutableState 这样的可变类型也被视为稳定类型，因为它的 value 的变化可以被追踪并触发重组，相当于在新的重组发生之前保持不变。

对于一些默认不被认为是稳定的类型，比如 interface 或者 List 等集合类，如果能够确保其在运行时的稳定，可以为其添加 @ Stable 注解，编译器会将这些类型视为稳定类型，从而发挥智能重组的作用，提升重组性能。需要注意的是，**被添加 @ Stable 的普通父类、密封类、接口等，其派生子类也会被视为是稳定的。**

如下面的代码所示，当使用 interface 定义 UiState 时，可以为其添加 @ Stable，当在 Composable 中传入 UiState 时，Composable 的重组会更加智能。

```
// 添加注解,告诉编译器其类型是稳定的,可以跳过不必要的重组
@ Stable
interface UiState<T> {
  val value: T?
  val exception: Throwable?
  val hasError: Boolean
    get() = exception ! = null
}
```

除了 @ Stable 外，Compose 还提供了另一个类似的注解 @ Immutable。两者都继承自 @ StableMarker，在功能上类似，都是用来告诉编译器所注解的类型可以跳过不必要的重组。

```
@ Target(AnnotationTarget.CLASS)
@ Retention(AnnotationRetention.BINARY)
@ StableMarker
annotation class Immutable

@ Target(
  AnnotationTarget.CLASS,
  AnnotationTarget.FUNCTION,
  AnnotationTarget.PROPERTY_GETTER,
  AnnotationTarget.PROPERTY
)
@ Retention(AnnotationRetention.BINARY)
@ StableMarker
annotation class Stable
```

不同点在于，Immutable 修饰的类型应该是完全的不可变类型，Stable 修饰的类型中可以存在可变类型的属性，但只要属性的变化是可以观察的（能够触发重组，例如 MutableStable<T>等），仍然被视作稳定的。另外在使用注解范围上，Stable 可以用在函数、属性等更多场景，但是总体上**Stable 的能力完全覆盖了 Immutable。由于功能的重叠，未来 Immutable 有可能会被移除，建议大家优先选择使用**

Stable 。图 4-10 是谷歌工程师对两者的点评：

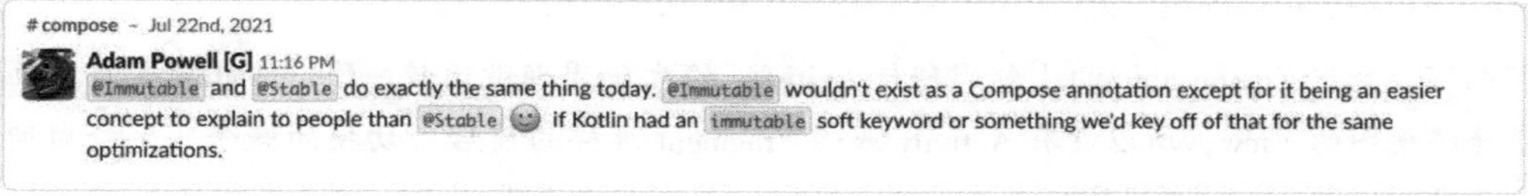

#compose - Jul 22nd, 2021
Adam Powell [G] 11:16 PM
@Immutable and @Stable do exactly the same thing today. @Immutable wouldn't exist as a Compose annotation except for it being an easier concept to explain to people than @Stable if Kotlin had an immutable soft keyword or something we'd key off of that for the same optimizations.

● 图 4-10　谷歌工程师 Adam Powell 的评价

4.3 生命周期与副作用

Compose 的 DSL 很形象地描述了 UI 的视图结构，其背后对应这一视图树的结构体，我们称这棵视图树为 Composition。Composition 在 Composable 初次执行时被创建，在 Composable 中访问 State 时，Composition 记录其引用，当 State 变化时，Composition 触发对应的 Composable 进行重组，更新视图树的节点，显示中的 UI 得到刷新。

4.3.1　Composable 的生命周期

如本书 1.1.4 节所说，Composable 函数执行会得到一颗视图树，每一个 Composable 组件都对应着树上的一个节点。

补充提示：

关于 Composable 函数与视图树的关系，从前面的图 4-4 中也可以看出端倪。反编译后的代码中多了 startXXXGroup/endXXXGroup 等代码，start/end 就像是栈操作中的 push/pop，栈的深度就是视图树中子树的深度，Composable 的执行就像一个基于栈的深度优先遍历逻辑来创建和更新视图树。

围绕着节点在视图树上的添加和更新，可以为 Composable 定义它的生命周期，如图 4-11 所示。

- **OnActive（添加到视图树）**：即 Composable 被首次执行，在视图树上创建对应的节点。
- **OnUpdate（重组）**：Composable 跟随重组不断执行，更新视图树上的对应节点。
- **onDispose（从视图树移除）**：Composable 不再被执行，对应节点从视图树上移除。

重组
添加到
视图树
从视图
树移除
OnActive
OnUpdate
OnDispose

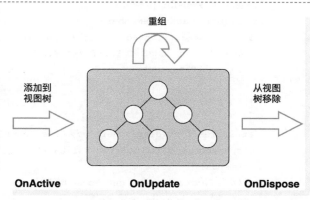

● 图 4-11　Composable 生命周期

为 Composable 定义生命周期将有助于更好地管理 Compose 的副作用。

补充提示：

有人可能会把 Composable 的生命周期与 Acitivity 的生命周期做比较，Composable 在角色上更加类似于传统视图的 View，所以没有 Activity 或者 Fragment 那样的前后台切换的概念，生命周期相对简单。虽然一个 Compose first 的项目中，Composable 也会用来承载页面，当页面不再显示时，意味着 Composable 节点也被立即销毁，不会像 Activity 或者 Fragment 那样在后台保存实例，所以即使 Composable 作为页面使用，也没有前后台切换的概念。

▶▶ 4.3.2　Composable 的副作用

Composable 在执行过程中，凡是会影响外界的操作都属于副作用（Side-Effects），比如弹出 Toast、保存本地文件、访问远程或本地数据等。我们已经知道，重组可能会造成 Composable 频繁反复执行，副作用显然是不应该跟随重组反复执行的。为此，Compose 提供了一系列副作用 API，可以让副作用 API 只发生在 Composable 生命周期的特定阶段，确保行为的可预期性。

▶▶ 4.3.3　副作用 API

1. DisposableEffect

DisposableEffect 可以感知 Composable 的 onActive 和 onDispose，允许通过副作用完成一些预处理和收尾处理。下面来看一个注册和注销系统返回键的例子：

```
@Composable
fun backPressHandler(enabled: Boolean = true, onBackPressed: () -> Unit) {
  val backDispatcher = checkNotNull(LocalOnBackPressedDispatcherOwner.current) {
    "No OnBackPressedDispatcherOwner was provided via LocalOnBackPressedDispatcherOwner"
  }.onBackPressedDispatcher
  val backCallback = remember {
    object : OnBackPressedCallback(enabled) {
      override fun handleOnBackPressed() {
        onBackPressed()
      }
    }
  }
  DisposableEffect(dispatcher) { // dispatcher 发生变化时重新执行
    dispatcher.addCallback(backCallback)
    onDispose {
      // 当 Composable 进入 onDispose 时进行
      // 移除 backCallback 避免泄露
      backCallback.remove()
    }
  }
}
```

上述代码在 remember 中创建了一个 OnBackPresedCallBack 回调处理返回键事件，使用 remember 包裹避免其在重组时被重复创建，从某种角度上来看，remember 也是一种副作用 API。

接下来在 DisposableEffect 后的 block 内向 OnBackPressedDispatcher 中注册返回键事件回调。DisposableEffect 像 remember 一样可以接受观察参数 key，但是它的 key 不能为空。

- 如果 key 为 Unit 或 true 这样的常量，则 block 只在 OnActive 时执行一次。
- 如果 key 为其他变量，则 block 在 OnActive 以及参数变化时的 OnUpdate 中执行，比如例子中当 dispatcher 变化时，block 再次执行，注册新的 backCallback 回调；如果 dispatcher 不变，则 block 不会跟随重组执行。

DisposableEffect{...}的最后必须跟随一个 OnDispose 代码块，否则会出现编译错误。OnDispose 常用来做一些副作用的收尾处理，例如例子中用来注销回调，避免泄露。**当有新的副作用到来时，前一次的副作用会执行 OnDispose**，此外当 Composble 进入 OnDispose 时，也会执行。

补充提示：

新的副作用到来，即 DisposableEffect 因为 key 的变化再次执行。参数 key 也可以被认为是代表一个副作用的标识。

backPressHandler 通过副作用 API 完成了监听返回键的逻辑，可以在 Composable 组件中方便地使用它，且不用担心泄漏。

```
@ Composable
fun HomeScreen () {
  backPressHandler {
    // 返回键处理
  }
  ...
}
```

最佳实践：

backPressHandler 这样与 UI 无关的 Composable，这里可以当作普通 Kotlin 函数那样，函数名使用首字母小写即可。

2. SideEffect

SIdeEffect 在每次成功重组时都会执行，所以不能用来处理那些耗时或者异步的副作用逻辑。

有人可能会问，既然每次重组都执行，那么和直接在 Composable 中写有什么区别？**重组会触发 Composable 重新执行，但是重组不一定会成功结束，有的重组可能会中途失败。**SideEffect 仅在重组成功时才会执行，举一个不可能存在但能说明问题的例子：

```
@ Composable
fun TestSideEffect() {
  SideEffect {
    doThingSafely()
  }
  doThingUnsafely()
```

```
      throw RuntimeException("oops")
  }
```

在上面的代码中，虽然 **TestSideEffect** 并不能成功执行到最后，但是 **doThingUnsafely** 仍然会执行，而 **doThingSafely** 只有在重组成功完成后才执行。因为 SideEffect 能够获取与 Composable 一致的最新状态，它可以用来将当前 State 正确地暴露给外部：

```
@ Composable
fun MyScreen(drawerTouchHandler: TouchHandler) {
  val drawerState = rememberDrawerState(DrawerValue.Closed)

  SideEffect {// 将 drawerState 通知外部
    drawerTouchHandler.enabled = drawerState.isOpen
  }
  ...
}
```

上面的代码中，当 **drawState** 发生变化时，会将最新状态通知到外部的 **TouchHandler**。如果不放到 **SideEffect** 中执行，则有可能会传出一个错误状态。

▶▶ 4.3.4 异步处理的副作用 API

1. LaunchedEffect

当副作用中有处理异步任务的需求时，可以使用 LaunchedEffect。在 Composable 进入 OnActive 时，LaunchedEffect 会启动协程执行 block 中的内容，可以在其中启动子协程或者调用挂起函数。当 Composable 进入 OnDispose 时，协程会自动取消，因此 LaunchedEffect 不需要实现 OnDispose{...}。

LaunchedEffect 支持观察参数 key 的设置，当 key 发生变化时，当前协程自动结束，同时开启新协程。

```
@ Composable
fun MyScreen(
  state: UiState<List<Movie>>,
  scaffoldState: ScaffoldState = rememberScaffoldState()
) {
  // 当 state 中包含错误时,Snackbar 显示
  // 如果 state 中的错误已经解除，LaunchedEffect 协程结束,Snackbar 消失
  if (state.hasError) {
    // 当 scaffoldState.snackbarHostState 变化时,之前的 Snackbar 消失
    // 新 Snackbar 显示
    LaunchedEffect(scaffoldState.snackbarHostState) {

      scaffoldState.snackbarHostState.showSnackbar(
        message = "Error message",
        actionLabel = "Retry message"
      )
    }
```

```
  }
  Scaffold(scaffoldState = scaffoldState) {
    ...
  }
}
```

在上面的代码中，当 state 中包含错误时，显示一个 SnackBar。SnackBar 的显示需要使用协程环境，而 LaunchedEffect 会为其提供。当 scaffoldState. snackbarHostState 变化时，将启动一个新协程，SnackBar 重新显示一次。当 state. hasError 变为 false 时，LaunchedEffect 则会进入 OnDispose，协程会被取消，此时正在显示的 SnackBar 也会随之消失。

最佳实践：

在 4.2.2 节了解到重组可能发生后台线程。但是副作用通常是在主线程执行的，因此当副作用中有耗时任务时，应该优先使用 LaunchedEffect 处理副作用。

2. rememberCoroutineScope

LaunchedEffect 虽然可以启动协程，但是 LaunchedEffect 只能在 Composable 中调用，如果想在非 Composable 环境中使用协程，例如在 Button 的 OnClick 中使用协程显示 SnackBar，并希望其在 OnDispose 时自动取消，此时可以使用 rememberCoroutineScope。

rememberCoroutineScope 将会返回一个 CoroutineScope，可以在当前 Composable 进入 OnDispose 时自动取消，如下面的代码所示。

```
@Composable
fun MyScreen(scaffoldState: ScaffoldState = rememberScaffoldState()) {
  // 创建一个绑定 MoviesScreen 生命周期的协程作用域
  val scope = rememberCoroutineScope()
  Scaffold(scaffoldState = scaffoldState) {
    Column {
      ...
      Button(
        onClick = {
          // 在按钮单击事件中创建一个新的协程作用域,用于显示 snackBar
          scope.launch {
            scaffoldState.snackbarHostState.showSnackbar("Something happened!")
          }
        }
      ) {
        Text("Press me")
      }
    }
  }
}
```

DisposableEffect 配合 rememberCoroutineScope 可以实现 LaunchedEffect 同样的效果，一般情况下这没有任何意义，仅当需要自定义 OnDispose 实现时，可以考虑这样使用。

```
// LaunchedEffect
LaunchedEffect(key) {
    // 副作用处理
}

// DisposableEffect + rememberCoroutineScope
val scope = rememberCoroutineScope()
DisposableEffect(key) {
    val job = scope.launch {
        // 副作用处理
    }
    onDispose {
        job.cancel()
    }
}
```

3. rememberUpdatedState

LaunchedEffect 会在参数 key 变化时启动一个协程, 但有时我们并不希望协程中断, 只要能够实时获取最新状态即可, 此时可以借助 rememberUpdatedState 实现。代码如下所示。

```
@Composable
fun MyScreen(onTimeout: () -> Unit) {
  val currentOnTimeout by rememberUpdatedState(onTimeout)
  // 此副作用的生命周期同 MyScreen 一致
  // 不会因为 MyScreen 的重组重新执行
  LaunchedEffect(Unit) {
    delay(SplashWaitTimeMillis)
    currentOnTimeout() // 总是能取到最新的 onTimeOut
  }
  ...
}
```

将 LaunchedEffect 的参数 key 设置为 Unit, block 一旦开始执行, 就不会因为 MyScreen 的重组而中断。但是当它执行到 currentOnTimeout() 时, 仍然可以获取最新的 OnTimeout 实例, 这是由 remember-UpdatedState 确保的。

看一下 rememberUpdatedState 的实现就明白其中原理了, 其实就是 remember 和 mutableStateOf 的组合使用, 代码如下:

```
@Composable
fun <T> rememberUpdatedState(newValue: T): State<T> = remember {
  mutableStateOf(newValue)
}.apply { value = newValue }
```

remember 确保了 MutableState 实例可以跨越重组存在, 副作用里访问的实际是 MutableState 中最新的 newValue。总结来说, **rememberUpdatedState 可以在不中断副作用的情况下感知外界的变化。**

4. snapshotFlow

前面学习到在 LaunchedEffect 中可以通过 rememberUpdatedState 获取最新状态，但是当状态发生变化时，LaunchedEffect 无法第一时间收到通知，如果通过改变观察参数 key 来通知状态变化，则会中断当前执行中的任务，成本太高。简言之，LaunchedEffect 缺少轻量级的观察状态变化的机制。

snapshotFlow 可以解决这个问题，它可以将状态转化成一个 Coroutine Flow，代码如下所示。

```
val pagerState = rememberPagerState()

LaunchedEffect(pagerState) {
  // pagerSate 转换为 Flow
  snapshotFlow { pagerState.currentPage }
   .collect { page ->
     // currentPage 发生变化
   }
}

HorizontalPager(
  count = 10,
  state = pagerState,
) { page ->
  ...
}
```

snapshotFlow{...}内部在对 State 访问的同时，通过"快照"系统订阅其变化，每当 State 发生变化时，flow 就会发送新数据。如果 State 无变化则不发射，类似于 Flow. distinctUntilChanged 的作用。需要注意的是 snapshotFlow 转换的 Flow 是个冷流，只有在 collect 之后，block 才开始执行。

在上面的代码中，snapshotFlow 内部订阅了标签页状态 pagerState，当切换标签页时，pagerState 的值发生变化并通知到下游收集器进行处理。注意 pagerState 在这里虽然作为 LaunchedEffect( ) 的 key 使用，但是实例对象没有变化，基于 equals 的比较无法感知变化，所以不必担心协程的中断。

最佳实践：

当一个 LaunchedEffect 中依赖的 State 会频繁变化时，不应该使用 State 的值作为 key，而应该将 State 本身作为 key，然后在 LaunchedEffect 内部使用 snapshotFlow 依赖状态。使用 State 作为 key 是为了当 State 对象本身变化时重启副作用。

4. 3. 5 状态创建的副作用 API

我们已经知道，在 Stateful Composable 中创建状态时，需要使用 remember 包裹，状态只在 OnActive 时创建一次，不跟随重组反复创建，所以 remember 本质上也是一种副作用 API。接下来介绍其他几个用来创建状态的副作用 API。

1. produceState

前面学习了 SideEffect，它常用来将 Compose 的 State 暴露给外部使用，而**produceState 则相反，可**

以将一个外部的数据源转成 State。外部数据源可以是一个 LiveData 或者 RxJava 这样的可观察数据，也可以是任意普通的数据类型。

下面的代码展示了一个 produceState 的使用场景：

```
@Composable
fun loadNetworkImage(
  url: String,
  imageRepository: ImageRepository
): State<Result<Image>> {

  return produceState < Result < Image > > (initialValue = Result. Loading, url,
imageRepository) {
    // 通过挂起函数请求图片
    val image = imageRepository.load(url)
    // 根据请求结果设置 Result 类型
    // 当 Result 变化时,读取此 State 的 Composable 触发重组
    value = if (image == null) {
      Result.Error
    } else {
      Result.Success(image)
    }
  }
}
```

在上面的代码中，通过网络请求获取一张图片并使用 produceState 转换为 State<Result<Image>>，当 Image 获取失败时，会返回 Result. Error。produceState 观察 url 和 imageRepository 两个参数，当它们发生变化时，producer 会重新执行。

```
@Composable
fun <T> produceState(
  initialValue: T,
  @ BuilderInference producer: suspend ProduceStateScope<T>.() -> Unit
): State<T> {
  val result = remember { mutableStateOf(initialValue) }
  LaunchedEffect(Unit) {
    ProduceStateScopeImpl(result, coroutineContext).producer()
  }
  return result
}
```

produceState 的实现非常简单，实际上就是使用 remember 创建了一个 MutableState，然后在 LaunchedEffect 中对它进行异步更新。

补充提示:

produceState 的实现具有学习和参考意义,可以在项目中利用 remember 与 LaunchedEffect 等 API 封装自己的业务逻辑并暴露 Satae。在 Compose 项目中,要时刻带着数据驱动的思想来实现业务逻辑。

produceState 中的协程任务会随着 LaunchedEffect 的 OnDispose 被自动停止。但是 produceState {...},内也可以处理不基于协程的逻辑,比如注册一个回调,此时你可能需要一个时机做一些后处理以避免泄露,此时可以使用 awaitDispose{...},代码如下:

```
val currentPerson by produceState<Person? >(null, viewModel) {
  val disposable = viewModel.registerPersonObserver { person ->
    value = person
  }
  awaitDispose {
    // 当 Composable 进入 onDispose 时,进入此处
    disposable.dispose()
  }
}
```

2. derivedStateOf

derivedStateOf 用来将一个或多个 State 转成另一个 State。derivedStateOf{...} 的 block 中可以依赖其他 State 创建并返回一个 DerivedState,当 block 中依赖的 State 发生变化时,会更新此 DerivedState,依赖此 DerivedState 的所有 Composable 会因其变化而重组。

```
@Composable
fun SearchScreen() {
  val postList = remember { mutableStateListOf<String>() }
  var keyword by remember { mutableStateOf("") }

  val result by remember {
    derivedStateOf { postList.filter { it.contains(keyword, false) } }
  }
  Box(Modifier.fillMaxSize()) {
    LazyColumn {
      items(result) { /* ... */ }
    }
    ...
  }
}
```

在上面的例子中,对一组数据基于关键字进行了搜索,并展示了搜索结果。带检索数据和关键字都是可变的状态,我们在 derivedStateOf{...} 的 block 内部实现了检索逻辑,当 postList 或者 keyword 任意变化时,result 会更新。

使用 remember 也可以实现 derivedStateOf 同样的效果:

```
val postList by remember { mutableStateOf(emptyList()) }
var keyword by remember { mutableStateOf("") }

val result by remember(postList, keyword) {
  postList.filter { it.contains(keyword, false) }
}
```

但这样写意味着 postList 和 keyword 二者只要任何一个发生变化，Composable 就会发生重组，而使用 derivedStateOf 只有当 DerivedState 变化才会触发重组，所以**当一个计算结果依赖较多 State 时，derivedStateOf 有助于减少重组次数，提高性能**。

注意：

derivedStateOf 只能监听 block 内的 State，一个非 State 类型数据的变化则可以通过 remember 的 key 进行监听。

▶▶ 4.3.6 副作用 API 的观察参数

不少副作用 API 都允许指定观察参数 key，例如 LaunchedEffect、ProduceState、DisposableEffect 等。当观察参数变化时，执行中的副作用会终止，key 的频繁变化会影响执行效率。反之，如果副作用中存在可变值，但没有指定为 key，有可能因为没有及时响应变化而出现 Bug。因此，关于参数 key 的添加可以遵循以下原则，兼顾效率与避免故障的需求：**当一个状态的变化需要造成副作用终止时，才将其添加为观察参数 key，否则应该将其使用 rememberUpdatedState 包装后，在副作用中使用，以避免打断执行中的副作用**。

```
@Composable
fun HomeScreen(
  lifecycleOwner: LifecycleOwner = LocalLifecycleOwner.current,
  onStart: () -> Unit,
  onStop: () -> Unit
) {
  // These values never change in Composition
  val currentOnStart by rememberUpdatedState(onStart)
  val currentOnStop by rememberUpdatedState(onStop)
  DisposableEffect(lifecycleOwner) {
    val observer = LifecycleEventObserver { _, event ->
      // 回调 onStart 或者 onStope
    }
    lifecycleOwner.lifecycle.addObserver(observer)
    onDispose {
      lifecycleOwner.lifecycle.removeObserver(observer)
    }
  }
}
```

在上面的代码中，当 LifecycleOwner 变化时，需要终止对当前 LifecycleOwenr 的监听，并重新注册

Observer，因此必须将其添加为观察参数。而 **currentOnState** 和 **currentOnStop** 只要保证在回调它们的时候可以获取最新值即可，所以应该通过 **rememberUpdatedState** 包装后在副作用中使用，不应该因为它们的变动终止副作用。

4.4 本章小结

　　Compose 的 UI 刷新是在状态驱动下通过重组实现的，重组中应该极力避免副作用的发生。本章也是针对上述内容进行了重点学习。首先学习了 Compose 中状态的基本概念，以及如何对状态进行分层管理。接着学习了重组的范围最小化原则，以及提升重组性能的优化手段。最后了解了副作用对于重组的影响，并学习了一系列副作用 API，可以帮助我们隔离和处理重组中的副作用。

第5章

▶▶▶▶▶▶▶

Compose 组件渲染流程

在传统 View 系统中，组件渲染可分为三步骤：测量、布局与绘制。Compose 也遵循这样的分层设计，将组件渲染流程划分为组合、布局与绘制这三个阶段。

- **组合**：执行 Composable 函数体，生成并维护 LayoutNode 视图树。
- **布局**：对于视图树中的每个 LayoutNode 进行宽高尺寸测量并完成位置摆放。
- **绘制**：将所有 LayoutNode 实际绘制到屏幕之上。

对于一般的组件都是正常经历组合->布局->绘制这三个阶段来生成帧画面的，当然也存在特例，LazyColumn、LazyRow、BoxWithConstraints 等组件的子项合成可以延迟到这类组件的布局阶段进行，这是由于这类组件的子项组合需要依赖这类组件在布局阶段所能提供的一些信息，这方面内容我们会在 SubcomposeLayout 小节来详细介绍。

5.1 组合

组合阶段的主要目标是生成并维护 LayoutNode 视图树，当我们在 Activity 中使用 setContent 时，会开始首次组合，此时会执行代码块中涉及的所有 Composable 函数体，生成与之对应的 LayoutNode 视图树。与之相对应的是，在传统 View 系统中也是在 setContentView 中首次构建 View 视图树的。在 Compose 中如果 Composable 依赖了某个可变状态，当该状态发生更新时，会触发当前 Composable 重新进行组合阶段，故也被称作重组。在当前组件发生重组时，子 Composable 被依次重新调用：

- 被调用的子 Composable 将当前传入的参数与前次重组中的参数做比较，若参数变化，则 Composable 函数发生重组，更新 LayoutNode 视图树上对应节点，UI 发生更新。
- 被调用的子 Composable，对参数比较后，如果无任何变化，则跳过本次执行，即所谓的智能重组。LayoutNode 视图树对应的节点保持不变，UI 无变化。
- 如果子 Composable 在重组中没有再被调用到，其对应的节点及其子节点会从 LayoutNode 视图树中被删除，UI 从屏幕移除。反之新增也是同理。

综上所述，重组过程可以自动维护 LayoutNode 视图树，使其永远保持在最新的视图状态。而在传统 View 系统中，只能手动对 ViewGroup 进行 add/remove 等操作来维护 View 视图树，这是两种视图体系本质的区别。

补充提示：

子 Composable 是否能跳过重组除了取决于参数是否变化，也取决于参数类型是否是 Stable 的，具体可以参考 4.2.4。

5.2 布局

布局阶段用来对视图树中每个 LayoutNode 进行宽高尺寸测量并完成位置摆放。当 Compose 的内置组件无法满足我们的需求时，可以在定制组件的布局阶段实现满足自己需求的组件。

在学习定制布局阶段前，我们需要先了解 Compose 的布局原理。在 Compose 中，每个 LayoutNode 都会根据来自父 LayoutNode 的布局约束进行自我测量（类似传统 View 中的 MeasureSpec）。布局约束中包含了父 LayoutNode 允许子 LayoutNode 的最大宽高与最小宽高，当父 LayoutNode 希望子 LayoutNode 测量的宽高为某个具体值时，约束中的最大宽高与最小宽高就是相同的。**LayoutNode 不允许被多次测量**，在 Compose 中多次测量会抛异常，如图 5-1 所示。

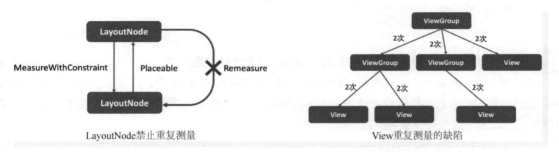

LayoutNode禁止重复测量   View重复测量的缺陷

● 图 5-1　LayoutNode 避免重复测量

假设允许测量多次，我们对当前 LayoutNode 的子 LayoutNode 测量两次，而子 LayoutNode 可能又对它的子 LayoutNode 测量了两次，总体上当前 LayoutNode 重新测量一次，则孙 LayoutNode 就需要测量四次，测量次数会随着视图树的深度增加而指数爆炸。Compose 从框架层限制了每个 LayoutNode 测量次数，这样可以高效处理深度比较大的视图树（极端情况是退化成链表的树形结构）。

需要注意，有些需求场景仍然需要多次测量 LayoutNode，Compose 为我们提供了固有特性测量与 SubcomposeLayout 作为解决方案，这些内容在后面章节会专门进行讲解。

▶▶ 5.2.1　LayoutModifier

有时我们想在屏幕上展示一段文本，会用到 Compose 内置的 Text 组件。如果想设定 Text 顶部到文本基线的高度，使用内置的 padding 修饰符是无法满足需求的，因为 padding 只能指定 Text 顶部到文本顶部的高度，虽然 Compose 提供了 paddingFromBaseline 修饰符可以用来解决这个问题，但是不妨使用 layout 修饰符来重新实现一个，如图 5-2 所示。

我们先简单了解一下什么是 layout 修饰符，layout 修饰符是用来修饰 LayoutNode 的宽高与原有内容在新宽高下摆放位置的。

当使用 layout 修饰符时，我们传入的回调包含了两个信息：measurable 与 constraints。

```
Modifier.layout{ measurable, constraints ->
  ...
}
```

measurable 表示被修饰 LayoutNode 的测量句柄，通过内部 measure 方法完成 LayoutNode 测量。而 constraints 表示来自父 LayoutNode 的布局约束。接下来就看看在实际场景中该如何使用 layout 修饰符。

首先来创建一个 firstBaselineToTop 修饰符。

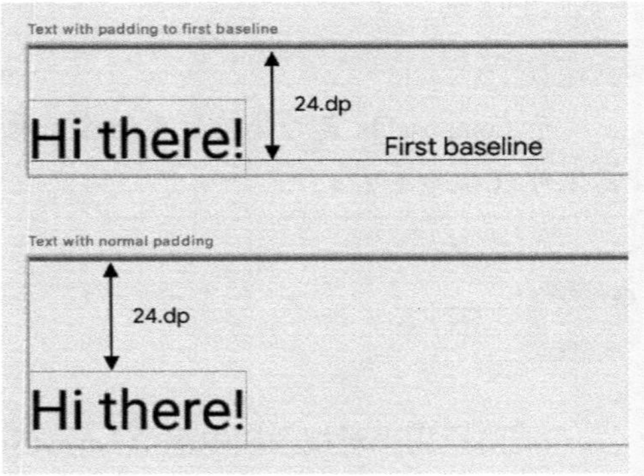

● 图 5-2 使用 layout 修饰符

```
fun Modifier.firstBaselineToTop(
  firstBaselineToTop: Dp
) = Modifier.layout { measurable, constraints ->
  ...
}
```

正如前面布局原理中所提到的，**每个 LayoutNode 只允许被测量一次**。可以使用 measurable 的 measure( )方法来测量 LayoutNode，这里将 constraints 参数直接传入 measure 中，这说明我们是将父 LayoutNode 提供的布局约束直接提供给被修饰的 LayoutNode 进行测量了。测量结果会包装在 Placeable 实例中返回，可以通过这个实例拿到测量结果。

```
fun Modifier.firstBaselineToTop(
  firstBaselineToTop: Dp
) = Modifier.layout { measurable, constraints ->
  val placeable = measurable.measure(constraints)
  ...
}
```

现在 Text 组件本身的 LayoutNode 已经完成了测量，需要根据测量结果计算被修饰后的 LayoutNode 应占有的宽高并通过 layout 方法进行指定。在示例中我们期望的宽度就是文本宽度，而高度是指定的 Text 顶部到文本基线的高度与文本基线到 Text 底部的高度之和。为实现这个目标，我们很容易就能写出如下代码。

```
fun Modifier.firstBaselineToTop(
  firstBaselineToTop: Dp
) = Modifier.layout { measurable, constraints ->
  // 采用布局约束对该组件完成测量,测量结果保存在 Placeable 实例中
  val placeable = measurable.measure(constraints)
  // 保证该组件是存在内容基线的
  check(placeable[FirstBaseline] ! = AlignmentLine.Unspecified)
```

```
// 获取基线的高度
val firstBaseline = placeable[FirstBaseline]
// 应摆放的顶部高度为所设置的顶部到基线的高度减去实际组件内容顶部到基线的高度
val placeableY = firstBaselineToTop.roundToPx() - firstBaseline
// 该组件占有的高度为应摆放的顶部高度加上实际内阻内容的高度
val height = placeable.height + placeableY
// 仅是高度发生了改变
layout(placeable.width, height) {
  ...
}
}
```

完成测量过程后，接下来是布局过程，可以在 layout 方法中使用 placeable 的 placeRelative() 方法指定原有应该绘制的内容在新的宽高下所应该摆放的相对位置，placeRelative 方法会根据布局方向自动调整位置，比如阿拉伯国家一般更习惯于 RTL 这种布局方向。

在示例中，当前 LayoutNode 横坐标为 0，而纵坐标则为 Text 组件顶部到文本顶部的距离，通过简单的数学计算就可以得到纵坐标了。

```
fun Modifier.firstBaselineToTop(
  firstBaselineToTop: Dp
) = Modifier.layout { measurable, constraints ->
  ...
  val placeableY = firstBaselineToTop.roundToPx() - firstBaseline
  val height = placeable.height + placeableY
  layout(placeable.width, height) {
    placeable.placeRelative(0, placeableY)
  }
}
```

为了预览布局结果，我们创建了两个预览视图，如图 5-3 所示。

```
@ Preview
@ Composable
fun TextWithPaddingToBaselinePreview() {
  LayoutsCodelabTheme {
    Text("Hi there!", Modifier.firstBaselineToTop(24.dp))
  }
}
@ Preview
@ Composable
fun TextWithNormalPaddingPreview() {
  LayoutsCodelabTheme {
    Text("Hi there!", Modifier.padding(top = 24.dp))
  }
}
```

● 图 5-3　firstBaselineToTop
与 padding 的区别

▶▶ 5.2.2　LayoutComposable

接下来说说 LayoutComposable，前面的 LayoutModifier 可以类比于定制单元 View。如果想在 Compose 中类似定制"ViewGroup"，就需要使用 LayoutComposable 了。

```
Layout(
  modifier = modifier,
  content = content
) { measurables, constraints ->
  // 根据约束对所有子组件进行测量和布局
  ...
}
```

可以看到，LayoutComposable 需要填写三个参数：modifier、content、measurePolicy。

- **Modifier** 表示是由外部传入的修饰符，不难理解。
- **content** 就是我们声明的子组件信息。
- **measurePolicy** 表示测量策略，默认场景下只实现 measure 即可，如果还想实现固有特性测量，还需要重写 Intrinsic 系列方法。

接下来可以通过 LayoutComposable 自己实现一个 Column，首先需要先声明这个 Composable。

```
@Composable
fun CustomLayout(
  modifier: Modifier = Modifier,
  content: @Composable () -> Unit
) {
  Layout(
    modifier = modifier,
    content = content
  ) { measurables, constraints ->
    ...
  }
}
```

和 LayoutModifier 一样，需要对所有子 LayoutNode 进行一次测量。牢记布局原理所提到的，**每个 LayoutNode 只允许被测量一次**。但与 LayoutModifier 不同的是，这里的 measurables 是一个 List，而 LayoutModifier 中只是一个 measurable 对象。

在测量子 LayoutNode 时，也不做任何额外的限制，所有测量结果都存入 placeables 中。

```
@Composable
fun MyOwnColumn(
  modifier: Modifier = Modifier,
  content: @Composable () -> Unit
) {
  Layout(
```

```
      modifier = modifier,
      content = content
    ) { measurables, constraints ->
      val placeables = measurables.map { measurable ->
        // 测量每个子组件
        measurable.measure(constraints)
      }
    }
}
```

接下来仍然需要计算当前 LayoutNode 的宽高。这里的实现比较简单，将宽高直接设置为当前布局约束中的最大宽高，并仍然通过 layout( )方法指定。

```
@Composable
fun MyOwnColumn(
  modifier: Modifier = Modifier,
  content: @Composable () -> Unit
) {
  Layout(
    modifier = modifier,
    content = content
  ) { measurables, constraints ->
    ...
    layout(constraints.maxWidth, constraints.maxHeight) {
      // 布局所有子组件
    }
  }
}
```

布局流程也与 LayoutModifier 完全相同。只需将每个子 LayoutNode 垂直堆叠起来即可。

```
@Composable
fun MyOwnColumn(
  modifier: Modifier = Modifier,
  content: @Composable () -> Unit
) {
  Layout(
    modifier = modifier,
    content = content
  ) { measurables, constraints ->
    val placeables = measurables.map { measurable ->
      measurable.measure(constraints)
    }
    var yPosition = 0
    layout(constraints.maxWidth, constraints.maxHeight) {
      placeables.forEach { placeable ->
        placeable.placeRelative(x = 0, y = yPosition)
```

```
        yPosition += placeable.height
      }
    }
  }
}
```

接下来将自己定制的 Column 创建出来，并添加一些子组件，通过使用 Preview 注解就可以直接预览布局结果了，如图 5-4 所示。

```
@Composable
fun BodyContent(modifier: Modifier = Modifier) {
  MyOwnColumn(modifier.padding(8.dp)) {
    Text("MyOwnColumn")
    Text("places items")
    Text("vertically.")
    Text("We've done it by hand!")
  }
}
```

● 图 5-4　自定义 Column

补充提示：

如果我们在 LayoutModifier 的 measure 方法或 LayoutComposable 中读取了某个可变状态，当该状态更新时，会导致当前组件重新进行布局阶段，故也被称作重排。如果组件的大小或位置发生了更新，则还会重新进行接下来的绘制阶段。

▶▶ 5.2.3　固有特性测量 Intrinsic

前面我们提到了 Compose 布局原理，在 Compose 中的每个 LayoutNode 是不允许被多次进行测量的，多次测量在运行时会抛异常，但在很多场景中多次测量子 UI 组件是有意义的。假设有这样的需求场景，希望中间分割线与两边文案的一侧等高，如图 5-5 所示。

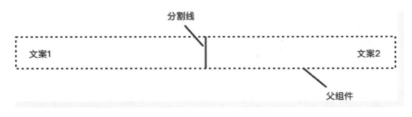

● 图 5-5　使分割线与文案高度对齐

为实现这个需求，假设可以预先测量得到两边文案组件的高度信息，取其中的最大值作为当前组件的高度，此时仅需将分割线高度值铺满整个父组件即可。

固有特性测量为我们提供了预先测量所有子组件确定自身 constraints 的能力，并在正式测量阶段对子组件的测量产生影响。

1. 使用内置组件的固有特性测量

使用固有特性测量的前提是组件需要适配固有特性测量，目前许多内置组件已经实现了固有特性测量，可以直接使用。还记得我们前面所提到的 LayoutComposable 组件吗，绝大多数内置组件都是用 LayoutComposable 实现的，LayoutComposable 中需要传入一个 measurePolicy，默认只需实现 measure，但如果要实现固有特性测量，就需要额外重写 Intrinsic 系列方法。

在上面所提到的例子中，父组件所提供的能力使用基础组件中的 Row 组件即可承担，仅需为 Row 组件高度设置固有特性测量即可。使用 Modifier. height（IntrinsicSize. Min）即可为高度设置固有特性测量。

```
@Composable
fun TwoTexts(modifier: Modifier = Modifier, text1: String, text2: String) {
  Row(modifier = modifier.height(IntrinsicSize.Min)) { // I'm here
    Text(
      modifier = Modifier
        .weight(1f)
        .padding(start = 4.dp)
        .wrapContentWidth(Alignment.Start),
      text = text1
    )
    Divider(color = Color.Black, modifier = Modifier.fillMaxHeight().width(1.dp))
    Text(
      modifier = Modifier
        .weight(1f)
        .padding(end = 4.dp)
        .wrapContentWidth(Alignment.End),
      text = text2
    )
  }
}


@Preview
@Composable
fun TwoTextsPreview() {
  LayoutsCodelabTheme {
    Surface {
      TwoTexts(text1 = "Hi", text2 = "there")
    }
  }
}
```

通过使用固有特性测量即可完成上面所述场景的需求，展示效果如图 5-6 所示。

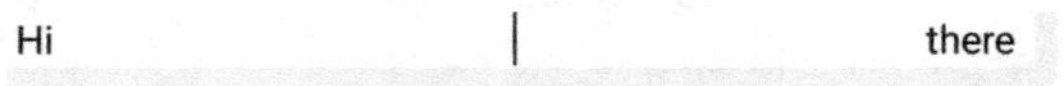

值得注意的是，此时仅使用 Modifier. height（In-trinsicSize. Min）为高度设置了固有特性测量，宽度并没有进行设置。此时就表示当宽度不限定时，根据

Hi | there

● 图 5-6　实现分割线与文案高度对齐

子组件预先测量的宽高信息所能计算的当前组件的高度最小可以是多少。当然也可以设置宽度，也就表示当宽度受到限制时，根据子组件测量的宽高信息所能计算当前组件的高度最小可以是多少。

注意：
　　我们只能对已经适配固有特性测量的内置组件使用 IntrinsicSize. Min 或 IntrinsicSize. Max，否则程序运行时会 crash。

2. 自定义固有特性测量

在上面的例子中，使用 Row 组件的固有特性测量，预先测量子组件，并根据子组件的高度率，先确定了 Row 组件的高度。然而其中具体是如何操作的，答案都藏在 Row 组件源码中。前面也提到如果想适配固有特性测量，需要额外重写 measurePolicy 中的固有特性测量 Intrinsic 系列方法。

打开 MeasurePolicy 的接口声明，我们看到 Intrinsic 系列方法共有四个，如图 5-7 所示。

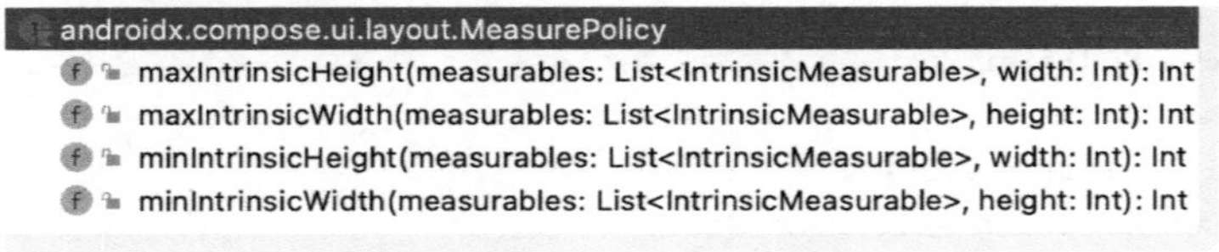

```
androidx.compose.ui.layout.MeasurePolicy
  maxIntrinsicHeight(measurables: List<IntrinsicMeasurable>, width: Int): Int
  maxIntrinsicWidth(measurables: List<IntrinsicMeasurable>, height: Int): Int
  minIntrinsicHeight(measurables: List<IntrinsicMeasurable>, width: Int): Int
  minIntrinsicWidth(measurables: List<IntrinsicMeasurable>, height: Int): Int
```

● 图 5-7　Instrinsic 系列方法

当使用 Modifier. width（IntrinsicSize. Max）时，在测量阶段便会调用 maxIntrinsicWidth 方法，以此类推。

在使用固有特性测量前，需要确定对应 Intrinsic 方法是否重写，如果没有重写，则会 crash。既然要实现 Intrinsic 方法，在 Layout 声明时就不能简单使用 SAM 转换了，需要规规矩矩实现 MeasurePolicy 接口。

```
@Composable
fun IntrinsicRow(modifier: Modifier, content: @Composable () -> Unit){
  Layout(
    content = content,
    modifier = modifier,
    measurePolicy = object: MeasurePolicy {
      override fun MeasureScope.measure(
        measurables: List<Measurable>,
        constraints: Constraints
      ): MeasureResult {
        TODO("Not yet implemented")
      }
      override fun IntrinsicMeasureScope.minIntrinsicHeight(
        measurables: List<IntrinsicMeasurable>,
        width: Int
      ): Int {
        TODO("Not yet implemented")
      }
```

```
      override fun IntrinsicMeasureScope.maxIntrinsicHeight(
        measurables: List<IntrinsicMeasurable>,
        width: Int
      ): Int {
        TODO("Not yet implemented")
      }
      override fun IntrinsicMeasureScope.maxIntrinsicWidth(
        measurables: List<IntrinsicMeasurable>,
        height: Int
      ): Int {
        TODO("Not yet implemented")
      }
      override fun IntrinsicMeasureScope.minIntrinsicWidth(
        measurables: List<IntrinsicMeasurable>,
        height: Int
      ): Int {
        TODO("Not yet implemented")
      }
    }
  )
}
```

因为我们的需求场景只使用了 Modifier.height（IntrinsicSize.Min），所以仅重写 minIntrinsicHeight 方法就可以了。

在重写的 minIntrinsicHeight 方法中，可以拿到子组件预先测量句柄 intrinsicMeasurables。这个与前面提到的 measurables 用法完全相同。在预先测量所有子组件后，就可以根据子组件的高度计算其中的高度最大值，此值将会影响到正式测量时父组件获取到的 constraints 的高度信息。此时 constraints 中的 maxHeight 与 minHeight 都将被设置为返回的高度值，constraints 中的高度为一个确定值。

```
override fun IntrinsicMeasureScope.minIntrinsicHeight(
  intrinsicMeasurables: List<IntrinsicMeasurable>,
  width: Int
): Int {
  var maxHeight = 0
  intrinsicMeasurables.forEach {
    maxHeight = it.minIntrinsicHeight(width).coerceAtLeast(maxHeight)
  }
  return maxHeight
}
```

接下来只需在定制的 Row 组件中使用固有特性测量就可以了。

```
IntrinsicRow(
  modifier = Modifier
    .fillMaxWidth()
```

```
      .height(IntrinsicSize.Min)
) {
  Text(
    text = "Left",
    modifier = Modifier
      .wrapContentWidth(Alignment.Start)
      .layoutId("main")
  )
  Divider(
    color = Color.Black,
    modifier = Modifier
      .width(4.dp)
      .fillMaxHeight()
      .layoutId("divider")
  )
  Text(
    text = "Right",
    Modifier
      .wrapContentWidth(Alignment.End)
      .layoutId("main")
  )
}
```

此时，由于声明了 Modifier.fillMaxWidth( )，导致自定义 Layout 宽度是确定的（constraints 参数中 minWidth 与 maxWidth 相等），又因为我们使用了固有特性测量，使组件高度也为一个确定值（constraints 参数中 minHeight 与 maxHeight 相等）。

如果直接使用该 constraints 去测量 Divider，会导致 Divider 的宽度也被设置为父组件宽度了，而实际上我们希望其宽度是组件自己决定的，宽度应为指定的 4dp，所以还应该对 constraints 进行复制并修改，将 constraints 中的宽度最小值设置为 0，此时宽度将不会作为一个确定值影响 Divider 的测量过程。因为 constraints 中高度是确定的，这会使 Divider 组件的高度被强制指定为该确定值。

```
@Composable
fun IntrinsicRow(modifier: Modifier, content: @Composable () -> Unit){
  Layout(
    content = content,
    modifier = modifier,
    measurePolicy = object: MeasurePolicy {
      override fun MeasureScope.measure(
        measurables: List<Measurable>,
        constraints: Constraints
      ): MeasureResult {
        var devideConstraints = constraints.copy(minWidth = 0)
        var mainPlaceables = measurables.filter {
          it.layoutId == "main"
        }.map {
```

```
            it.measure(constraints)
          }
          var devidePlaceable = measurables.first { it.layoutId == "devider" }.measure(devide-
Constraints)
          var midPos = constraints.maxWidth / 2
          return layout(constraints.maxWidth, constraints.maxHeight) {
            mainPlaceables.forEach {
              it.placeRelative(0, 0)
            }
            devidePlaceable.placeRelative(midPos, 0)
          }
        }
        override fun IntrinsicMeasureScope.minIntrinsicHeight(
          measurables: List<IntrinsicMeasurable>,
          width: Int
        ): Int {
          var maxHeight = 0
          measurables.forEach {
            maxHeight = it.maxIntrinsicHeight(width).coerceAtLeast(maxHeight)
          }
          return maxHeight
        }
      }
    )
  }
```

可以看到，这里使用了 layoutId 修饰符指定 ID。这个 ID 可以在该 LayoutNode 对应的 measurable 中获取到。最终效果如图 5-8 所示，这样我们就为自定义的 IntrinsicRow 增加固有特性测量能力。

● 图 5-8   自定义 IntrinsicRow

固有特性测量的本质就是允许父组件预先获取到每个子组件宽高信息后，影响自身在测量阶段获取到的 constraints 宽高信息，从而间接影响子组件的测量过程。在上面的例子中我们通过预先测量文案子组件的高度，从而确定了父组件在测量时获取到的 constraints 高度信息，并根据这个高度指定了分割线高度。

▶▶ 5. 2. 4   SubcomposeLayout

SubcomposeLayout 允许子组件的组合阶段延迟到父组件的布局阶段进行，为我们提供了更强的测量定制能力。前面曾提到，固有特性测量的本质就是允许父组件预先获取到每个子组件宽高信息后，影响自身在测量阶段获取到的 constraints 宽高信息，从而间接影响子组件的测量过程。而利用 SubcomposeLayout，可以做到将某个子组件的组合阶段延迟至其所依赖的同级子组件测量结束后进行，从而可以定制子组件间的组合、布局阶段顺序，以取代固有特性测量。

我们仍然使用前面固有特性测量中的例子，使用 SubcomposeLayout 可以允许组件根据定制测量顺序直接相互作用影响，与固有特性测量具有本质的区别。

| Hi | | there |

● 图 5-9　实现分割线与文案高度对齐

在上面的例子中（图 5-9），可以先测量两侧文本的高度，而后为 Divider 指定高度，再进行测量。与固有特性测量不同的是，在整个过程中父组件是没有参与的。接下来看看 SubcomposeLayout 组件是如何使用的。

```
@Composable
fun SubcomposeLayout(
  modifier: Modifier = Modifier,
  measurePolicy: SubcomposeMeasureScope.(Constraints) -> MeasureResult
)
```

其实 SubcomposeLayout 和 Layout 组件是差不多的。不同的是，此时需要传入一个 SubcomposeMeasureScope 类型 Lambda，打开接口声明可以看到其中仅有一个（名为 subcompose）。

```
interface SubcomposeMeasureScope : MeasureScope {
  fun subcompose(slotId: Any?, content: @Composable () -> Unit): List<Measurable>
}
```

subcompose 会根据传入的 slotId 和 Composable 生成一个 LayoutNode 用于构建子 Composition，最终会返回所有子 LayoutNode 的 Measurable 测量句柄。其中 Composable 是我们声明的子组件信息。slotId 是用来让 SubcomposeLayout 追踪管理我们所创建的子 Composition 的，作为唯一索引每个 Composition 都需要具有唯一的 slotId，接下来看看如何在前面的示例场景中使用 SubcomposeLayout。

实际上可以把所有待测量的组件分为文字组件和分隔符组件两部分。由于分隔符组件的高度是依赖文字组件的，所以声明分隔符组件时传入一个 Int 值作为测量高度。首先定义一个 Composable。

```
@Composable
fun SubcomposeRow(
  modifier: Modifier,
  text: @Composable () -> Unit,
  divider: @Composable (Int) -> Unit // 传入高度
){
  SubcomposeLayout(modifier = modifier) { constraints->
    ...
  }
}
```

首先可以使用 subcompose 来测量 text 中的所有 LayoutNode，并根据测量结果计算出最大高度。

```
SubcomposeLayout(modifier = modifier) { constraints->
  var maxHeight = 0
  var placeables = subcompose("text", text).map {
    var placeable = it.measure(constraints)
    maxHeight = placeable.height.coerceAtLeast(maxHeight)
    placeable
  }
  ...
}
```

既然计算得到了文本的最大高度，接下来就可以将高度只传入分隔符组件中，完成组合阶段并进行测量。

```
SubcomposeLayout(modifier = modifier) { constraints->
  var maxHeight = 0
  var placeables = subcompose("text", text).map {
    var placeable = it.measure(constraints)
    maxHeight = placeable.height.coerceAtLeast(maxHeight)
    placeable
  }
  var dividerPlaceable = subcompose("divider") {
    divider(maxHeight)
  }.map {
    it.measure(constraints.copy(minWidth = 0))
  }
  assert(dividerPlaceable.size == 1, { "DividerScope Error!" })
}
```

与前面固有特性测量中的一样，在测量 Divider 组件时，仍需重新复制一份 constraints 并将其 minWidth 设置为 0，如果不修改，Divider 组件宽度默认会与整个组件宽度相同。接下来分别对文字组件和分隔符组件进行布局。

```
SubcomposeLayout(modifier = modifier) { constraints->
  ...
  layout(constraints.maxWidth, constraints.maxHeight){
    placeables.forEach {
      it.placeRelative(0, 0)
    }
    dividerPlaceable.forEach {
      it.placeRelative(midPos, 0)
    }
  }
}
```

使用也非常简单，只需将文本组件和分隔符组件分开传入定制的 SubcomposeRow 组件。

```
SubcomposeRow(
  modifier = Modifier
    .fillMaxWidth(),
```

```
  text = {
    Text(text = "Left", Modifier.wrapContentWidth(Alignment.Start))
    Text(text = "Right", Modifier.wrapContentWidth(Alignment.End))
  }
) {
  var heightDp = with( LocalDensity.current) { it.toDp() }
  Divider(
    color = Color.Black,
    modifier = Modifier
      .width(4.dp)
      .height(heightDp)
  )
}
```

最终效果与使用固有特性测量是完全相同的（如图 5-10 所示）。

Hi | there

● 图 5-10　自定义 SubcomposeRow

SubcomposeLayout 具有更强的灵活性，然而性能上不如常规 Layout，因为子组件的组合阶段需要延迟到父组件布局阶段才能进行，因此还需要额外创建一个子 Composition，因此 SubcomposeLayout 可能并不适用在一些对性能要求比较高的 UI 部分。

5.3　绘制

绘制阶段主要是将所有 LayoutNode 实际绘制到屏幕之上，也可以对绘制阶段进行定制。如果我们对 Android 原生 Canvas 已经非常熟悉，迁移到 Compose 是没有任何学习成本的。即使从未接触过也没有关系，在 Compose 中，官方为我们提供了大量简单且实用的基础绘制 API，能够满足绝大多数场景下的定制需求，通过本节的学习，我们将具备扎实的组件绘制定制能力。

▶▶ 5.3.1　Canvas Composable

让我们先从 Canvas Composable 说起，Canvas Composable 是官方提供的一个专门用来自定义绘制的单元组件。之所以说是单元组件，是因为这个组件不可以包含任何子组件，可以看作是传统 View 系统中的一个单元 View。

CanvasComposable 包含两个参数，一个是 Modifier，另一个是 DrawScope 作用域代码块。

```
fun Canvas(
  modifier: Modifier,
  onDraw: DrawScope.() -> Unit
)
```

在 DrawScope 作用域中，Compose 提供了基础绘制 API，如表 5-1 所示。

表 5-1　DrawScope 绘制 API

API	描　述
drawLine	绘制线
drawRect	绘制矩形
drawImage	绘制图片
drawRoundRect	绘制圆角矩形
drawCircle	绘制圆
drawOval	绘制椭圆
drawArc	绘制弧线
drawPath	绘制路径
drawPoints	绘制点

接下来我们通过绘制 API 成完一个简单的圆形加载进度条组件，如图 5-11 所示。

加载进度组件绘制起来并不复杂，可以通过圆环与圆弧的叠加进行实现。代码如下：

```
Canvas(modifier = Modifier
  .fillMaxSize()
  .padding(30.dp)
) {
  drawCircle(
    color = Color(0xFF1E7171), // 总进度圆环的背景色
    center = Offset(drawContext.size.width / 2f, drawContext.size.height / 2f),
    style = Stroke(width = 20.dp.toPx())
  )
  drawArc(
    color = Color(0xFF3BDCCE), // 加载进度圆弧的颜色
    startAngle = -90f,
    sweepAngle = sweepAngle,
    useCenter = false,
    style = Stroke(width = 20.dp.toPx(), cap = StrokeCap.Round)
  )
}
```

这里使用 drawCircle 与 drawArc 可以轻松地绘制圆环与圆弧。drawCircle 与 drawArc 默认采用的都是 Fill 填充模式的画笔，所以绘制图形是实心的。而现在需要绘制一个空心圆，所以指定 style 参数为 Stroke，表示画笔只绘制路径不填充。另外通过 width 指定路径宽度，将 cap 设置为 StrokeCap. Round 可以让路径端点呈圆角形状。

值得注意的是，使用 drawArc 绘制圆环时，默认起始角度是圆弧右侧。而我们希望起始角度应是圆弧顶部，所以起始角度

● 图 5-11　自定义加载进度条

startAngle 应该逆时针旋转 90°，并且由于我们不希望圆弧的两端连接到圆心，所以 useCenter 被设置为

false 了。

关于居中的加载进度，文本使用 Text 组件就可以轻松实现了。为了便于演示，这里的加载数据是固定的，大家可以根据自己的需求来定制拓展。完整的加载进度条组件的绘制代码如下。

```
@ Composable
fun LoadingProgressBar() {
  var sweepAngle by remember { mutableStateOf(162F) }
  Box(modifier = Modifier
    .size(375.dp),
    contentAlignment = Alignment.Center
  ) {
    Column(horizontalAlignment = Alignment.CenterHorizontally) {
      Text(
        text = "Loading",
        fontSize = 40.sp,
        fontWeight = FontWeight.Bold,
        color = Color.White
      )
      Text(
        text = "45% ",
        fontSize = 40.sp,
        fontWeight = FontWeight.Bold,
        color = Color.White
      )
    }
    Canvas(modifier = Modifier
      .fillMaxSize()
      .padding(30.dp)
    ) {
      drawCircle(
        color = Color(0xFF1E7171),
        center = Offset(drawContext.size.width / 2f, drawContext.size.height / 2f),
        style = Stroke(width = 20.dp.toPx())
      )
      drawArc(
        color = Color(0xFF3BDCCE),
        startAngle = -90f,
        sweepAngle = sweepAngle,
        useCenter = true,
        style = Stroke(width = 20.dp.toPx(), cap = StrokeCap.Round)
      )
    }
  }
}
```

查阅 Canvas 组件的实现，可以发现其本质上就是一个 Spacer，所有的绘制逻辑最终都传入 drawBehind() 修饰符方法里。这个 API 字面意思很明确，绘制在后面即绘制在底部图层。由于该修饰符方

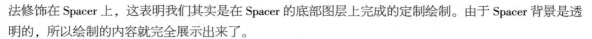

法修饰在 Spacer 上，这表明我们其实是在 Spacer 的底部图层上完成的定制绘制。由于 Spacer 背景是透明的，所以绘制的内容就完全展示出来了。

```
@Composable
fun Canvas(modifier: Modifier, onDraw: DrawScope.() -> Unit) =
  Spacer(modifier.drawBehind(onDraw))
```

接下来看看其他一些与绘制相关的修饰符方法。由于这些修饰符方法返回的都是 DrawModifier 的子类，所以将这些修饰符统称为 DrawModifier 类修饰符方法。

▶▶ 5.3.2　DrawModifier

DrawModifier 类修饰符方法共有三个，每个都有其各自的使命。drawWithContent 允许开发者可以在绘制时自定义绘制层级，Canvas Composable 中使用的 drawBehind 是用来定制绘制组件背景的，而 drawWithCache 则允许开发者在绘制时可以携带缓存。接下来学习这三个 API 该如何正确使用。

1. drawWithContent

先来看看 drawWithContent，这个 API 允许开发者在绘制时自定义绘制层级，那么什么是绘制层级呢？其实就是越先绘制的内容 Z 轴越小，后面绘制的内容可能会遮盖前面绘制的内容，这样就产生了绘制的层级关系。通过 API 声明，可以看到 drawWithContent 需要一个 ContentDrawScope 作用域 Lambda，而这个 ContentDrawScope 实际上就是在 DrawScope 作用域基础上拓展了一个 drawContent。

```
fun Modifier.drawWithContent (
  onDraw: ContentDrawScope.() -> Unit
)
interface ContentDrawScope:DrawScope {
  fun drawContent()
}
```

然而这个 drawContent 是做什么的呢？要知道，我们的 Modifier 是修饰某个具体组件的，所以 drawContent 其实是绘制组件本身的内容。例如 Text，组件本身会绘制一串文本。当我们想为这个文本绘制背景色时，就需要先绘制背景色再绘制文本，如图 5-12 所示。

绘制层级其实在传统 View 中也是存在的。如果我们希望的 TextView 添加文本背景色，需要重写 on-Draw 方法，并使用 super. onDraw( ) 来绘制文本内容，这与 drawContent 的设计是相通的。

● 图 5-12　使用 drawWithContent

```
class CustomTextView(context: Context): AppCompatTextView(context) {
  override fun onDraw(canvas: Canvas?) {
    // 在 TextView 下层绘制
    super.onDraw(canvas)
```

```
    // 在 TextView 上层绘制
  }
}
```

2. drawBehind

了解了 **drawWithContent** 是什么之后，其实 **drawBehind** 的实现原理也很好理解了。实际上就是先绘制拓展的内容，再绘制组件本身，也就是用来自定义绘制组件背景的。

在 **drawBehind** 的实现源码中，定制的绘制逻辑 **onDraw** 会被传入 **DrawBackgroundModifier** 的主构造器中。在重写的 **draw** 方法中，首先调用了我们传入的定制绘制逻辑，之后调用 **drawContent** 来绘制组件内容本身。

```
fun Modifier.drawBehind(
  onDraw: DrawScope.() -> Unit
) = this.then(
  DrawBackgroundModifier(
    onDraw = onDraw, // 自定义绘制的代码块
    ...
  )
)

private class DrawBackgroundModifier(
  val onDraw: DrawScope.() -> Unit,
  ...
) : DrawModifier, InspectorValueInfo(inspectorInfo) {
  override fun ContentDrawScope.draw() {
    onDraw() // 先绘制定制内容
    drawContent() // 后绘制组件本身的内容
  }
  ...
}
```

这里以头像添加红点作为示例来展示两者的不同。

```
@Preview
@Composable
fun DrawBefore() {
  Box(
    modifier = Modifier.fillMaxSize(),
    contentAlignment = Alignment.Center
  ) {
    Card(
      shape = RoundedCornerShape(8.dp)
      ,modifier = Modifier
        .size(100.dp)
        .drawWiathContent {
          drawContent()
```

```
        drawCircle(
          Color(0xffe7614e),
          18.dp.toPx() / 2,
          center = Offset(drawContext.size.width, 0f)
        )
      }
    ) {
      Image(painter = painterResource(id = R.drawable.diana), contentDescription = "Dian-
a")
    }
  }
}
@Preview
@Composable
fun DrawBehind() {
  Box(
    modifier = Modifier.fillMaxSize(),
    contentAlignment = Alignment.Center
  ) {
    Card(
      shape = RoundedCornerShape(8.dp)
      ,modifier = Modifier
        .size(100.dp)
        .drawBehind {
          drawCircle(
            Color(0xffe7614e),
            18.dp.toPx() / 2,
            center = Offset(drawContext.size.width, 0f)
          )
        }
    ) {
      Image(painter = painterResource(id = R.drawable.diana), contentDescription = "Dian-
a")
    }
  }
}
```

上述代码的运行结果如图 5-13 所示，红点的位置分别出现在图片的前面和后面。

3. drawWithCache

有时在 DrawScope 中绘制时，会用到一些与绘制有关的对象（如 ImageBitmap、Paint、Path 等），当组件发生重绘时，由于 DrawScope 会反复执行，这其中声明的对象也会随之重新创建，实际上这类对象是没必要重新创建的。如果这类对象占用内存空间较大，频繁多次重绘意味着这类对象会频繁

● 图 5-13 使用 drawBehind

地加载重建，从而导致内存抖动等问题。

　　也许有人会提出疑问，将这类对象存放到外部 Composable 作用域中，并利用 remember 缓存不可以吗？当然这个做法从语法上来说是可行的，但这样做违反了迪米特法则，这类对象可能会被同 Composable 内其他组件依赖使用。如果将这类对象存放到全局静态域会更危险，不仅会污染全局命名空间，并且当该 Composable 组件离开视图树时，还会导致内存泄漏问题。由于这类对象只跟这次绘制有关，所以还是放在一块比较合适。

补充提示：

　　迪米特法则，又称最少知识原则，是面向对象五大设计原则之一。它规定每个类应对其他类尽可能少了解。如果两个类不必直接相互通信，便采用第三方类进行转发，尽可能减小类与类之间的耦合度。

　　为解决这个问题，Compose 为我们提供了 drawWithCache 方法，就是支持缓存的绘制方法。通过 drawWithCache 声明可以看到，需要一个传入 CacheDrawScope 作用域的 Lambda，值得注意的是返回值是 DrawResult 类型。可以在 CacheDrawScope 接口声明中发现仅有 onDrawBehind 与 onDrawWithContent 这两个 API 提供了 DrawResult 类型返回值，实际上这两个 API 和前面所提及的 drawBehind 与 drawWithContent 用法是完全相同的。

```
fun Modifier.drawWithCache(
  onBuildDrawCache: CacheDrawScope.() -> DrawResult
)

class CacheDrawScope internal constructor() : Density {
  fun onDrawBehind(block: DrawScope.() -> Unit): DrawResult
  fun onDrawWithContent(block: ContentDrawScope.() -> Unit): DrawResult
  ...
}
```

　　这里使用 drawCache 来绘制多张图片，并不断改变这些图片的透明度。假设每张图片像素尺寸都比较大，一次性把这些图片全部装载到内存不仅耗时，并且也会占用大量内存空间。每当透明度发生变化时，我们不希望重新加载这些图片。在这个场景下，只需使用 drawWithCache 方法，将图片加载过程放到缓存区中完成就可以了。

　　由于我们暂时还没有学习动画相关知识，这里大家可以简单理解为利用 transition 创建了个无限循环变化的 alpha 透明度状态。接下来就可以在 drawWithCache 缓存区域中加载 ImageBitmap 实例了，并在 DrawScope 中使用这些 ImageBitmap 实例与前面声明的无限循环变化的 alpha 透明度状态。

```
@Composable
fun DrawFuwa() {
  Box(modifier = Modifier.fillMaxSize(), contentAlignment = Alignment.Center) {
    var transition = rememberInfiniteTransition()
    val alpha by transition.animateFloat(initialValue = 0f, targetValue = 1f, animationSpec
= infiniteRepeatable(
      animation = tween(2000, easing = LinearEasing), repeatMode = RepeatMode.Reverse)
```

```
)
var context = LocalContext.current
Box(
  modifier = Modifier
    .size(340.dp, 300.dp)
    .drawWithCache {
      val beibeiImage = ImageBitmap.imageResource(context.resources, R.drawable.beibei)
      ...
      val niniImage = ImageBitmap.imageResource(context.resources, R.drawable.nini)
      onDrawBehind {
        drawImage(
          image = beibeiImage,
          dstSize = IntSize(100.dp.roundToPx(), 100.dp.roundToPx()),
          dstOffset = IntOffset.Zero,
          alpha = alpha
        )
        ...
        drawImage(
          image = niniImage,
          dstSize = IntSize(100.dp.roundToPx(), 100.dp.roundToPx()),
          dstOffset = IntOffset(180.dp.roundToPx(), 120.dp.roundToPx()),
          alpha = alpha
        )
      }
    }
)
}
}
```

代码执行结果如图 5-14 所示。

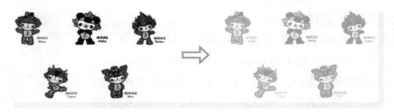

● 图 5-14　使用 drawWithCache

补充提示：

　　如果在 drawWithContent 或 drawBehind 方法中依赖了某个可变状态，当该状态更新时，会导致当前组件重新进行绘制阶段，故也被称作重绘。

▶▶ 5.3.3　使用平台原生 Canvas

在 DrawScope 中，可以访问到 drawContext 成员，drawContext 提供了绘制所需的信息，包括 size（画布尺寸）和一个 canvas。其中，canvas 是一个平与台无关的 Canvas 抽象（androidx. compose. ui.

graphics. Canvas），便于拓展 Compose 的跨平台场景。通过这个抽象 Canvas 的 nativeCanvas 属性，可以直接获取具体平台 Canvas 实例，例如 Android 平台侧对应的实现是 android. graphics. Canvas。

Compose 基于 Kotlin 跨平台的特性对平台相关代码和平台无关代码进行了隔离：

通用模块 **Canvas：** *expect val Canvas.nativeCanvas*: NativeCanvas

具体平台模块 **Canvas：** *actual val Canvas.nativeCanvas*: NativeCanvas
get() = (*this as* AndroidCanvas).internalCanvas

在一个跨平台的 Kotlin 工程中，一般会在通用模块中使用 expect 声明平台通用接口，并在具体平台模块中使用 actual 来对声明的接口进行实现，expect/actual 关键字可以灵活处理通用接口与具体平台的依赖关系。

综上所述，DrawScope 作用域中所提供的 API 也只是对原生平台 Canvas 的封装，底层仍然使用的是原生平台 Canvas 绘制的。Compose 作为一款跨平台 UI 框架，为了保证平台通用性，可能会丢失一些具体平台的特色 API。例如在 Android 原生 Canvas 中，可以使用 drawText 来绘制文字，但是在 DrawScope 作用域目前为止还没有提供这个 API，那么此时，只能通过 nativeCanvas 获取底层 Canvas 来进行操作。

最佳实践：
> 虽然可以直接获取到 Android 平台的 Canvas 实例并使用，但这会使代码失去平台通用性，对于不同平台的视图逻辑需要自行完成迁移。如果只做 Android 开发，就无须考虑这些问题了。

▶▶ 5.3.4　实战：Canvas 绘制波浪加载

这一节尝试使用 Canvas 绘制一个波浪加载效果，基本需求如下：

- 基于任意图片 Logo 实现 Loading 指示器。
- 动态的波浪效果体现其加载进度。
- 波浪覆盖区域呈现彩色，未覆盖区域呈现灰度颜色。

例如图 5-15 就是一个基于 NBA 的 Logo 打造的波浪加载器效果：

首先拆解一下需要绘制的内容，其中包括一张完整灰化的图片和一个用彩色图片填充的波浪。为了实现波浪的层次感，可能需要绘制多个波浪，且需要为所有波浪添加动画效果。

● 图 5-15　绘制波浪加载

1. 绘制灰色背景

使用 Canvas Composable 作为绘制的容器，首先绘制灰色背景图。

```
val imageBitmap = ImageBitmap.imageResource(id = R.drawable.logo_nba)
Canvas { // DrawScope
  drawImage(image = imageBitmap, colorFilter = run {
    val cm = ColorMatrix().apply { setToSaturation(0f) }
    ColorFilter.colorMatrix(cm)
  })
}
```

使用 imageResource 从本地资源创建一个 ImageBitmap。ImageBitmap 是 Compose 对位图的抽象，相当于 Andorid 平台的 Bitmap 类型，ImageBitmap 是一种平台无关的类型，可以最小成本地迁移到其他平台上。

接下来使用 DrawScope 中的 drawImage 绘制这个 ImageBitmap。根据需求我们需要将图片先以灰度显示，这里使用 ColorFilter 进行颜色过滤，具体的颜色过滤要依靠 ColorMatrix 颜色矩阵。Android 平台上可以使用 ColorMatirx 处理图像的颜色效果，这是一个针对 RGBA 四通道的 4×5 的数字矩阵，通过矩阵变化来改变像素颜色。比如使用 setToSaturation 降低颜色饱和度，以达到灰度化的目的。

2. 绘制波浪

绘制完背景后，接下来绘制前景。Canvas 中一般使用 drawPath 系列 API 来绘制任意形状的图形，这里使用 drawPath 来绘制波浪线。

```
Canvas{ // DrawScope
  drawPath(
    path = buildWavePath(
      width = size.width,
      height = size.height,
      amplitude = size.height * waveConfig.amplitude,
      progress = waveConfig.progress
    ),
    brush = ShaderBrush(ImageShader(imageBitmap)),
    alpha = 0.5f
  )
}
```

buildWavePath 用来创建波浪轨迹线 Path，具体实现我们稍后再说。drawPath 通过 brush 填充 Path 的内部图案。按照需求我们需要绘制 ImageBitmap 的原始图像。首先基于 ImageBitmap 创建一个 Image-Shader 着色器，然后又基于 ImageShader 着色器创建了 ShaderBrush，这个 Brush 会将 Shader 应用到 Paint 中，最终完成画布的绘制。

此外 drawPath 还可以通过 alpha 来指定透明度，可以针对不同的波浪设置不同透明度，以增加层次感。

回头看一下 buildWavePath 的内部实现，它使用正弦函数绘制了一个波浪曲线：

```
private fun buildWavePath(
  width: Float, // 画布绘制区域 x
  height: Float, // 画布绘制区域 y
  amplitude: Float, // 波浪 y 轴振幅
  progress: Float // 加载进度
): Path {
  // 调整后的高度,表示实际振幅,振幅不大于剩余空间
  var adjustHeight = min(height * Math.max(0f, 1 - progress), amplitude)
  // 调整后的宽度,表示实际波形周期,超出绘制区域 2 倍
  val adjustWidth = 2 * width
  val dp = 2
  return Path().apply {
```

```
        reset()
        moveTo(0f, height)
        lineTo(0f, height * (1 - progress))
        if (progress > 0f && progress < 1f) {
          if (adjustHeight > 0) {
            var x = dp
            while (x < adjustWidth) {
              lineTo(
                x, height * (1 - progress) - adjustHeight / 2f * sin(4.0 * Math.PI * x / adjustWidth)
                  .toFloat()
              )
              x += dp
            }
          }
        }
        lineTo(adjustWidth, height * (1 - progress))
        lineTo(adjustWidth, height)
        close()
      }
    }
```

progress 表示加载器当前的加载进度，反映到图像上就是波浪基线距底边的距离，波浪的振幅不希望大于这个距离，否则波浪线的流动会超出屏幕，导致最终显示效果会不太自然。因此 amplitude 作为外边传入的波浪 y 轴的振幅，要经过调整后才能使用，所以计算得到 adjustHeight。

接下来需要为波浪增加流动的动画效果，既持续从屏幕外流入又从屏幕内流出。可以绘制一个 x 轴周期长度大于屏幕的正弦曲线，然后通过画布位移，实现波浪进出屏幕的效果，因此经调整后的实际宽度 adjustWidth 是画布宽度的两倍。

计算得到调整后的实际宽度和高度后，就可以使用正弦函数来绘制这个 Path 了，具体算法就是定义一个固定的步进 dp，根据 sin 函数计算在正弦曲线上的 xy 左边，然后通过 lineTo 连接，循环这个步骤。直至最后曲线绘制完毕，再闭合整个 Path。

3. 添加动画

目前为止，我们完成了波浪加载的静态绘制，最后一步就是添加动画让波浪动起来。关于 Compose 动画 API 会在第 5 章进行专门介绍，所以这里只是点到为止，不做深入研究。

使用 drawPath 绘制的波浪曲线超过画布实际尺寸，所以通过画布在波浪曲线上的位移，可以实现"取景框"内的景色移动，如图 5-16。

```
val animates = listOf(1f, 0.75f, 0.5f).map {
  transition.animateFloat(
    initialValue = 0f, targetValue = 1f, animationSpec = infiniteRepeatable(
      animation = tween((it * waveDuration).roundToInt()),
      repeatMode = RepeatMode.Restart
    )
  )
}
```

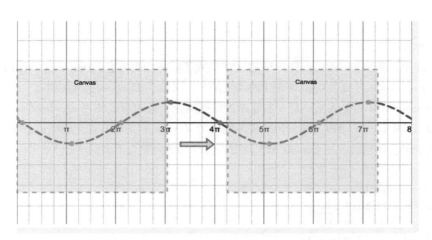

● 图 5-16　绘制波浪曲线

　　animates 由三个状态构成，它们是由 infiniteRepeatable 动画来驱动状态变化，随着 tween 动画的执行，animates 的数值将分别从 0f 过渡到 1f，然后循环往复。我们用这三个状态值设置波浪 Canvas 的偏移率，Canvas 可以跟随动画实现位移，从而让波浪动起来。

　　tween( ) 参数接收的是单次动画执行的时长，animates 三个状态值设置不同的动画单位时长为的是实现波浪错落排列的效果。

```
Canvas { // this:DrawScope
  animates.forEachIndexed { index, anim ->
    val maxWidth = 2 * size.width
    val offsetX = maxWidth / 2 * (1 - anim.value)
    translate(-offsetX) {
      drawPath(
        path = buildWavePath(
          width = maxWidth,
          height = size.height,
          amplitude = size.height * waveConfig.amplitude,
          progress = waveConfig.progress
        ),
        brush = ShaderBrush(ImageShader(imageBitmap).apply {
          transform { postTranslate(offsetX, 0f) }
        }),
        alpha = if (index == 0) 1f else 0.5f
      )
    }
  }
}
```

　　我们对这三个 animates 分别进行 drawPath。在绘制之前，使用 translate 使整个画布进行 x 轴偏移，偏移量计算自 animates 的当前值。animates 状态变化会驱动 drawPath 的不断重绘，Canvas 绘制的图形实现动画效果。

4. 操作 Canvas

前面的实现中，使用 DrawScope 作用域的 API 完成了所有绘制内容。DrawScope API 内部持有一个 Canvas 对象，DrawScope 封装了 Canvas API 的调用细节，降低了 Compose 绘制成本。

有时 DrawScope API 可能无法满足一些复杂的绘图需求，此时可以使用 drawIntoCanvas 获取 Canvas 实例，直接调用其中包含的 API，这与传统视图的自定义 View 的实现方式更加接近。

前面的例子中，如果都改用 Canvas API 调用，代码最终会变为下面这个样子。

```
Canvas {
  drawIntoCanvas {
    // 前景画笔:原色图片
    val forePaint = Paint().apply {
      shader = BitmapShader(
        bitmap,
        Shader.TileMode.CLAMP,
        Shader.TileMode.CLAMP
      )
    }
    // 背景画笔:灰色图片
    val backPaint = Paint().apply {
      shader = BitmapShader(
        bitmap,
        Shader.TileMode.CLAMP,
        Shader.TileMode.CLAMP
      )
      colorFilter = run {
        val cm = ColorMatrix().apply { setToSaturation(0f) }
        ColorFilter.colorMatrix(cm)
      }
    }
    drawIntoCanvas { canvas ->
      // 使用灰色画笔绘制背景图片
      canvas.drawRect(0f, 0f, size.width, size.height, backPaint)
      animates.forEachIndexed { index, anim ->
        canvas.withSave {
          val maxWidth = 2 * size.width / waveConfig.velocity.coerceAtLeast(0.1f)
          val offsetX = maxWidth / 2 * (1 - anim.value)
          canvas.translate(-offsetX, 0f)
          forePaint.shader?.transform {
            setTranslate(offsetX, 0f)
          }
          canvas.drawPath(
            buildWavePath(
              width = maxWidth,
              height = size.height,
```

```
                amplitude = size.height * waveConfig.amplitude,
                progress = waveConfig.progress
            ), forePaint.apply {
                alpha = if (index == 0) 1f else 0.5f
            }
        )
      }
    }
  }
}
```

代码的基本流程没有变化，只是将 DrawScope 的 API 换成了对应的 CanvasAPI 调用方式，通过 drawIntoCanvas{} 内获取的 Canvas 实例进行调用。例如 Canvas API 没有 Brush 的概念，使用传统 Paint 进行绘制，所以针对前景和背景分别创建了两支 Paint。当然在 drawIntoCanvas 中获取的 Canvas 实例并非 Android 系统的 android. graphics. Canvas，而是 androidx. compose. ui. graphics. Canvas，关于这两者的区别可以参考 5. 3. 3 小节。

配套源码：

运行代码，体验两种不同的绘制方式 Chapter_05_Canvas/WaveLoadingDemo/。

5.4 本章小结

本章介绍了 Compose 的三大流程：组合、布局与绘制。组合阶段是 Compose 作为一款声明式 UI 框架中最重要的组成部分，利用重组特性可以自动化维护 LayoutNode 视图树，使其永远保持最新状态。与 View 视图系统一样，可以对组件的测量布局与绘制流程进行自定义，从而大大拓展了 Compose 组件的定制能力边界。

第6章

▶▶▶▶▶▶

让页面动起来：动画

　　动画在现代移动应用中至关重要，其目的是实现自然流畅、易于理解的用户体验。Android 传统视图体系的常用动画有两类：早期的基于 View 的视图动画，以及后来逐渐流行的属性动画。属性动画相对于视图动画更加灵活和强大，可以作用在任何对象，结合对象属性的不断变化与不断重绘来实现动画效果。

　　Compose 提供了一系列强大的动画 API，这些 API 在使用上与属性动画非常类似，更准确地说是遵循了 Compose 状态驱动 UI 的设计思想。Compose 动画相关 API 数量众多，本章将为大家详细介绍每个 API 的功能，以及对应的适用场景。

6.1 动画分类

　　Compose 的动画 API 数量较多，刚接触的人不免有些头晕。为了方便大家快速了解，我们从使用场景的维度上将它们大体分为两类：高级别 API 和低级别 API。就像编程语言分为高级语言和低级语言一样，这里的高级和低级指的是 API 的易用性。

　　高级别 API 服务于常见业务，设计上力求开箱即用，例如页面转场、UI 元素的过渡等，高级别 API 大多是一个 Composable 函数，便于与其他 Composable 组合使用。

　　低级别 API 使用场景更加广泛，可以基于协程完成任何状态驱动的动画效果，相应的接口复杂度也更高。高级别 API 的底层实际上都是由低级别 API 支持的。

表 6-1　Compose 动画 API

分　类	API	说　明
高级别 API	AnimatedVisibility	UI 元素进入/退出时的过渡动画
	AnimatedContent	布局内容变化时的动画
	Modifier. animateContentSize	布局大小变化时的动画
	Crossfade	两个布局切换时的淡入/淡出动画

（续）

分　类	API	说　明
低级别 API	animate * AsState	单个值动画
	Animatable	可动画的数值容器
	updateTransition	组合动画
	rememberInfiniteTransition	组合无限执行动画
	TargetBasedAnimation	自定义执行时间的低级别动画

表 6-1 列举了 Compose 动画相关的所有 API。这么多的 API 在使用时需要有策略地进行选择。下面的关系图（图 6-1）可以反映各 API 的选择路径，为我们提供指引。

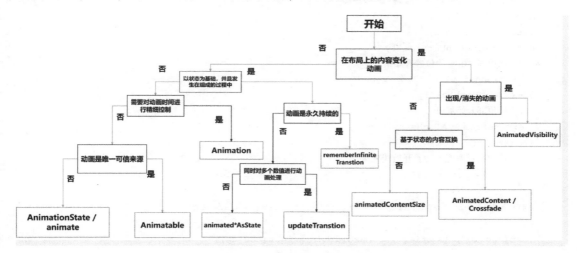

● 图 6-1　动画 API 关系图

6.2　高级别动画 API

接下来讲解高级别动画 API。

▶▶ 6.2.1　AnimatedVisibiliy

```
@Composable
fun AnimatedVisibility(
  visible: Boolean,
  modifier: Modifier = Modifier,
  enter: EnterTransition = fadeIn() + expandIn(),
  exit: ExitTransition = shrinkOut() + fadeOut(),
  content: @Composable() AnimatedVisibilityScope.() -> Unit
)
```

AnimatedVisibility 是一个容器类的 Composable，需要接收一个 Boolean 型的 visible 参数控制 content 是否可见，content 在出现与消失时，会伴随着过渡动画效果。

```
var editable by remember { mutableStateOf(true) }
AnimatedVisibility(visible = editable) {
  Text(text = "Edit")
}
```

在上面的代码中，当 editable 为 true/false 时，Text 将会淡入/淡出屏幕。可以通过设置 EnterTransition 和 ExitTransition 来定制出场与离场过渡动画，当出场动画完成时，content 便会从视图树上移除。

```
var visible by remember {mutableStateOf(true) }
val density = LocalDensity.current
AnimatedVisibility(
  visible = visible,
  enter = slideInVertically {
    // 从顶部 40dp 的位置开始滑入
    with(density) { -40.dp.roundToPx() }
  } + expandVertically(
    // 从顶部开始展开
    expandFrom = Alignment.Top
  ) + fadeIn(
    // 从初始透明度 0.3f 开始淡入
    initialAlpha = 0.3f
  ),
  exit = slideOutVertically() + shrinkVertically() + fadeOut()
) {
Text("Hello", Modifier.fillMaxWidth().height(200.dp))
}
```

如上面的示例所示，可以使用+运算符来组合多个已有的 EnterTransition 或 ExitTransition，并通过 enter 与 exit 参数进行设置。

默认情况下 EnterTransition 是 fadeIn+expandIn 的效果组合，ExitTransition 是 fadeOut+shrinkOut 的效果组合。Compose 额外提供了 RowScope.AnimatedVisibility 和 ColumnScope.AnimatedVisibility 两个扩展方法，我们可以在 Row 或者 Column 中调用 AnimatedVisibility，该组件的默认过渡动画效果会根据父容器的布局特征进行调整，比如在 Row 中默认 EnterTransition 是 fadeIn+expandHorizontally 组合方案，而在 Column 中默认 EnterTransition 则是 fadeIn+expandVertically 组合方案。

表 6-2 中列举了几种 EnterTransition 的动画效果：

表 6-2　EnterTransition 动画效果

动 画 类 型	动 画 效 果				
fadeIn					

（续）

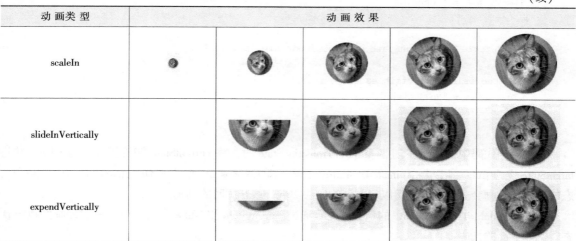

动画类型	动画效果
scaleIn	
slideInVertically	
expendVertically	

上述 EnterTransition 对应的 ExitTransition 分别是 fadeOut、scaleOut、slideOutVertically、shrinkVertically、ExitTransition 是对应的 EnterTransition 反向动画。

1. MutableTransitionState 监听动画状态

```
@Composable
fun AnimatedVisibility(
  visibleState: MutableTransitionState<Boolean>,
  modifier: Modifier = Modifier,
  enter: EnterTransition = fadeIn() + expandIn(),
  exit: ExitTransition = fadeOut() + shrinkOut(),
  content: @Composable() AnimatedVisibilityScope.() -> Unit
)
```

AnimatedVisibility 还有一个接收 MutableTransitionState 类型参数的重载方法。

```
class MutableTransitionState<S>(initialState: S) {
  var currentState: S by mutableStateOf(initialState)
    internal set
  var targetState: S by mutableStateOf(initialState)
  val isIdle: Boolean
    get() = (currentState == targetState) && ! isRunning
  internal var isRunning: Boolean by mutableStateOf(false)
}
```

MutableTransitionState 的定义如上所示，关键成员有两个：当前状态 currentState 和目标状态 target-State。两个状态的不同驱动了动画的执行。

```
// 创建 MutableTransitionState<Boolean>
val state = remember {
  MutableTransitionState(false).apply {
    // Start the animation immediately.
```

```
    targetState = true
  }
}
    // MutableTransitionState 传入 AnimatedVisibility
Column {
  AnimatedVisibility(visibleState = state) {
    Text(text = "Hello, world!")
  }
}
```

在上面的代码中，我们在创建 **MutableTransitionState** 时，将 currentState 初始值设置为 false，并将 targetState 设为 true，所以当 AnimatedVisibility 上屏（即 Composable 组件的 OnActive）时，由于两个状态的不同，动画会立即执行。可以用类似的做法实现一些开屏时的动画。

此外，**MutableTransitionState** 的意义还在于通过 currentState 和 isIdle 的值，可以获取动画的执行状态。例如下面的代码：

```
enum class AnimState {
  VISIBLE,
  INVISIBLE,
  APPEARING,
  DISAPPEARING
}
fun MutableTransitionState<Boolean>.getAnimationState(): AnimState {
  return when {
    this.isIdle && this.currentState -> AnimState.VISIBLE // 动画已结束,当前处于可见状态
    ! this.isIdle && this.currentState -> AnimState.DISAPPEARING// 动画执行中,且逐渐不可见
    this.isIdle && ! this.currentState -> AnimState.INVISIBLE// 动画已结束,当前处于不可见状态
    else -> AnimState.APPEARING
  }
}

Column {
  AnimatedVisibility(visibleState = state) {
    Text(text = state.getAnimationState())
  }
}
```

2. Modifier. animateEnterExit

在 AnimatedVisibility 的 content 中，可以使用 Modifier. animateEnterExit 为每个子元素单独设置进出屏幕的过渡动画。

```
AnimatedVisibility(
  visible = visible,
  enter = fadeIn(),
  exit = fadeOut()
) {
```

```
// 外层 Box 组件淡入淡出进出屏幕
Box(Modifier.fillMaxSize().background(Color.DarkGray)) {
  Box(
    Modifier
      .align(Alignment.Center)
      .animateEnterExit(
        // 内层 Box 组件滑动进出屏幕
        enter = slideInVertically(),
        exit = slideOutVertically()
      )
      .sizeIn(minWidth = 256.dp, minHeight = 64.dp)
      .background(Color.Red)
  ) {
    // Content of the notification…
  }
}
}
```

比如上面的例子中，后添加的 slide 动画会覆盖 AnimatedVisibility 设置的 fade 动画。有时我们希望 AnimatedVisibility 内部每个子组件的过渡动画各不相同，此时可以为 AnimatedVisibility 的 enter 与 exit 参数分别设置 EnterTransition. None 和 ExitTransition. None，并在每个子组件分别指定 animateEnterExit 就可以了。

3. 自定义 Enter/Exit 动画

如果想在 EnterTransition 和 ExitTransition 之外再增加其他动画效果，可以在 AnimatedVisibilityScope 内设置 transition。添加到 transition 的动画都会在 AnimatedVisibility 进出屏幕动画的同时运行。AnimatedVisibility 会等到 Transition 中的所有动画都完成后，再移出屏幕。

```
AnimatedVisibility(
  visible = visible,
  enter = fadeIn(),
  exit = fadeOut()
) { // this: AnimatedVisibilityScope
  // 使用 AnimatedVisibilityScope#transition 添加自定义动画
  val background by transition.animateColor { state ->
    if (state == EnterExitState.Visible) Color.Blue else Color.Gray
  }
  Box(modifier = Modifier.size(128.dp).background(background))
}
```

在上面的代码中，向 transition 添加了一个颜色渐变动画，并将其设置为 Box 背景色。关于 Transition 的更多内容可以参考低级别动画 API 中的 updateTransition。

▶▶ 6. 2. 2　AnimatedContent

AnimatedContent 和 AnimatedVisibility 相类似，都是用来为 content 添加动画效果的 Composable。区

别在于 AnimatedVisibility 用来添加组件的出场与离场过渡动画，而 AnimatedContent 则是用来实现不同组件间的切换动画。

```
@Composable
fun <S> AnimatedContent(
  targetState: S,
  modifier: Modifier = Modifier,
  transitionSpec: AnimatedContentScope<S>.() -> ContentTransform = {
    fadeIn(animationSpec = tween(220, delayMillis = 90)) with fadeOut(animationSpec = tween(90))
  },
  contentAlignment: Alignment = Alignment.TopStart,
  content: @Composable() AnimatedVisibilityScope.(targetState: S) -> Unit
)
```

AnimatedContent 参数上接收一个 targetState 和一个 content，content 是基于 targetState 创建的 Composable。当 targetState 变化时，content 的内容也会随之变化。AnimatedContent 内部维护着 targetState 到 conent 的映射表，查找 targetState 新旧值对应的 content 后，在 content 发生重组时附加动画效果。

```
Row {
  var count by remember { mutableStateOf(0) }
  Button(onClick = { count++ }) {
    Text("Add")
  }
  AnimatedContent(targetState = count) { targetCount ->
    Text(text = "Count: $targetCount")
  }
}
```

上述代码中，单击按钮触发 count 发生变化，AnimatedContent 中 Text 的重组会应用动画效果。需要注意的是 targetState 一定要在 content 中被使用，否则当 targetState 变化时，只见动画，却不见内容的变化，视觉上会很奇怪。

1. ContentTransform 自定义动画

AnimatedContent 默认动画是淡入淡出效果，还可以将 transitionSpec 参数指定为一个 ContentTransform 来自定义动画效果。ContentTransform 也是由 EnterTransition 与 ExitTransition 组合的，可以使用 with 中缀运算符将 EnterTransition 与 ExitTransition 组合起来。

```
infix fun EnterTransition.with(exit: ExitTransition) = ContentTransform(this, exit)
```

可以很容易猜到，ContentTransform 本质上就是 currentContent 的 ExitTransition 与 targetContent 的 EnterTransition 组合。例如使用 ContentTransform 实现一个 Slide 效果的切换动画：

从右到左切换，并伴随淡入淡出效果：

- EnterTransion：使用 slideInHorizontally，初始位置 initialOffsetX = width
- ExitTransition：使用 slideOutHorizontally，目标位置 targetOffsetX = -width

```
slideInHorizontally({ width -> width }) + fadeIn()
  with slideOutHorizontally({ width -> -width }) + fadeOut()
```

从左到右切换，并伴随淡入淡出效果：

- **EnterTransion**：使用 slideInHorizontally，初始位置 initialOffsetX = -width
- **ExitTransition**：使用 slideOutHorizontally，目标位置 targetOffsetX = width

```
slideInHorizontally({ width -> -width }) + fadeIn()
  with slideOutHorizontally({ width -> width }) + fadeOut()
```

2. SizeTranstion 定义大小动画

在使用 ContentTransform 来创建自定义过渡动画的同时，还可以使用 using 操作符连接 SizeTransform。SizeTransform 可以使我们预先获取到 currentContent 和 targetContent 的 Size 值，并允许我们来定制尺寸变化的过渡动画效果。

看一个 ContentTransform+SizeTranform 的例子：

```
var expanded by remember {mutableStateOf(false) }
Surface(
  color = MaterialTheme.colors.primary,
  onClick = { expanded = ! expanded }
) {
  AnimatedContent(
    targetState = expanded,
    transitionSpec = {
      fadeIn(animationSpec = tween(150, 150)) with
            fadeOut(animationSpec = tween(150)) using
            SizeTransform { initialSize, targetSize ->
              if (targetState) {
                keyframes {
                  // 展开时,先水平方向展开
                  IntSize(targetSize.width, initialSize.height) at 150
                  durationMillis = 300
                }
              } else {
                keyframes {
                  // 收起时,先垂直方向收起
                  IntSize(initialSize.width, targetSize.height) at 150
                  durationMillis = 300
                }
              }
            }
    }
  ) { targetExpanded ->
    if (targetExpanded) {
      Expanded()
    } else {
      ContentIcon()
    }
  }
}
```

如上面的例子中，targetContent 是一个小尺寸的 icon，targtContent 是一段大尺寸的文本，从 icon 到文本的切换过程中，可以使用 SizeTransform 实现尺寸变化的过渡动画。在 SizeTransform 中可以通过关键帧 keyframes 指定 Size 在某一个时间点的尺寸，以及对应的动画时长。比如例子中表示 expend 过程持续时间为 300ms，在 150ms 前，高度保持不变，宽度逐渐增大，而在到达 150ms 之后，宽度到达目标值将不再变化，高度再逐渐增大，如图 6-2 所示。

● 图 6-2　SizeTransition 动画

3. 定义子元素动画

与 AnimatedVisibility 一样，AnimatedContent 内部的子组件也可以通过 Modifier. animatedEnterExit 单独指定动画，详见 6.1 节。

4. 自定义 Enter/Exit 动画

通过 AnimatedContent 的定义可知，其 content 同样是在 AnimatedVisibilityScope 作用域中，所以内部也可以通过 transition 添加额外的自定义动画，详见 6.3 节。

▶▶ 6.2.3　Crossfade

Crossfade 可以理解为 AnimatedContent 的一种功能特性，它使用起来更简单，如果只需要淡入淡出效果，可以使用 Crossfade 替代 AnimatedContent。

```
var currentPage by remember { mutableStateOf("A") }
Crossfade(targetState = currentPage) { screen ->
  when (screen) {
    "A" -> Text("Page A")
    "B" -> Text("Page B")
  }
}
```

如上所述，Crossfade 内的文本会以淡入淡出的形式进行切换。其实更正确的说法应该是 AnimatedContent 是 Crossfade 的一种泛化，Crossfade 的 API 出现后，为了强化切换动画的能力，增加了 AnimatedContent。

需要注意 Crossfade 无法实现 SizeTransform 那样尺寸变化的动画效果，如果 content 变化前后尺寸不同，想使用动画进行过渡，可以使用 AnimatedContent + SizeTranform 的组合方案，或者使用 Crossfade 和接下来要介绍的 Modifier. animateContentSize。

▶▶ 6.2.4　Modifier. animateContentSize

animateContentSize 是一个 Modifier 修饰符方法。它的用途非常专一，当容器尺寸发生变化时，会通过动画进行过渡，开箱即用。

```
@ Composable
fun AnimateContentSizeDemo() {
  var expend by remember { mutableStateOf(false) }
  Column(Modifier.padding(16.dp)) {
    Text("AnimatedContentSizeDemo")
    Spacer(Modifier.height(16.dp))
    Button(
      onClick = { expend = ! expend }
    ) {
      Text(if (expend) "Shrink" else "Expand")
    }
    Spacer(Modifier.height(16.dp))
    Box(
      Modifier
        .background(Color.LightGray)
        .animateContentSize()
    ) {
      Text(
        text = "animateContentSize() animates its own size when its child modifier (or the
child composable if it is already at the tail of the chain) changes size. " +
              "This allows the parent modifier to observe a smooth size change, resulting in
an overall continuous visual change.",
        fontSize = 16.sp,
        textAlign = TextAlign.Justify,
        modifier = Modifier.padding(16.dp),
        maxLines = if (expend) Int.MAX_VALUE else 2
      )
    }
  }
}
```

如上代码所示，expend 决定文本的最大行数，也就决定了 Box 的整体尺寸，正常情况下大小的变化会立即生效，但是为 Box 添加 Modifieir. animatedContentSize 后，文本大小的变化会使用动画过渡，如图 6-3 所示。

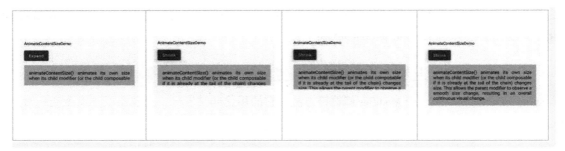

● 图 6-3　**animateContentSize** 动画

6.3　低级别动画 API

前一节介绍的高级别动画 API 都是在低级别动画 API 的基础上构建的。本节来看看都有哪些低级别动画 API，以及该如何使用它们。

▶▶ **6. 3. 1　animate ＊ AsState**

animated ＊ AsState 是最常用的高级别 API 之一，它类似于传统视图中的属性动画，可以自动完成从当前值到目标值过渡的估值计算。

```
@Composable
fun animateColorAsState(
  targetValue: Color,
  animationSpec: AnimationSpec<Color> = colorDefaultSpring,
  finishedListener: ((Color) -> Unit)? = null
)
```

以 **animateColorAsState** 为例，它将 Color 转成一个可以在 Composable 中访问的 State。Color 的变化会触发 Composable 重组，从而完成动画效果。

```
@Composable
fun Demo(){
  var change by remember{ mutableStateOf(false) }
  var flag by remember{ mutableStateOf(false) }
  val buttonSize by animateDpAsState(
    targetValue = if(change) 32.dp else 24.dp
  )
  val buttonColor by animateColorAsState(
    targetValue = if (flag) Color.Red else Color.Gray,
    animationSpec = spring(Spring.StiffnessHigh)
  )
  if(buttonSize == 32.dp) {
    change = false
```

```
  }
  IconButton(
    onClick = {
      change = true
      flag = ! flag
    }
  ) {
    Icon(Icons.Rounded.Favorite,
      contentDescription = null,
      modifier = Modifier.size(buttonSize),
      tint = buttonColor
    )
  }
}
```

在上面的代码中，使用 animate * AsState 为心形 IconButton 添加一个"喜欢"动画效果，以提升用户操作的视觉体验，如图 6-4 所示，IconButton 初始状态是一个 24dp 的灰色心。

Click   Click

● 图 6-4　"喜欢"动画

- change 更新为 ture：buttonSize 由 24dp 过渡到 32dp。
- flag 取反：buttonColor 由 Gray 过渡到 Red。

当 buttonSize 到达 targetValue 32dp 时，change 被重置为 false，buttonSize 再次恢复到 24dp。再次点击则按照同样的动画路径，size 由小到大再到小，color 由红色过渡到灰色。

Compose 为常用的数据类型都提供了 animate * AsState 方法，例如 Float、Color、Dp、Size、Bounds、Offset、Rect、Int、IntOffset 和 InSize 等，对于无法直接估值计算的数据类型，可以使用通用类型的 animateValueAsState，并自行实现 TwoWayConverter 估值计算器。关于 animateValueAsState 的使用将在 6.6 节详细介绍。

在上面的例子中，还展示了如何使用 AnimationSpec 自定义动画效果，关于 AnimationSpec 将在 6.5 节详细介绍。

▶▶ 6.3.2　Animatable

Animatble 是一个数值包装器，它的 animateTo 方法可以根据数值的变化设置动画效果，animate * AsState 背后就是基于 Animatable 实现的。

在前面的例子中，通过 animateColorAsState 对 IconButton 颜色应用过渡动画，如果改为 Animatable 实现方案，那么代码如下：

```
val buttonColor = remember { Animatable(Color.Gray) }
LaunchedEffect(flag) {
  buttonColor.animateTo(if (flag) Color.Gray else Color.Red)
}

Icon(Icons.Rounded.Favorite,
  contentDescription = null,
  modifier = Modifier.size(buttonSize),
  tint = buttonColor.value
)
```

Animatable 中包括 animateTo 在内的许多 API 都是挂起函数，需要在 CoroutineScope 中执行，可以使用 LaunchedEffect 为其提供所需的环境。

在上面的例子中，我们创建了初始值为 Color. Gray 的 Animatable，使用 remember 避免重组中的重复创建。当状态 flag 更新时，Animatable 的颜色值将以动画形式在 Color. Red 和 Color. Gray 之间转换。如果在动画中途重新修改了状态 flag，那么播放中的动画会被立即中断并开始新的动画。

Animatable 是 animate * AsState 的，因此相对于 animate * AsState，它具有更多灵活的能力，这体现在以下几个方面：

首先，Animatable 允许设置一个不同的初始值，比如可以将 IconButton 的初始颜色设置为一个不同于 Gray 和 Red 的任意颜色，然后通过 animateTo 将其改变为目标颜色。

其次，Animatable 除了 animateTo 之外，还提供了不少其他方法，比如 snapTo 可以立即到达目标值，中间没有过渡值，可以在需要跳过动画的场景中使用这个方法。animateDecay 可以启动的一个衰减动画，这在 fling 等场景中非常有用。

再看一下这个 IconButton 例子的 Animatable 版完整代码，大家可以体会一下与 animate * AsState 实现方式的不同：

```
@Composable
fun Demo() {
  var change by remember{ mutableStateOf(false) }
  var flag by remember{ mutableStateOf(false) }
  val buttonSizeVariable = remember { Animatable(24.dp, Dp.VectorConverter) }
  val buttonColorVariable = remember { Animatable(Color.Gray) }
  LaunchedEffect(change, flag) {
    buttonSizeVariable.animateTo(if(change) 32.dp else 24.dp)
    buttonColorVariable.animateTo(if(flag) Color.Red else Color.Gray)
  }
  if(buttonSizeVariable.value == 32.dp) {
    change = false
  }
  IconButton(
    onClick = {
      change = true
      flag = ! flag
```

```
  }
) {
  Icon(
    Icons.Rounded.Favorite,
    contentDescription = null,
    modifier = Modifier.size(buttonSizeVariable.value),
    tint = buttonColorVariable.value
  )
  }
}
```

需要注意的是在创建 buttonSizeVariable 时，Animatable 传入名为 Dp. VectorConverter 的参数，这是一个针对 Dp 类型的 TwoWayConverter。Animatable 可以直接传入 Float 或 Color 类型的值，当传入其他类型时，需要同时指定对应的 TwoWayConverter。Compose 为常用数据类型都提供了对应的 TwoWayConverter 实现，直接传入即可，如代码中的 Dp. VectorConverter。

另外一点需要注意的是 LaunchedEffect 会在 onActive 时被执行，此时要确保 animateTo 的 targetValue 与 Animatable 的默认值相同，比如例子中 buttonSizeVariable 的初始值是 24dp，change 对应的 targetValue 也是 24dp，否则在页面首次渲染时，便会出现 24dp -> 32dp 的过渡动画，这会与我们预期的动画效果不符。

6.4 Transition 过渡动画

Transition 也是低级别动画 API 中的一类。AnimateState 以及 Animatable 都是针对单个目标值的动画，而 Transition 可以面向多个目标值应用动画并保持它们同步结束。Transition 的作用更像是传统视图体系动画中的 AnimationSet。

> 注意：
> 虽然这里的 Transition 与前面介绍的 EnterTransition 和 ExitTransition 等在名字上很容易混淆，但实际是不同的东西。

▶▶ 6.4.1 updateTransition

我们使用 updateTransition 创建一个 Transition 动画，通过一个例子看一下具体使用方式。图 6-5 是一个动画开关，当开关被打开时，文案逐渐消失，同时从底部逐渐上升选中的标签。

首先，Transition 也需要依赖状态执行，需要枚举出所有可能的状态。

● 图 6-5　使用 updateTransition

```
sealed class SwitchState {
  object OPEN: SwitchState()
  object CLOSE: SwitchState()
}
```

接下来需要创建一个 **MutableState** 表示当前开关的状态，并使用 updateTransition 基于这个状态创建 Transition 实例。

```
var selectedState: SwitchState by remember { mutableStateOf(SwitchState.CLOSE) }
val transition = updateTransition(selectedState, label = "switch_transition")
```

updateTransition 接收两个参数。targetState 最重要，它是动画执行所依赖的状态。label 是代表此动画的标签，可以在 Android Studio 动画预览工具中标识动画。

获取到 Transition 实例后，可以创建 Transitioin 动画中的所有属性状态。前面说过当开关被打开时，文案会逐渐消失，与此同时，底部逐渐上升选中的标签。所以这里需要两个属性状态：selectBar-Padding 与 textAlpha。

使用 **animate *** 来声明每个动画属性其在不同状态时的数值信息，当 Transition 所依赖的状态发生改变时，其中每个属性状态都会得到相应的更新。

```
val selectBarPadding by transition.animateDp(transitionSpec = { tween(1000) }, label = "") {
  when (it) {
    SwitchState.CLOSE -> 40.dp
    SwitchState.OPEN -> 0.dp
  }
}
val textAlpha by transition.animateFloat(transitionSpec = { tween(1000)}, label = "") {
  when (it) {
    SwitchState.CLOSE -> 1f
    SwitchState.OPEN -> 0f
  }
}
```

可以为 **animate *** 设置 transitionSpec 参数，为属性状态制定不同的 AnimationSpec，关于 Animation-Spec 我们会在后面一节详细介绍。接下来，仅需将创建好的状态应用到组件的对应属性中，完整代码如下。

```
sealed classSwitchState {
  object OPEN: SwitchState()
  object CLOSE: SwitchState()
}

@Composable
fun SwitchBlock(){
  var selectedState: SwitchState by remember { mutableStateOf(SwitchState.CLOSE) }
  val transition = updateTransition(selectedState, label = "switch_transition")
  val selectBarPadding by transition.animateDp(transitionSpec = { tween(1000) }, label = "") {
```

```
    when (it) {
      SwitchState.CLOSE -> 40.dp
      SwitchState.OPEN -> 0.dp
    }
  }
  val textAlpha by transition.animateFloat(transitionSpec = { tween(1000) }, label = "") {
    when (it) {
      SwitchState.CLOSE -> 1f
      SwitchState.OPEN -> 0f
    }
  }
  Box(
    modifier = Modifier
      .size(150.dp)
      .padding(8.dp)
      .clip(RoundedCornerShape(10.dp))
      .clickable {
         selectedState = if (selectedState == SwitchState.OPEN) SwitchState.CLOSE else
SwitchState.OPEN
      }
  ) {
    Image(
      painter = painterResource(id = R.drawable.flower),
      contentDescription = stringResource(R.string.description),
      contentScale = ContentScale.FillBounds
    )
    Text(
      text = "点我",
      fontSize = 30.sp,
      fontWeight = FontWeight.W900,
      color = Color.White,
      modifier = Modifier
        .align(Alignment.Center)
        .alpha(textAlpha)
    )
    Box(modifier = Modifier
      .align(Alignment.BottomCenter)
      .fillMaxWidth()
      .height(40.dp)
      .padding(top = selectBarPadding)
      .background(Color(0xFF5FB878))
    ) {
      Row(modifier = Modifier
        .align(Alignment.Center)
        .alpha(1 - textAlpha)
      ) {
```

```
        Icon(painter = painterResource(id = R.drawable.ic_star), contentDescription = "
star", tint = Color.White)
        Spacer(modifier = Modifier.width(2.dp))
        Text(
          text = "已选择",
          fontSize = 20.sp,
          fontWeight = FontWeight.W900,
          color = Color.White
        )
      }
    }
  }
}
```

1. createChildTransition 创建子动画

Transition 可以使用 createChildTransition 创建子动画，比如在下面的场景中。我们希望通过 Transition 来同步控制 DialerButton 和 NumberPad 的显隐，但是对于 DialerButton 和 NumberPad 来说，各自只需要关心自己的状态。通过 createChildTransition 将 DailerState 转换成 Boolean 类型 State，能够更好地实现关注点分离。子动画的动画数值计算来自于父动画，某种程度上说，createChildTransition 更像是一种 map。代码如下所示。

```
enum class DialerState { DialerMinimized, NumberPad }

@Composable
fun DialerButton(isVisibleTransition: Transition<Boolean>) {
  ...
}
@Composable
fun NumberPad(isVisibleTransition: Transition<Boolean>) {
  ...
}
@Composable
fun Dialer(dialerState: DialerState) {
  val transition = updateTransition(dialerState)
  Box {
    NumberPad(
      transition.createChildTransition {
        it == DialerState.NumberPad
      }
    )
    DialerButton(
      transition.createChildTransition {
        it == DialerState.DialerMinimized
      }
    )
  }
}
```

2. 与 AnimatedVisibility 和 AnimatedContent 配合使用

AnimatedVisibility 和 AnimatedContent 有针对 Transition 的扩展函数，将 Transition 的 State 转换成所需的 TargetState。借助这两个扩展函数，可以将 AnimatedVisibility 和 AnimatedContent 的动画状态通过 Transition 对外暴露，以供使用。

```
var selected by remember {mutableStateOf(false) }
// 当 selected 被更改时触发过渡动画
val transition = updateTransition(selected)
val borderColor by transition.animateColor { isSelected ->
  if (isSelected) Color.Magenta else Color.White
}
val elevation by transition.animateDp { isSelected ->
  if (isSelected) 10.dp else 2.dp
}
Surface(
  onClick = { selected = ! selected },
  shape = RoundedCornerShape(8.dp),
  border = BorderStroke(2.dp, borderColor),
  elevation = elevation
) {
  Column(modifier = Modifier.fillMaxWidth().padding(16.dp)) {
    Text(text = "Hello, world!")
    // AnimatedVisibility 作为过渡动画的一部分
    transition.AnimatedVisibility(
      visible = { targetSelected -> targetSelected },
       enter = expandVertically(),
       exit = shrinkVertically()
    ) {
      Text(text = "It is fine today.")
    }
    // AnimatedContent 作为过渡动画的一部分
    transition.AnimatedContent { targetState ->
      if (targetState) {
        Text(text = "Selected")
      } else {
        Icon (imageVector = Icons.Default.Phone, contentDescription = stringResource(R.
string.description))
      }
    }
  }
}
```

对于 AnimatedContent 扩展函数来说，transition 所包含的状态数值会被转换成 targetValue 参数传入。而对于 AnimatedVisibility 扩展函数来说，则需要通过转换器将包含的状态数值转换成其所需的 Boolean 类型 visible 参数。

3. 封装并复用 Transition 动画

在简单的场景下，在用户界面中使用 UpdateTransition 创建 Transition 并直接操作它完成动画是没有问题的。然而，如果需要处理一个具有许多动画属性的复杂场景，可能希望把 Transition 动画的实现与用户界面分开。

可以通过创建一个持有所有动画值的类和一个返回该类实例的"更新"函数来做到这一点。Transition 动画的实现被提取到单独的函数中，便于后续进行复用。

```
enum class BoxState { Collapsed, Expanded }

@Composable
fun AnimatingBox(boxState: BoxState) {
  val transitionData = updateTransitionData(boxState)
  // UI 树
  Box(
    modifier = Modifier
      .background(transitionData.color)
      .size(transitionData.size)
  )
}

// 保存动画数值
private class TransitionData(
  color: State<Color>,
  size: State<Dp>
) {
  val color by color
  val size by size
}

// 创建一个 Transition 并返回其动画值
@Composable
private fun updateTransitionData(boxState: BoxState): TransitionData {
  val transition = updateTransition(boxState)
  val color = transition.animateColor { state ->
    when (state) {
      BoxState.Collapsed -> Color.Gray
      BoxState.Expanded -> Color.Red
    }
  }
  val size = transition.animateDp { state ->
    when (state) {
      BoxState.Collapsed -> 64.dp
      BoxState.Expanded -> 128.dp
    }
  }
  return remember(transition) { TransitionData(color, size) }
}
```

▶▶ 6.4.2　rememberInfiniteTransition

InfinitTransition 从名字上便可以知道其就是一个无限循环版的 Transition。一旦动画开始执行，便会不断循环下去，直至 Composable 生命周期结束。

子动画可以用 animateColor、animatedFloat 或 animatedValue 等进行添加，另外还需要指定 infiniteRepeatableSpec 来设置动画循环播放方式。

```
val infiniteTransition = rememberInfiniteTransition()
val color by infiniteTransition.animateColor(
  initialValue = Color.Red, // 初始值
  targetValue = Color.Green, // 最终值
  animationSpec = infiniteRepeatable(
    animation = tween(1000, easing = LinearEasing), // 一个动画值的转换持续 1 秒,缓和方式为 Lin-
earEasing
    repeatMode = RepeatMode.Reverse
    // 指定动画重复运行的方式
    // Reverse 为 init -> target, target -> init, init -> target
    // Repeat 为 init -> target, init -> target, init -> target
  )
)

Box(Modifier.fillMaxSize().background(color))
```

在上面的例子中，使用 infiniteRepeatable 创建了 infiniteRepeatableSpec，其中使用 tween 创建一个单次动画的 AnimationSpec，这是一个持续时长 1000 ms 的线性衰减动画。通过 repeatMode 参数指定动画循环播放方式为 Reverse，此外还有一种方式是 Repeat。从名字上可以直观地看出两者的区别。Reverse 会在达到结束状态后，原路返回起始状态重新开始，而 Repeat 则会从立即回到起始状态重新开始。

6.5　AnimationSpec 动画规格

在前面出现的代码中多次见到 animationSpec 参数。大部分的 Compose 动画 API 都支持通过 animationSpec 参数定义动画效果：

```
val alpha: Float byanimateFloatAsState(
  targetValue = if (enabled) 1f else 0.5f,
  // 设置一个时长 300ms 的补间动画
  animationSpec = tween(durationMillis = 300, easing = FastOutSlowInEasing)
)
```

在上面的代码中使用 tween 创建了一个 AnimationSpec 实例。

```
interface AnimationSpec<T> {
  fun <V : AnimationVector> vectorize(
```

```
    converter: TwoWayConverter<T, V>
  ): VectorizedAnimationSpec<V>
}
```

AnimatioinSpec 是一个单方法接口，泛型 T 是当前动画数值类型，vectorize 用来创建一个 Vectorize-dAnimationSpec，即一个矢量动画的配置。矢量动画是通过函数运算生成的，而 AnimationVector 就是用来参与计算的动画矢量。TwoWayConverter 将 T 类型的状态值转换成参与动画计算的矢量数据。

Compose 提供了多种 AnimationSpec 的子类，分别基于不同的 VectorizedAnimationSpec 实现不同动画效果的计算。例如 TweenSpec 用来实现两点间的补间动画，SpringSpec 实现基于物理效果的动画，SnapSpec 是一个即时生效的动画。

接下来看看各种 AnimationSpec 的构建，以及它们所提供的实际动画效果。

▶▶ 6.5.1　spring 弹跳动画

使用 spring 会创建一个 SpringSpec 实例，可用来创建一个基于物理特性的弹跳动画，它的动画估值将在当前值和目标值之间按照弹簧物理运动轨迹进行变化。

补充提示：
> 关于基于物理特性的动画更多详细内容可以参考官方文档：
> https://developer. android. com/training/animation/overview#physics-based

```
val value by animateFloatAsState(
  targetValue = 1f,
  animationSpec = spring(
    dampingRatio = Spring.DampingRatioHighBouncy,
    stiffness = Spring.StiffnessMedium
  )
)
```

spring 有三个参数：dampingRatio、stiffness 和 visibilityThreshold，前两个参数主要用来控制弹跳动画的动画效果。

1. dampingRation

dampingRation 表示弹簧的阻尼比。阻尼比用于描述弹簧振动逐渐衰减的状况。阻尼比可以定义振动从一次弹跳到下一次弹跳所衰减的速度有多快。以下是不同阻尼比下的弹力衰减情况：

- 当 dampingRation>1 时会出现过阻尼现象，这会使对象快速地返回到静止位置。
- 当 dampingRation＝1 时会出现临界阻尼现象，这会使对象在最短时间内返回到静止位置。
- 当 1>dampingRation>0 时会出现欠阻尼现象，这会使对象围绕最终静止位置进行多次反复震动。
- 当 dampingRation＝0 时会出现无阻尼现象，这会使对象永远振动下去。

注意：
> 注意阻尼比不能小于零。

Compose 为 spring 提供了一组常用的阻尼比常量。

```
const val DampingRatioHighBouncy = 0.2f
const val DampingRatioMediumBouncy = 0.5f
const val DampingRatioLowBouncy = 0.75f
const val DampingRatioNoBouncy = 1f
```

如果不额外指定，默认会采用 DampingRatioNoBouncy。此时会出现临界阻尼现象，对象会在很短的时间内恢复静止而不发生振动。

配套源码：

运行源码体验各种 DampingRation 下的不同效果，效果如图 6-6 所示，源码位置：Chapter_06_Animation/SpringDemo。

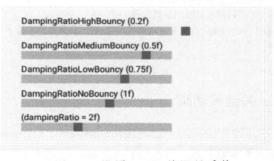

● 图 6-6　设置 spring 的阻尼系数

2. stiffness

stiffness 定义弹簧的刚度值。刚度值越大，弹簧到静止状态的速度越快。Compose 为 stiffness 定义的常量如下。

```
const val StiffnessHigh = 10_000f
const val StiffnessMedium = 1500f
const val StiffnessLow = 200f
const val StiffnessVeryLow = 50f
```

stiffness 的默认值为 StiffnessMedium，表示到静止过程的速度适中。很多动画 API 内部对 AnimationSpec 使用的默认值均为 spring，例如 animate * AsState 以及 updateTransition 等。因为 spring 的动画效果基于物理原理，使动画更加真实自然。

注意：

刚度值必须大于 0。

3. visibilityThreshold

spring 的最后一个参数 visibilityThreshold 是一个泛型，此泛型与 targetValue 类型保持一致。由开发者指定一个阈值，当动画到达这个阈值时，动画会立即停止。

▶▶ 6.5.2　tween 补间动画

使用 tween 可以创建一个 TweenSpec 实例，TweenSpec 是 DurationBasedAnimationSpec 的子类。从基类名字可以感受到，TweenSpec 的动画必须在规定时间内完成，所以它不能像 SpringSpec 那样完全基于物理规律进行动画，它的动画效果是基于时间参数计算的，可以使用 Easing 来指定不同的时间曲线动画效果。

tween 有三个参数，如下所示。

```
val value byanimateFloatAsState(
  targetValue = 1f,
  animationSpec = tween(
    durationMillis = 300, // 动画执行时间(ms)
    delayMillis = 50, // 可以指定动画的延迟执行
    easing = LinearOutSlowInEasing // 衰减曲线动画效果,具体可以参考 6.5.7
  )
)
```

▶▶ 6.5.3　keyframes 关键帧动画

相对于 tween 动画只能在开始和结束两点之间应用动画效果，keyframes 可以更精细地控制动画，它允许在开始和结束之间插入关键帧节点，节点与节点之间的动画过渡可以应用不同效果。

```
val value by animateFloatAsState(
  targetValue = 1f,
  animationSpec = keyframes {
    durationMillis = 375
    0.0f at 0 with LinearOutSlowInEasing // for 0-15 ms
    0.2f at 15 with FastOutLinearInEasing // for 15-75 ms
    0.4f at 75 // ms
    0.4f at 225 // ms
  }
)
```

keyframes 会返回一个 KeyFramesSpec 实例，由于它也是 DurationBasedAnimationSpec 的子类，所以它也是一种需要在规定时间内完成的动画。关键帧节点的定义就是由时间戳、动画数值，以及动画效果等组成。

比如 0.2f at 15 with FastOutLinearInEasing 表示在 15ms 时刻 value 应该达到 0.2f，并且使用 FastOutLinearInEasing 动画效果。keyframes 内部通过采用中缀运算符的配置方式使整个配置过程更加友好。

▶▶ 6.5.4　repeatable 循环动画

使用 repeatable 可以创建一个 RepeatableSpec 实例。前面所介绍的动画都是单次动画，而这里的 repeatable 是一个可循环播放的动画，可以指定 TweenSpec 或者 KeyFramesSpec 以及循环播放的方式。

```
val value byanimateFloatAsState(
  targetValue = 1f,
  animationSpec = repeatable(
    iterations = 3,
    animation = tween(durationMillis = 300),
    repeatMode = RepeatMode.Reverse
  )
)
```

上面的代码表示，让一个 tween 动画循环播放三次，循环模式是往返执行。我们一共有两种循环模式可选：

- **RepeatMode. Reverse**：往返执行，状态值达到目标值后，再原路返回到初始值。
- **RepeatMode. Restart**：从头执行，状态值达到目标值后，立即从初始值重新开始执行。

注意：
repeatable 函数的参数 animation 必须是一个 DurationBasedAnimationSpec 子类，spring 不支持循环播放。这是可以理解的，因为一个永动的弹簧确实违背物理定律。

▶▶ 6.5.5 infiniteRepeatable 无限循环动画

infiniteRepeatable 顾名思义，就是无限执行的 RepeatableSpec，因此没有 iterations 参数。它将创建并返回一个 InfiniteRepeatableSpec 实例。

```
val value by animateFloatAsState(
  targetValue = 1f,
  animationSpec = infiniteRepeatable(
    animation = tween(durationMillis = 300),
    repeatMode = RepeatMode.Reverse
  )
)
```

在 6.4 节我们介绍过 rememberInfiniteTransition，这是一种无限循环的 Transition 动画，因此它只能对无限循环的动画进行组合，它的 animationSpec 必须使用 infiniteRepeatable 来创建。

```
@Composable
fun InfinitRepetableDemo() {
  val infiniteTransition = rememberInfiniteTransition()
  val degrees by infiniteTransition.animateFloat(
    initialValue = 0f,
    targetValue = 359f,
    animationSpec = infiniteRepeatable(
      animation = keyframes {
        durationMillis = 1500
        0F at 0
        359F at 1500
      }
```

```
    )
  )
  Box(
    modifier = Modifier.fillMaxSize(),
    contentAlignment = Alignment.Center
  ) {
    Text(
      text = stringResource(id = R.string.app_name),
      modifier = Modifier.rotate(degrees = degrees)
    )
  }
}
```

如上所述，infiniteTransition 通过 animateFloat 添加了一个 Float 类型的动画，此处 animationSpec 必须指定一个 InfiniteRepeatableSpec 类型实例，这里创建了一个无限循环的关键帧动画。

配套源码：

运行 InfiniteRepeatable 的相关示例：Chapter_06_Animation/InfiniteRepeatableDemo。

▶▶ 6.5.6 snap 快闪动画

snap 会创建一个 SnapSpec 实例，这是一种特殊动画，它的 targetValue 发生变化时，当前值会立即更新为 targetValue。由于没有中间过渡，动画会瞬间完成，常用于跳过过场动画的场景。我们也可以设置 delayMillis 参数来延迟动画的启动时间。

```
val value by animateFloatAsState(
  targetValue = 1f,
  animationSpec = snap(delayMillis = 50)
)
```

▶▶ 6.5.7 使用 Easing 控制动画节奏

在介绍 tween 动画时提到过 Easing。我们知道 Tween 与 Keyframes 都是基于时间计算的动画，Easing 本质上就是一个基于时间参数的函数（实际是一个单方法接口），它的输入和输出都是 0f~1f 的浮点数值。

```
fun interface Easing {
  fun transform(fraction: Float): Float
}
```

输入值表示当前动画在时间上的进度，返回值是则是当前 value 的进度，1.0 表示已经达到 targetValue。不同的 Easing 算法可以实现不同的动画加速、减速效果，因此也可以将 Easing 理解为动画的瞬时速度。Compose 内部提供了多种内置的 Easing 曲线，可满足大多数的使用场景，如表 6-3 所示。

表 6-3　Easing 曲线

Easing 类型	说　明	曲线示意
FastOutSlowInEasing	默认的 Easing 类型，加速度起步，减速度收尾	
LinearOutSlowInEasing	匀速起步，减速度收尾	
FastOutLinearEasing	加速度起步，匀速收尾	
LinearEasing	匀速运动	

另外还可以使用 CubicBezierEasing 三阶贝塞尔曲线自定义任意 Easing，上述几种预设的曲线也都是使用 CubicBezierEasing 实现的。

```
val FastOutSlowInEasing: Easing = CubicBezierEasing(0.4f, 0.0f, 0.2f, 1.0f)
val LinearOutSlowInEasing: Easing = CubicBezierEasing(0.0f, 0.0f, 0.2f, 1.0f)
val FastOutLinearInEasing: Easing = CubicBezierEasing(0.4f, 0.0f, 1.0f, 1.0f)
```

6.6　AnimationVector 动画矢量值

矢量动画是基于动画矢量值 AnimationVector 计算的。前面的章节中我们了解到，animae * AsState 基于 Animatable 将 Color、Float、Dp 等数据类型的数值转换成可动画类型，其本质就是将这些数据类型转换成 AnimationVector 参与动画计算。

Animatable 的构造函数有三个参数：

```
classAnimatable<T, V : AnimationVector>(
  initialValue: T, // T 类型的动画初始值
  val typeConverter: TwoWayConverter<T, V>,// 将 T 类型的数值与 V 类型的 AnimationVector 进行
转换
  private val visibilityThreshold: T? = null // 动画消失的阈值,默认为 null
)
```

▶▶ 6.6.1　TwoWayConverter

```
interface TwoWayConverter<T, V : AnimationVector> {
  val convertToVector: (T) -> V
  val convertFromVector: (V) -> T
}
```

从 TwoWayConverter 接口定义可以看出，它可以将任意 T 类型的数值转换为标准的 AnimationVector，反之亦然。这样，任何数值类型都可以随着动画改变数值。

不同类型的数值可以根据需求与不同的 AnimationVectorXD 进行转换，这里的 X 代表了信息的维度。例如一个 Int 可以与 AnimationVector1D 相互转换，AnimationVector1D 只包含一个浮点数信息。

```
val IntToVector: TwoWayConverter<Int, AnimationVector1D> =
  TwoWayConverter({ AnimationVector1D(it.toFloat()) }, { it.value.toInt() })
```

同样，Size 中包含 width 和 height 两个维度的信息，可以与 AnimationVector2D 进行转换，Color 中包含 red、green、blue 和 alpha 4 个数值，可以与 AnimatIonVector4D 进行转换。当然 Compose 已经为常用类型提供了 TwoWayConverter 的拓展实现，可以在这些类型的伴生对象中找到它们，并且可以在 animate * AsState 中直接使用。

```
Float.Companion.VectorConverter: TwoWayConverter<Float, AnimationVector1D>
Int.Companion.VectorConverter: TwoWayConverter<Int, AnimationVector1D>
Rect.Companion.VectorConverter: TwoWayConverter<Rect, AnimationVector4D>
Dp.Companion.VectorConverter: TwoWayConverter<Dp, AnimationVector1D>
DpOffset.Companion.VectorConverter: TwoWayConverter<DpOffset, AnimationVector2D>
Size.Companion.VectorConverter: TwoWayConverter<Size, AnimationVector2D>
Offset.Companion.VectorConverter: TwoWayConverter<Offset, AnimationVector2D>
IntOffset.Companion.VectorConverter: TwoWayConverter<IntOffset, AnimationVector2D>
IntSize.Companion.VectorConverter: TwoWayConverter<IntSize, AnimationVector2D>
```

▶▶ 6.6.2　自定义实现 TwoWayConverter

对于没有提供默认支持的数据类型，可以为其自定义对应的 TwoWayConverter。例如针对 MySize 这个自定义类型来自定义实现 TwoWayConverter，然后使用 animateValueAsState 为 MySize 添加动画效果。

```
data classMySize(val width: Dp, val height: Dp)

@Composable
fun MyAnimation(targetSize: MySize) {
  val animSize: MySize by animateValueAsState<MySize, AnimationVector2D>(
    targetSize,
    TwoWayConverter(
      convertToVector = { size: MySize ->
        // Extract a float value from each of the `Dp` fields.
        AnimationVector2D(size.width.value, size.height.value)
      },
      convertFromVector = { vector: AnimationVector2D ->
        MySize(vector.v1.dp, vector.v2.dp)
      }
    )
  )
}
```

6.7 实战：Compose 实现骨架屏的动画效果

接下来使用 Compose 实现一个骨架屏，并使用本章学习的知识为其添加闪动效果（如图 6-7 所示）。通过这个 Demo 会发现，相比较传统视图的实现方式，Compose 实现动画的代码更少而且非常简单。

骨架屏一般用在内容还尚未加载完成时，遮挡空白页面等场景中。同时，为了强调内容正在处于加载中的状态，骨架屏 UI 通常会伴随动画，如图 6-7 所示。

▶▶ 6.7.1 定义背景色

首先，要为骨架屏中的 UI 组件定义背景色，为了实现微光效果，使用 Brush 定义渐变效果的背景色。

● 图 6-7　实现骨架屏加载

```
val shimmerColors = listOf(
  Color.LightGray.copy(alpha = 0.6f),
  Color.LightGray.copy(alpha = 0.2f),
  Color.LightGray.copy(alpha = 0.6f),
)
val brush = Brush.linearGradient(
  colors = shimmerColors
)
```

如上所示，定义一个包含三种灰度颜色的列表 shimmerColors，然后基于此颜色列表创建带有渐变效果的 Brush。接下来只要以动画的方式改变 LinearGradient 中颜色的分布位置，就可以实现微光的动画效果。

▶▶ 6.7.1　为 Brush 添加动画

创建一个动画，用来改变 Brush 的 LinearGradient 的颜色坐标。代码非常简单，是最基本的动画 API 的应用，如下所示。

```
val transition = rememberInfiniteTransition()
val translateAnim = transition.animateFloat(
  initialValue = 0f,
  targetValue = 1000f,
  animationSpec = infiniteRepeatable(
    animation = tween(
      durationMillis = 1000,
      easing = FastOutSlowInEasing
    ),
    repeatMode = RepeatMode.Reverse
  )
)
```

首先我们希望这个动画能够无限循环播放，所以使用 rememberInfiniteTransition 定义了一个 InfiniteTransition，并使用 animateFloat 创建一个可以随动画改变的 Float 状态 translateAnim。

然后使用 animationSpec 定义动画规格。使用 tween 创建了一个简单的补间动画，需要使用 infiniteRepeatable 将其包装成一个 InfiniteRepeatableSpec，repeatMode 设置为 RepeatMode. Reserves 意味着 translateAnim 将随着动画在 0f~1000f 往返变换。

接着，创建 Brush 时，使用此 translateAnim 定义 LinearGradient，代码如下：

```
val brush = Brush.linearGradient(
  colors = shimmerColors,
  start = Offset.Zero,
  end = Offset(x = translateAnim.value, y = translateAnim.value)
)
```

end 坐标的位置随着动画改变，渐变色产生动画位移效果。

▶▶ 6.7.2　实现骨架屏布局

最后，使用 Compose 构建骨架屏的布局，并将上面创建的 Brush 应用到相关组件的背景中，具体代码如下所示。

```
@Composable
fun ShimmerItem(brush: Brush) {
  Column(
    modifier = Modifier
      .fillMaxWidth()
```

```
        .padding(all = 10.dp)
    ) {
        Row( verticalAlignment = Alignment.CenterVertically) {
            Column(verticalArrangement = Arrangement.Center) {
                repeat(5) {
                    Spacer(modifier = Modifier.padding(spacerPadding))
                    Spacer(
                        modifier = Modifier
                            .height(barHeight)
                            .clip(roundedCornerShape)
                            .fillMaxWidth(0.7f)
                            .background(brush)
                    )
                    Spacer(modifier = Modifier.padding(spacerPadding))
                }
            }
            Spacer(modifier = Modifier.width(10.dp))
            Spacer(
                modifier = Modifier
                    .size(100.dp)
                    .clip(roundedCornerShape)
                    .background(brush)
            )
        }
        repeat(3) {
            Spacer(modifier = Modifier.padding(spacerPadding))
            Spacer(
                modifier = Modifier
                    .height(barHeight)
                    .clip(roundedCornerShape)
                    .fillMaxWidth()
                    .background(brush)
            )
            Spacer(modifier = Modifier.padding(spacerPadding))
        }
    }
}
```

ShimmerItem 是单个 Item 的布局，由多个闪烁的线条与矩形图形构成。参数 brush 用作每个组件的背景色，当动画启动时，brush 的颜色产生位移效果，放大到整个骨架图，便会呈现微光的动画效果了。

6.8 实战：Compose 实现收藏按钮动画效果

我们经常遇到这样的需求：实现一个带有状态的单击按钮，并为状态的切换添加动画。常见的有

关注按钮、收藏按钮等，接下来试着用 Compose 的
动画 API 实现按钮的状态切换。

我们的需求如图 6-8 所示，这是一个收藏按
钮，具有两个状态：

- **Idle State**：表示内容未收藏，按钮成圆角
  矩形，浅色背景，并带有提示语。
- **Pressed State**：表示内容已收藏，按钮成圆
  形，深色背景。

当按钮被单击时，将会在这两种状态之间发
生切换。由于涉及两个子内容的切换，我们首先
想到的是使用高级别 API 中的 AnimatedContent。

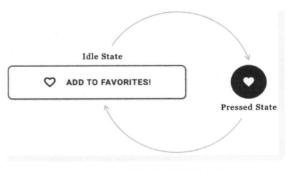

● 图 6-8　收藏按钮样式变化

▶▶ 6.8.1　实现方式 1：　高级别 API（AnimatedContent）

首先，针对两种状态进行定义：

```
data class UiState(
  val backgroundColor: Color,
  val textColor: Color,
  val roundedCorner: Int,
  val buttonWidth: Dp
)

enum class ButtonState(val ui: UiState) {
  Idle(UiState(Purple500, Color.White, 50, 60.dp)),
  Pressed(UiState(Color.White, Purple500, 6, 300.dp))
}
```

ButtonState 的枚举值定义了两个状态，UiState 封装了各个状态下可能变化的 UI 原色，比如背景
色、文字颜色、圆角弧度、按钮宽度等。接下来声明 AnimatedContent 容器。

```
@Composable
fun AnimatedFavButton(modifier: Modifier = Modifier) {
  var buttonState by remember { mutableStateOf(ButtonState.Idle) }
  Box(modifier) {
    AnimatedContent(
      targetState = buttonState,
      transitionSpec = {
        fadeIn(tween(durationMillis = 3000)) with
              fadeOut(tween(durationMillis = 3000))
    }) { state ->
      Button(...) {
        if(buttonState == ButtonState.Idle) {
          ... // 圆形 Icon
        } else {
```

```
            ... // 圆角矩形附带文字 Icon
        }
      }
    }
  }
}
```

我们定义一个状态 buttonState，初始值设置为 ButtonState. Idle，并把其赋值到 AnimatedContent 的 targetState 参数。这样当 buttonState 变化时，AnimatedContent 的子内容也会随之变化。

在 transitionSpec 中指定了当内容切换时，所应产生的动画效果。使用默认的淡入淡出动画，并通过 tween 指定淡入淡出动画的时长。如果在动画执行期间再次单击按钮，前一次的动画会立即终止，紧接着会启动新的动画。接下来，需要根据状态信息来绘制不同状态下的按钮样式。

```
Button(
  border = BorderStroke(1.dp, Purple500),
  modifier = modifier.size(state.ui.buttonWidth, height = 60.dp),
  shape = RoundedCornerShape(state.ui.roundedCorner),
  colors = ButtonDefaults.buttonColors(state.ui.backgroundColor),
  onClick = onClick,
) {
  if (buttonState == ButtonState.Idle) {
    Icon(
      tint = textColor,
      imageVector = Icons.Default.Favorite,
      modifier = Modifier.size(24.dp),
      contentDescription = null
    )
  } else {
    Row {
      Icon(
        tint = state.ui.textColor,
        imageVector = Icons.Default.FavoriteBorder,
        modifier = Modifier
          .size(24.dp)
          .align(Alignment.CenterVertically),
        contentDescription = null
      )
      Spacer(modifier = Modifier.width(16.dp))
      Text(
        "ADD TO FAVORITES!",
        softWrap = false,
        modifier = Modifier.align(Alignment.CenterVertically),
        color = state.ui.textColor
      )
    }
  }
}
```

可以在 AnimatedContent 的 content 中获取当前 state，并通过 state. ui. xx 绘制不同状态下的 UI。UI 的变化部分包括 Button 自身的属性，例如 width、backgorundColor 等，以及 Button 内部根据 ButttonState 的不同来展示不同的组件。

AnimatedContent 作为高级别 API 的优势就是开箱即用，使用简单。缺点也很明显，就是动画的定制性较差。上面的代码只实现了一个整体的淡入淡出动画，无法针对 UiState 中各维度的信息分别进行动画过渡。虽然可以通过 SizeTransition 添加尺寸的动画效果，如下所示。但这样会导致整体动画效果不够精细。如果需要根据 UiState 中多个属性实现动画效果，则需要借助 CustomTransitioin 或者使用低级别 API。

```
fadeIn(tween(durationMillis = animateDuration))
with fadeOut(tween(durationMillis = animateDuration))
using SizeTransform { initialSize, targetSize ->
  tween(durationMillis = animateDuration)
}
```

▶▶ 6.8.2 实现方式 2：低级别 API（updateTransition）

如果想要为 UiState 中的多个属性分别添加动画，可以使用低级别的 API updateTransition。这个 API 可以用来组合并分别控制多个子动画。首先，需要创建一个 transition 实例。

```
@Composable
fun AnimatedFavButton(modifier: Modifier = Modifier) {
  var buttonState by remember { mutableStateOf(ButtonState.Idle) }
  val transition = updateTransition(targetState = buttonState, label = "" )
  ...
}
```

如上所示，我们使用 updateTransition 创建了一个 transition 实例，targetState 为 buttonState，当 buttonState 变化时，transtion 的所有子动画都会并行开始执行。接下来就要根据 UiState 创建不同属性的子动画状态。

```
val backgroundColor by transition.animateColor(transitionSpec = {
  tween(durationMillis = animateDuration)
}) { it.ui.backgroundColor }
val textColor by transition.animateColor(transitionSpec = {
  tween(durationMillis = animateDuration)
}) { it.ui.textColor }
val roundedCorner by transition.animateInt(transitionSpec = {
  tween(durationMillis = animateDuration)
}) { it.ui.roundedCorner }
val buttonWidth by transition.animateDp(transitionSpec = {
  tween(durationMillis = animateDuration)
}) { it.ui.buttonWidth }
```

以 backgroundColor 为例，transition. animateColor｛...｝内部根据 transition 的当前 targetState 返回一

个 Color 类型的目标值。这里直接由 state. ui. backgroundColor 可以取到 UiState 对应的 Color 数值。

当 transition 的 targetState 变化时，backgroundColor 目标值随之变化，同时开启从当前值向新的目标值的转场动画。transitionSpec 定义了动画规格，这里使用 tween 指定了一个固定时长动画。

UiState 中其他各个成员也是类似，使用 transition. animate * 创建对应的动画状态值，最后基于这些状态值绘制 Button 即可。Button 绘制的代码跟前面的方案一相似，这里就不再赘述了。

updateTransition 虽然需要针对 UiState 中多个属性声明其对应的动画状态值，使用起来略显烦琐，但是它为按钮状态的切换带来了更加精细的转场动画设置能力，有助于打造更极致的用户体验。

配套源码：

通过对比两种不同的实现方式，我们对 Compose 动画高级别和低级别 API 的优缺点有了更深入的体会。两种方式的可执行代码：Chapter_06_Animation/FavButtonDemo。

6.9 本章小结

Android 传统视图动画中，使用 ObjectAnimator 实现固定时长的属性动画，使用 SpringAnimation 实现基于物理效果的动画，两者的 API 风格大相径庭。但是在 Compose 中，通过 AnimationSpec，使得两种动画的设置方式得到了统一，使用体验更加一致。

![第7章]

增进交互体验：手势处理

Android 作为一款实时操作系统，需要对用户输入手势事件进行及时的处理反馈。在现代智能设备上用户的所有触屏操作都会被屏幕传感器捕获，Linux 内核便会接收到输入设备的中断，手势事件经由 Android 输入系统传播至前台 Window 所对应的 ViewRootImpl，ViewRootImpl 会将手势事件经由 DecorView 分发至当前 Activity。紧接着手势事件再经由 PhoneWindow 分发至当前的 View 视图树中，通过兜这么一圈，Activity 也加入了事件分发流程。对于 View 视图树未消费的事件，最终会回到 Activity 的兜底逻辑决定是否消费事件，如图 7-1 所示。

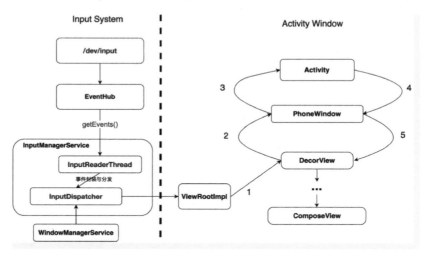

● 图 7-1　手势事件分发流程

Compose 也采用相似的递归逻辑来传递事件。当滑动手势作用于某个 Composable 组件时，手势事件便会分发到当前 Composable 对应的 ComposeView，接下来手势事件便会在 LayoutNode 视图树中进一步传播，最终便会传播至当前组件。此外，在 View 视图系统中，可以通过重写 onTouchEvent 方法来捕获手势事件并进行相应的逻辑处理，也可以重写 onInterceptTouchEvent 定制手势事件的分发，以解决手势冲突，而 Compose 也提供了与这些功能相近的 API 接口。

通过学习如何定制处理手势事件，有助于我们高效完成绝大多数场景下的手势需求。

7.1 常用的手势处理 Modifier

Compose 为我们提供了许多常用的手势处理修饰符，本节就来分别介绍一下它们。

最佳实践：

　　在处理手势时，应将手势处理修饰符尽可能放到 Modifier 末尾，从而可以避免产生不可预期的行为。

▶▶ 7.1.1　Clickable 点击

Clickable 修饰符用来监听组件的点击操作，并且当点击事件发生时，会为被点击的组件施加一个波纹涟漪效果动画的蒙层。

```
fun Modifier.clickable(
  enabled: Boolean = true,
  onClickLabel: String? = null,
  role: Role? = null,
  onClick: () -> Unit
)
```

Clickable 修饰符使用起来非常简单，在绝大多数场景下，只需要传入 onClick 回调即可，用于处理点击事件。当然也可以将 enable 参数设置为一个可变状态，通过状态来动态控制启用点击监听。

```
@ Composable
fun ClickDemo() {
  var enableState by remember {
    mutableStateOf<Boolean>(true)
  }
  Box(modifier = Modifier
      .size(200.dp)
      .background(Color.Green)
      .clickable(enabled = enableState) {
        Log.d(TAG, "发生单击操作了~")
      }
  )
}
```

▶▶ 7.1.2　CombinedClickable 复合点击

对于长按点击、双击等复合类点击手势，可以使用 CombinedClickable 修饰符来实现手势监听。与 Clickable 修饰符一样，其同样也可以监听单击手势，并且也会为被点击的组件施加一个波纹涟漪效果动画的蒙层。

```
fun Modifier.combinedClickable(
  enabled: Boolean = true,
  onClickLabel: String? = null,
  role: Role? = null,
  onLongClickLabel: String? = null,
  onLongClick: (() -> Unit)? = null,
  onDoubleClick: (() -> Unit)? = null,
  onClick: () -> Unit
)
```

使用起来也很简单，我们为需要监听的点击事件设置监听回调就可以了。

```
@Composable
fun CombinedClickDemo() {
  var enableState by remember {
    mutableStateOf<Boolean>(true)
  }
  Box(modifier = Modifier
    .size(200.dp)
    .background(Color.Green)
    .combinedClickable(
      enabled = enableState,
      onLongClick = {
        Log.d(TAG, "发生长按点击操作了~")
      },
      onDoubleClick = {
        Log.d(TAG, "发生双击操作了~")
      },
      onClick = {
        Log.d(TAG, "发生单击操作了~")
      }
    )
  )
}
```

▶▶ 7.1.3 Draggable 拖动

Draggable 修饰符允许开发者监听 UI 组件的拖动手势偏移量，根据偏移量定制 UI 拖动交互效果。值得注意的是，Draggable 修饰符只能监听垂直方向或水平方向的偏移。如果此时我们希望监听任意方向的偏移，则需要使用低级别 detectDragGestures 方法来实现，我们会在下一小节进行介绍。

```
fun Modifier.draggable(
  state: DraggableState,
  orientation: Orientation,
  enabled: Boolean = true,
  interactionSource: MutableInteractionSource? = null,
  startDragImmediately: Boolean = false,
```

```
onDragStarted: suspend CoroutineScope.(startedPosition: Offset) -> Unit = {},
onDragStopped: suspend CoroutineScope.(velocity: Float) -> Unit = {},
reverseDirection: Boolean = false
)
```

使用 Draggable 修饰符至少需要传入两个参数 draggableState、orientation。

- **draggableState**：通过 draggableState，可以获取到拖动手势的偏移量，并且也允许我们动态控制发生偏移行为。
- **orientation**：监听的拖动手势方向，只能是水平方向（Orientation. Horizontal）或垂直方向（Orientation. Vertical）。

我们试着使用 Draggable 修饰符来完成一个简单的滑块拖动交互效果。

首先需要声明滑块偏移量状态与滑块的边长。可以通过 rememberDraggableState 方法创建并获取一个 draggableState 实例。在拖动事件的回调监听中，对偏移量状态进行累加，同时需要限制滑块的偏移量在有限区间范围内。

```
var offsetX by remember { mutableStateOf(0f) }
val boxSideLengthDp = 50.dp
val boxSildeLengthPx = with(LocalDensity.current) {
  boxSideLengthDp.toPx()
}
val draggableState = rememberDraggableState {
  offsetX = (offsetX + it).coerceIn(0f, 3 * boxSildeLengthPx)
}
```

接下来为 Draggable 修饰符设置 draggableState 参数与 orientation 参数。

注意：
由于 Modifier 是链式执行的，所以此时 offset 修饰符需在 draggable 修饰符与 background 修饰符之前执行。

```
Box(
  Modifier
    .width(boxSideLengthDp * 4)
    .height(boxSideLengthDp)
    .background(Color.LightGray)
) {
  Box(
    Modifier
      .size(boxSideLengthDp)
      .offset {
        IntOffset(offsetX.roundToInt(), 0)
      }
      .draggable(
        orientation = Orientation.Horizontal,
        state = draggableState
```

```
    )
    .background(Color.DarkGray)
  )
}
```

▶▶ 7.1.4　Swipeable 滑动

与 Draggable 修饰符不同的是，Swipeable 修饰符允许开发者通过锚点设置，为组件增加位置吸附交互效果，常用于开关、下拉刷新等。

与 Draggable 修饰符一样，Swipeable 修饰符只能监听水平或垂直方向的手势事件，并且不会为被修饰组件提供任何默认动画，只能提供手势的偏移量信息，可依照自身需求来定制交互效果。

```
fun <T> Modifier.swipeable(
  state: SwipeableState<T>,
  anchors: Map<Float, T>,
  orientation: Orientation,
  enabled: Boolean = true,
  reverseDirection: Boolean = false,
  interactionSource: MutableInteractionSource? = null,
  thresholds: (from: T, to: T) -> ThresholdConfig = { _, _ -> FixedThreshold(56.dp) },
  resistance: ResistanceConfig? = resistanceConfig(anchors.keys),
  velocityThreshold: Dp = VelocityThreshold
)
```

使用 Swipeable 修饰符至少需要传入 4 个参数 State、Anchors、Orientation、Thresholds：

- **State**：手势状态，通过状态可实时获取当前手势的偏移信息。
- **Anchors**：锚点，用于记录不同状态对应数值的映射关系。
- **Orientation**：手势方向，被修饰组件的手势方向只能是水平或垂直方向。
- **thresholds**（可选）：不同锚点之间吸附的临界阈值，常用的阈值有 FixedThreshold（Dp）和 FractionalThreshold（Float）两种。

这里使用 Swipeable 修饰符来完成一个简单开关。首先定义了两个枚举项用于描述开关的状态，并且对开关的尺寸进行设置。

可以通过 rememberSwipeableState 方法获取 SwipeableState 实例，并将初始状态设置为 Status. CLOSE。

```
enum class Status{
  CLOSE, OPEN
}
var blockSize = 48.dp
var blockSizePx = with(LocalDensity.current) { blockSize.toPx() }
var swipeableState = rememberSwipeableState(initialValue = Status.CLOSE)
```

在示例中每个状态都对应一个锚点，接下来需要声明每个锚点对应的数值信息，锚点以 Pair 进行表示。与此同时，通过初始值的设置，Compose 也可得知初始状态对应的数值。

接下来设置锚点间吸附效果的阈值。我们希望当从关闭状态拖动到开启状态，滑块仅需移动超过 30% 距离时，则会自动吸附到开启状态。而当我们从开启状态到关闭状态时，滑块需移动超过 50% 才会自动吸附到关闭状态，根据这个需求很容易就能写出如下的代码。

```
Modifier.swipeable(
  state = swipeableState,
  anchors = mapOf(
    0f to Status.CLOSE,
    blockSizePx to Status.OPEN
  ),
  thresholds = { from, to ->
    if (from == Status.CLOSE) {
      FractionalThreshold(0.3f)
    } else {
      FractionalThreshold(0.5f)
    }
  },
  orientation = Orientation.Horizontal
)
```

　　接下来通过 swipeableState 就可以动态获取偏移量信息了，我们希望滑块根据偏移量进行移动，使用 offset 修饰符就可以实现偏移。

注意：
　　由于 Modifier 链式执行的特性，此时 offset 修饰符必须先于 background 修饰符与 swipeable 修饰符。

```
@Composable
fun SwipeableDemo() {
  var blockSize = 48.dp
  var blockSizePx = with(LocalDensity.current) { blockSize.toPx() }
  var swipeableState = rememberSwipeableState(initialValue = Status.CLOSE)
  var anchors = mapOf(
    0f to Status.CLOSE,
    blockSizePx to Status.OPEN
  )
  Box(
    modifier = Modifier
      .size(height = blockSize, width = blockSize * 2)
      .background(Color.LightGray)
  ) {
    Box(
      modifier = Modifier
        .offset {
          IntOffset(swipeableState.offset.value.toInt(), 0)
        }
```

```
      .swipeable(
        state = swipeableState,
        anchors = mapOf(
          0f to Status.CLOSE,
          blockSizePx to Status.OPEN
        ),
        thresholds = { from, to ->
          if (from == Status.CLOSE) {
            FractionalThreshold(0.3f)
          } else {
            FractionalThreshold(0.5f)
          }
        },
        orientation = Orientation.Horizontal
      )
      .size(blockSize)
      .background(Color.DarkGray)
    )
  }
}
```

▶▶ 7.1.5　Transformable 多点触控

双指拖动、缩放与旋转手势在日常开发中十分常见，常用于图片阅览编辑等需求场景。Transformable 修饰符可以使开发者十分轻松地监听组件的双指拖动、缩放或旋转手势事件，通过定制 UI 动画实现完整的交互效果。下面是 transformable 修饰符的定义：

```
fun Modifier.transformable(
  state: TransformableState,
  lockRotationOnZoomPan: Boolean = false,
  enabled: Boolean = true
)
```

可以使用 rememberTransformableState 来创建一个 transformableState 状态传入 Transformable 修饰符中。当 lockRotationOnZoomPan 为 true 时，在发生双指拖动或缩放时，不会同时监听用户的旋转手势信息。

这里可以使用 transformable 修饰符来实现一个简单的双指拖动、缩放与旋转的交互示例方块。首先需要定制方块的边长、偏移量状态、比例状态、旋转角度状态等信息。

在使用 rememberTransformableState 创建 transformableState 时，我们便可以设置双指拖动、缩放与旋转的手势监听回调了，可以根据回调信息来更新状态，从而影响 UI 的绘制。我们先创建一个 transformableState，代码如下：

```
var boxSize = 100.dp
var offset by remember { mutableStateOf(Offset.Zero) }
var ratationAngle by remember { mutableStateOf(0f) }
```

```
var scale by remember { mutableStateOf(1f) }
var transformableState = rememberTransformableState {
  zoomChange: Float, panChange: Offset, rotationChange: Float ->
  scale *= zoomChange
  offset += panChange
  ratationAngle += rotationChange
}
```

接下来我们将创建好的 transformableState 状态传入 transformable 修饰符中，代码如下：

```
@Composable
fun TransformerDemo() {
  var boxSize = 100.dp
  var offset by remember { mutableStateOf(Offset.Zero) }
  var ratationAngle by remember { mutableStateOf(0f) }
  var scale by remember { mutableStateOf(1f) }
  var transformableState = rememberTransformableState {
    zoomChange: Float, panChange: Offset, rotationChange: Float ->
    scale *= zoomChange
    offset += panChange
    ratationAngle += rotationChange
  }
  Box(Modifier.fillMaxSize(), contentAlignment = Alignment.Center) {
    Box(Modifier
      .size(boxSize)
      .rotate(ratationAngle) // 需要注意 offset 与 rotate 调用先后顺序
      .offset {
        IntOffset(offset.x.roundToInt(), offset.y.roundToInt())
      }
      .scale(scale)
      .background(Color.Green)
      .transformable(
        state = transformableState,
        lockRotationOnZoomPan = false
      )
    )
  }
}
```

注意：

rotate 修饰符需要先于 offset 调用，若先用 offset 再调用 rotate，则组件会先偏移再旋转，这会导致组件最终位置不可预期。

7.1.6 Scrollable 滚动

当视图组件的宽度或长度超出屏幕边界时，我们希望能滑动查看更多的内容。对于长列表场景，可以使用 LazyColumn 与 LazyRow 组件来实现。而对于一般组件，可以使用 Scrollable 系列修饰符来修饰组件，使其具备可滚动能力。

Scrollable 系列修饰符包含了 horizontalScroll、verticalScroll 与 scrollable。接下来分别介绍这三个修饰符的使用方法。

1. horizontalScroll 水平滚动

当组件宽度超出屏幕边界时，可以使用 horizontalScroll 修饰符为组件增加水平滑动查看更多内容的能力。该方法的参数列表如下：

```
fun Modifier.horizontalScroll(
  state: ScrollState,
  enabled: Boolean = true,
  flingBehavior: FlingBehavior? = null,
  reverseScrolling: Boolean = false
)
```

horizontalScroll 修饰符仅有一个必选参数 scrollState。可以使用 rememberScrollState 快速创建一个 scrollState 实例并传入即可。可以使用这个修饰符来修饰希望能够支持滚动的组件，这里直接用修饰 Row 组件作为示例。

```
fun PlantCardListPreview() {
  var scrollState = rememberScrollState()
  Row(
    modifier = Modifier
      .height(136.dp)
      .horizontalScroll(scrollState)
  ) {
    repeat(plantList.size) {
        // 子组件内容
    }
  }
}
```

2. verticalScroll 垂直滚动

与 horizontalScroll 修饰符功能一样，当组件高度超出屏幕时，可以使用 verticalScroll 修饰符使组件在垂直方向上滚动。参数列表与 horizontalScroll 完全一致，使用方法也完全相同，这里不再多加赘述。

3. 低级别 scrollable 修饰符

horizontalScroll 与 verticalScroll 都是基于 scrollable 修饰符实现的，scrollable 修饰符只提供了最基本的滚动手势监听，而上层 horizontalScroll 与 verticalScroll 分别额外提供了滚动在布局内容方面的偏移。

scrollable 修饰符的参数列表与 horizontalScroll、verticalScroll 也是非常相似的，我们需要输入一个 ScrollableState 滚动状态和一个 Orientation 方向。Orientation 仅有 Horizontal 与 Vertical 可供选择，这说明我们只能监听水平或垂直方向的滚动。

```
fun Modifier.scrollable(
  state: ScrollableState,
  orientation: Orientation,
  enabled: Boolean = true,
  reverseDirection: Boolean = false,
  flingBehavior: FlingBehavior? = null,
  interactionSource: MutableInteractionSource? = null
)
```

ScrollState 示例中的 value 字段表示当前滚动位置，从源码中可以看到其实际上是一个可变状态。可以利用这个状态来处理手势逻辑，并且还可以使用 ScrollState 动态控制组件发生滚动行为。

注意：

滚动位置范围为 0~MAX_VALUE。默认场景下当手指在组件上向右滑动时，滚动位置会增大，向左滑动时，滚动位置会减小，直至滚动位置减少到 0。由于滚动位置默认初始值为 0，所以我们只能向右滑增大滚动位置。如果将 scrollable 中的 reverseDirection 参数设置为 true 时，那么此时手指向左滑滚动位置会增大，向右滑滚动位置会减小，这允许我们在初始位置向左滑动。scrollable 中的 reverseDirection 参数与 horizontalScroll 中的 reverseScrolling 参数是有区别的，实际上 reverseDirection 参数数值与 reverseScrolling 参数截然相反。

补充提示：

在使用 rememberScrollState 创建 ScrollState 实例时，是可以通过 initial 参数来指定组件初始滚动位置的。

```
class ScrollState(initial: Int) : ScrollableState {
  var value: Int by mutableStateOf(initial, structuralEqualityPolicy())
  private set

  suspend fun animateScrollTo(...)
  suspend fun scrollTo(...)
  ...
}
```

接下来，基于 scrollable 修饰符的滚动监听能力自己实现 horizontalScroll 修饰符。这里仍然为 Row 组件增加横向滚动的能力，利用 offset 修饰符使组件内容内容偏移。由于初始位置为 Row 的左侧首部，我们希望能够在初始位置手指向左滑动查看 Row 组件右部超出屏幕的内容，所以这里需要将 reverseDirection 参数设置为 true。

```
@Composable
fun PlantCardListPreview() {
  BloomTheme{
    var scrollState = rememberScrollState()
    Row(
      modifier = Modifier
```

```
        .height(136.dp)
        .offset(x = with(LocalDensity.current) {
          // 滚动位置增大时应向左偏移,所以此时应设置为负数
          -scrollState.value.toDp()
        })
        .scrollable(scrollState, Orientation.Horizontal, reverseDirection = true)
    ) {
      repeat(plantList.size) {
        // 子组件内容
      }
    }
  }
}
```

上述代码执行后,我们发现当左滑时,原本位于屏幕外的内容进入屏幕时是一片空白,图 7-2 结合 offset 使用了 scrollable 修饰符。

这是因为 Row 组件的默认测量策略导致超出屏幕的子组件宽度测量结果为零,此时就需要使用 layout 修饰符自己来定制组件布局了。

我们需要创建一个新的约束,用于测量组件的真实宽度,主动设置组件所应占有的宽高尺寸空间,并根据组件的滚动偏移量来摆放组件内容。

● 图 7-2　scrollable 修饰符

```
Row(
  modifier = Modifier
    .height(136.dp)
    .scrollable(scrollState, Orientation.Horizontal, reverseDirection = true)
    .layout { measurable, constraints ->
      // 约束中默认最大宽度为父组件所允许的最大宽度,此处为屏幕宽度
      // 将最大宽度设置为无限大
      val childConstraints = constraints.copy(
        maxWidth = Constraints.Infinity
      )
      // 使用新的约束进行组件测量
      val placeable = measurable.measure(childConstraints)
      // 计算当前组件宽度与父组件所允许的最大宽度中取一个最小值
      // 如果组件超出屏幕,此时 width 为屏幕宽度。如果没有超出,则为组件本文宽度
      val width = placeable.width.coerceAtMost(constraints.maxWidth)
      // 计算当前组件高度与父组件所允许的最大高度中取一个最小值
      val height = placeable.height.coerceAtMost(constraints.maxHeight)
      // 计算可滚动的距离
      val scrollDistance = placeable.width - width
      // 主动设置组件的宽高
      layout(width, height) {
        // 根据可滚动的距离来计算滚动位置
```

```
        val scroll = scrollState.value.coerceIn(0, scrollDistance)
        // 根据滚动位置得到实际组件偏移量
        val xOffset = -scroll
        // 对组件内容完成布局
        placeable.placeRelativeWithLayer(xOffset, 0)
      }
    }
) {
  repeat(plantList.size) {
    // 子组件内容
  }
}
```

▶▶ 7.1.7 NestedScroll 嵌套滑动

我们在开发时，可能经常需要通过处理嵌套滑动来解决手势冲突问题。简单地说，就是协调父 View 与子 View 的交互逻辑关系，从而实现各类手势需求。在 View 体系中，可以通过重写 ViewGroup 的 onInterceptTouchEvent 来定制处理。这么做可能比较麻烦，一般都会直接使用 NestedScrollView 来实现。在 Compose 中官方为我们实现了 nestedScroll 修饰符，可以专门用来处理嵌套滑动手势，这也为父组件劫持消费子组件所触发的滑动手势提供了可能。

在使用 nestedScroll 修饰符时，需要传入一个必选参数 connection 和一个可选参数 dispatcher。

- **connection**：包含了嵌套滑动手势处理的核心逻辑，通过内部回调可以在子布局获得滑动事件前，预先消费掉部分或全部手势偏移量，当然也可以获取子布局消费后剩下的手势偏移量。
- **dispatcher**：包含用于父布局的 NestedScrollConnection，可以使用包含的 dispatch * 系列方法动态控制组件完成滑动。

```
fun Modifier.nestedScroll(
  connection: NestedScrollConnection,
  dispatcher: NestedScrollDispatcher? = null
)
```

1. NestedScrollConnection 的作用

NestedScrollConnection 提供了 4 个回调方法：onPreScroll、onPostScroll、onPreFling 与 onPostFling。

```
interface NestedScrollConnection {
  fun onPreScroll(available: Offset, source: NestedScrollSource): Offset = Offset.Zero
  fun onPostScroll(
    consumed: Offset,
    available: Offset,
    source: NestedScrollSource
  ): Offset = Offset.Zero
  suspend fun onPreFling(available: Velocity): Velocity = Velocity.Zero
  suspend fun onPostFling(consumed: Velocity, available: Velocity): Velocity {
```

```
    return Velocity.Zero
  }
}
```

各方法的参数列表及返回值的说明如表 7-1 所示。

表 7-1　NestedScrollConnection 参数列表

方　　法	参　数　列　表	返　回　值
onPreScroll 可以预先劫持滑动事件，消费后再交由子布局	available：当前可用的滑动事件偏移量 source：滑动事件的类型	前组件消费的滑动事件偏移量，如果不消费，可返回 Offset. Zero
onPostScroll 获取子布局处理后剩下的滑动事件	consumed：被消费的所有滑动事件偏移量 available：当前还剩下可用的滑动事件偏移量 source：滑动事件的类型	当前组件消费的滑动事件偏移量，如果不想消费，可返回 Offset. Zero，则剩下的偏移量会继续交由当前布局的父布局进行处理
onPreFling 获取 Fling 动作开始时的速度	available：Fling 开始时的速度	当前组件消费的速度，如果不想消费，可返回 Velocity. Zero
onPostFling 获取 Fling 动作结束时的速度	consumed：之前消费的所有速度 available：当前剩下还可用的速度	当前组件消费的滑动事件偏移量，如果不想消费，可返回 Offset. Zero，则剩下，偏移量会继续交由当前布局的父布局进行处理

补充提示：
　　当我们用手指在滑动列表时，如果是快速滑动并抬起，则列表会根据惯性继续飘一段距离后停下，这个行为就是 Fling，也被称作惯性滑动。

2. 使用 NestedScroll 实现下拉刷新

接下来使用 NestedScroll 修饰符来简单实现下拉刷新的交互效果，如图 7-3 所示。

在下拉刷新这个案例中存在着加载指示器和列表数据。此时列表项如果已到达顶部，当手指继续向下滑动，顶部应出现一个向下偏移的加载指示器。与之相反，当手指向上滑动时，如果加载指示器仍存在，则该指示器应逐渐向上偏移直至消失，列表项才会向下滚动。

为实现这个滑动刷新的需求，可以设计如下方案。可以将加载指示器和列表数据放到一个父布局中统一管理。

- 当手指向下滑动时，滑动手势应先交给子布局中的列表进行处理，如果列表已经滑到顶部，说明此时滑动手势事件没有被消费，此时再交由父布局进行消费。

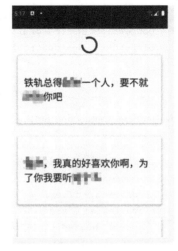

● 图 7-3　使用 NestedScroll 修饰符

父布局可以通过消费列表消费剩下的滑动手势事件（增大加载指示器的偏移）。

- 当手指向上滑动时，滑动手势应先被父布局消费（减小加载指示器的偏移），如果加载指示器仍未出现时，则不进行消费。然后将剩下的滑动手势交给子布局列表进行消费。

使用 NestedScroll 修饰符最重要的就是根据自己的业务场景来定制 NestedScrollConnection 的实现，接下来分析 NestedScrollConnection 中每个方法该如何重写实现。

（1）实现 onPostScroll。

根据前面的设计方法，当手指向下滑动时，我们希望滑动手势应该首先交给子布局中的列表进行处理，如果列表已经滑到顶部，说明此时滑动手势事件没有被消费，此时再交由父布局进行消费。onPostScroll 回调时机正是符合当前需求的，所以先来重写 onPostScroll 方法。

首先需要判断滑动事件是不是拖动事件，可以通过 available.y>0 来判断是否是下滑手势，如果都没问题，则通知加载指示器增大偏移量。返回值 Offset（x = 0f，y = available.y）意味着将剩下的所有偏移量进行消费，意味着不希望父组件继续进行处理了。

onPostScroll 的实现如下：

```
override fun onPostScroll(
  consumed: Offset,
  available: Offset,
  source: NestedScrollSource
): Offset {
  if (source == NestedScrollSource.Drag && available.y > 0) {
    state.updateOffsetDelta(available.y)
    return Offset(x = 0f, y = available.y)
  } else {
    return Offset.Zero
  }
}
```

（2）实现 onPreScroll。

与前面相反，此时我们希望上滑时先收回加载指示器，当手指向上滑动时，希望滑动手势首先被父布局消费（减小加载指示器的偏移量），如果加载指示器还没出现，则不需要进行额外消费。剩余滑动手势事件会交给子布局列表进行消费。此时 onPreScroll 回调时机符合当前这个需求。

首先仍需要判断该滑动事件是不是拖动事件，并通过 available.y < 0 判断是否是上滑手势。此时可能加载指示器还未出现，所以需要额外进行判断。如果还未出现，则返回 Offset.Zero 表示不消费，如果加载指示器本身出现了，则返回 Offset（x = 0f，y = available.y）消费手势事件。下面是 onPreScroll 的实现：

```
override fun onPreScroll(available: Offset, source: NestedScrollSource): Offset {
  if (source == NestedScrollSource.Drag && available.y < 0) {
    state.updateOffsetDelta(available.y)
    return if (state.isSwipeInProgress) Offset(x = 0f, y = available.y) else Offset.Zero
  } else {
```

```
        return Offset.Zero
    }
}
```

（3）实现 onPreFling。

接下来需要一个松手时的吸附效果。如果加载指示器已被拖动并超过一半，则应该吸附到加载状态，否则就收缩回初始状态。onPreFling 会在松手时发生惯性滑动前回调，符合当前这个场景的需求。即使松手时速度很慢或静止，onPreFling 与 onPostFling 都会回调，只是速度数值很小。

这里只需要吸引效果，并不希望消费速度，所以返回 Velocity. Zero 即可。onPreFling 的实现如下：

```
override suspend fun onPreFling(available: Velocity): Velocity {
  if (state.indicatorOffset > height / 2) {
    state.animateToOffset(height)
    state.isRefreshing = true
  } else {
    state.animateToOffset(0.dp)
  }
  return Velocity.Zero
}
```

由于下拉刷新的手势处理不涉及 onPostFling 的回调时机，所以不进行额外的实现。

7.2　定制手势处理

通过前面 Draggable 修饰符、Swipeable 修饰符、Transformable 修饰符以及 NestedScroll 修饰符使用方法的学习，想必大家已经可以处理一些常见手势需求了。然而针对复杂手势需求，我们就需要对 Compose 中的手势处理有更深入的理解。实际上前面所提到的手势处理修饰符都是基于低级别的 PointerInput 修饰符进行封装实现的，所以弄清楚 PointerInput 修饰符的使用方法，有助于对高级别手势处理修饰符的理解，并且能够帮助我们更好地完成上层开发，实现各种复杂的手势需求。

7.2.1　使用 PointerInput Modifier

```
fun Modifier.pointerInput(
  vararg keys: Any?,
  block: suspend PointerInputScope.() -> Unit
): Modifier = composed(...) {
  ...
  remember(density) { SuspendingPointerInputFilter(viewConfiguration, density) }.apply {
    LaunchedEffect(this, * keys) {
      block()
    }
  }
}
```

使用 PointerInput 修饰符时，需要传入两个参数：keys 与 block。

- **keys**：当 Composable 组件发生重组时，如果传入的 keys 发生了变化，则手势事件处理过程会被中断。

- **block**：在这个 PointerInputScope 类型作用域代码块中，便可以声明手势事件处理逻辑了。通过 suspend 关键字可知这是一个协程体，意味着在 Compose 中手势处理最终都发生在协程中。

在 PointerInputScope 接口声明中能够找到所有可用的手势处理方法，可以通过这些方法获取到更加详细的手势信息，以及更加细粒度的手势事件处理，接下来介绍 PointerInputScope 中的 GestureDetector 系列 API 方法。

1. detectTapGestures

在 PointerInputScope 中，可以使用 detectTapGestures 设置更细粒度的点击监听回调。作为低级别点击监听 API，在发生点击时不会带有像 Clickable 修饰符与 CombinedClickable 修饰符那样，为所修饰的组件施加一个涟漪波纹效果动画的蒙层，我们能够根据需要进行更灵活的上层定制。

detectTapGestures 可以根据需要，设置四种不同事件回调。

```
suspend fun PointerInputScope.detectTapGestures(
  onDoubleTap: ((Offset) -> Unit)? = null, // 双击时回调
  onLongPress: ((Offset) -> Unit)? = null, // 长按时回调
  onPress: suspend PressGestureScope.(Offset) -> Unit = NoPressGesture, // 按下时回调
  onTap: ((Offset) -> Unit)? = null // 轻触时回调
)
```

这几种点击事件回调存在着先后次序，并不是每次只会执行其中一个。onPress 是最普通的 ACTION_DOWN 事件，手指一旦按下便会回调。如果连着按了两下，则会在执行两次 onPress 后执行 onDoubleTap。如果手指按下后不抬起，当达到长按的判定阈值（400ms）会执行 onLongPress。如果手指按下后快速抬起，在轻触的判定阈值内（100ms）会执行 onTap 回调。

总的来说，onDoubleTap 回调前必定会先回调 2 次 Press，而 onLongPress 与 onTap 回调前必定会回调 1 次 Press。

```
@Composable
fun TapGestureDemo() {
  var boxSize = 100.dp
  Box(Modifier.fillMaxSize(), contentAlignment = Alignment.Center) {
    Box(Modifier
      .size(boxSize)
      .background(Color.Green)
      .pointerInput(Unit) {
        detectTapGestures(
          onDoubleTap = { offset: Offset -> Log.d(TAG, "发生双击操作了~") },
          onLongPress = { offset: Offset -> Log.d(TAG, "发生长按操作了~") },
          onPress = { offset: Offset -> Log.d(TAG, "发生按下操作了~") },
```

```
        onTap = { offset: Offset -> Log.d(TAG, "发生轻触操作了~") }
      )
    }
  )
}
}
```

使用 detectTapGestures 非常简单，我们根据需求来设置不同的点击事件回调即可。

2. detectDragGestures

谈到拖动监听，许多人第一个反应就是前面所提到的 Draggable 修饰符。Draggable 修饰符作为手势处理的高层次封装，在监听 UI 组件拖动手势的基础能力上也附加了许多特性与限制，同时也隐藏了一些细粒度的手势事件回调设置。例如在 Draggable 修饰符中只能监听水平或垂直两个方向的拖动手势，所以为了能够更完整地监听拖动手势，Compose 为我们提供了低级别的 detectDragGestures 系列 API。

- detectDragGestures：监听任意方向的拖动手势。
- detectDragGesturesAfterLongPress：监听长按后的拖动手势。
- detectHorizontalDragGestures：监听水平拖动手势。
- detectVerticalDragGestures：监听垂直拖动手势。

这类拖动监听 API 功能上相类似，使用时需要传入的参数也比较相近。可以根据实际情况来选用不同的 API。在使用这些 API 时，可以定制在不同时机的处理回调，以 detectDragGestures 为例：

```
suspend fun PointerInputScope.detectDragGestures(
  onDragStart: (Offset) -> Unit = { },
  onDragEnd: () -> Unit = { },
  onDragCancel: () -> Unit = { },
  onDrag: (change: PointerInputChange, dragAmount: Offset) -> Unit
)
```

这里提供了 4 个回调时机，onDragStart 会在拖动开始时回调，onDragEnd 会在拖动结束时回调，onDragCancel 会在拖动取消时回调，而 onDrag 则会在拖动真正发生时回调。

注意 .

onDragCancel 触发时机多发生于滑动冲突的场景，子组件可能最开始是可以获取到拖动事件的，当拖动手势事件达到某个指定条件时，可能会被父组件劫持消费，这种场景下便会执行 onDragCancel 回调。所以 onDragCancel 回调主要依赖于实际业务逻辑。

可以利用 detectDragGestures 轻松实现拖动手势监听。

```
@Composable
fun DragGestureDemo() {
  var boxSize = 100.dp
  var offset by remember { mutableStateOf(Offset.Zero) }
  Box(contentAlignment = Alignment.Center,
    modifier = Modifier.fillMaxSize()
```

```
) {
  Box(Modifier
    .size(boxSize)
    .offset {
      IntOffset(offset.x.roundToInt(), offset.y.roundToInt())
    }
    .background(Color.Green)
    .pointerInput(Unit) {
      detectDragGestures(
        onDragStart = { offset ->
          Log.d(TAG, "拖动开始了~")
        },
        onDragEnd = {
          Log.d(TAG, "拖动结束了~")
        },
        onDragCancel = {
          Log.d(TAG, "拖动取消了~")
        },
        onDrag = { change: PointerInputChange, dragAmount: Offset ->
          Log.d(TAG, "拖动中~")
          offset += dragAmount
        }
      )
    }
  )
}
}
```

3. detectTransformGestures

使用 detectTransformGestures 可以获取到双指拖动、缩放与旋转手势操作中更具体的手势信息，例如重心。

```
suspend fun PointerInputScope.detectTransformGestures(
  panZoomLock: Boolean = false,
  onGesture: (centroid: Offset, pan: Offset, zoom: Float, rotation: Float) -> Unit
)
```

与 Tranformable 修饰符一样，detectTransformGestures 方法提供了两个参数。

- panZoomLock（可选）：当拖动或缩放手势发生时是否支持旋转。
- onGesture（必须）：当拖动、缩放或旋转手势发生时回调。

使用起来十分简单，仅需根据手势信息来更新状态就可以了。

```
@Composable
fun TransformGestureDemo() {
  var boxSize = 100.dp
  var offset by remember { mutableStateOf(Offset.Zero) }
```

```
var ratationAngle by remember { mutableStateOf(0f) }
var scale by remember { mutableStateOf(1f) }
Box(Modifier.fillMaxSize(), contentAlignment = Alignment.Center) {
  Box(Modifier
    .size(boxSize)
    .rotate(ratationAngle) // 需要注意 offset 与 rotate 的调用先后顺序
    .scale(scale)
    .offset {
      IntOffset(offset.x.roundToInt(), offset.y.roundToInt())
    }
    .background(Color.Green)
    .pointerInput(Unit) {
      detectTransformGestures(
        panZoomLock = true, // 平移或缩放时不允许旋转
        onGesture = { centroid: Offset, pan: Offset, zoom: Float, rotation: Float ->
          offset += pan
          scale * = zoom
          ratationAngle += rotation
        }
      )
    }
  )
}
```

当我们处理旋转、缩放与拖动这类手势时，需要格外注意 Modifier 调用次序，因为这会影响最终呈现效果。

4. forEachGesture

前面提到 Compose 手势操作实际上是在协程中监听处理的，当协程处理完一轮手势交互后，便会结束，当进行第二次手势交互时由于负责手势监听的协程已经结束，手势事件便会被丢弃掉。那么怎样才能让手势监听协程不断地处理每一轮的手势交互呢？我们很容易想到可以在外层嵌套一个 while (true) 进行实现，然而这么做并不优雅，且存在着一些问题。

当用户出现一连串手势操作时，很难保证各手势之间有清晰分界，即无法保证每一轮手势结束后，所有手指都是离开屏幕的。在传统 View 体系中，手指按下一次、移动到抬起过程中的所有手势事件可以看作是一个完整的手势交互序列。每当用户触摸屏幕交互时，可以根据这一次用户输入的手势交互序列中的信息进行相应的处理。

当第一轮手势处理结束或者被中断取消后，如果采用 while (true)，当第一轮手势因发生异常而中断处理时，此时手势仍在屏幕之上，则可能会影响第二轮手势处理，导致出现不符合预期的行为处理结果。

Compose 为我们提供了 forEachGesture 方法，保证了每一轮手势处理逻辑的一致性。实际上前面介绍的 GestureDetect 系列 API，其内部实现都使用了 forEachGesture。

通过 forEachGesture 的源码可知，每一轮手势处理结束后，或本次手势处理被取消时，都会使用

awaitAllPointersUp( )保证所有手指均已抬起，并且同时也会与当前组件的生命周期对齐，当组件离开视图树时，手势监听也会随之结束。

```
suspend fun PointerInputScope.forEachGesture(block: suspend PointerInputScope.() -> Unit) {
  val currentContext = currentCoroutineContext()
  while (currentContext.isActive) {
    try {
      block()
      // 挂起等待所有手指抬起
      awaitAllPointersUp()
    } catch (e: CancellationException) {
      if (currentContext.isActive) {
        // 手势事件取消时,如果协程还存活,则等待手指抬起再进行下一轮监听
        awaitAllPointersUp()
        throw e
      }
    }
  }
}
```

▶▶ 7.2.2 手势事件方法作用域 awaitPointerEventScope

前面介绍的 GestureDetector 系列 API 本质上仍然是一种封装，既然手势处理是在协程中完成的，那么**手势监听自然是通过协程的挂起恢复实现的，这取代了传统的回调监听方式**。要想深入理解 Compose 手势处理，就需要学习更为底层的挂起处理方法。

PointerInputScope 允许我们通过使用 awaitPointerEventScope 方法获得 AwaitPointerEventScope 作用域，在 AwaitPointerEventScope 作用域中，可以使用 Compose 中所有低级别的手势处理挂起方法。当 awaitPointerEventScope 内所有手势事件都处理完成后，awaitPointerEventScope 便会恢复执行将 Lambda 中最后一行表达式的数值作为返回值返回。

首先来介绍一下最基本的手势监听挂起方法 awaitPointerEvent。

1. 事件之源 awaitPointerEvent

之所以称这个 API 为事件之源，是因为上层所有手势监听 API 都是基于它实现的，它的作用类似于传统 View 中的 onTouchEvent( )。无论用户是按下、移动或抬起，都将视作一次手势事件，当手势事件发生时，awaitPointerEvent 会返回当前监听到的所有手势交互信息。

```
forEachGesture {
  awaitPointerEventScope {
    var event = awaitPointerEvent()
    Log.d(TAG, "x: ${event.changes[0].position.x}, y: ${event.changes[0].position.y}")
  }
}
```

2. 事件分发与事件消费

实际上 awaitPointerEvent 存在着一个可选参数 PointerEventPass，这个参数实际上是用来定制手势

事件分发顺序的。

```
suspend fun awaitPointerEvent(
  pass: PointerEventPass = PointerEventPass.Main
): PointerEvent
```

PointerEventPass 有 3 个枚举值，可以让我们来决定手势的处理阶段。在 Compose 中，手势处理共有 3 个阶段：

- **Initial 阶段**：自上而下的分发手势事件。
- **Main 阶段**：自下而上地分发手势事件。
- **Final 阶段**：自上而下的分发手势事件。

在 Inital 阶段，手势事件会在所有使用 Inital 参数的组件间自上而下地完成首次分发。利用 Inital 可以使父组件能够预先劫持消费手势事件，这类似于传统 View 中 onInterceptTouchEvent 的作用。

在 Main 阶段，手势事件会在所有使用 Main 参数的组件间自下而上地完成第二次分发。利用 Main 可以使子组件能先于父组件完成手势事件的处理，这有些类似于传统 View 中 onTouchEvent 的作用。

在 Final 阶段，手势事件会在所有使用 Final 参数的组件间自上而下地完成最后一次分发。Final 阶段一般用来让组件了解经历过前面几个阶段后的手势事件消费情况，从而确定自身行为。例如按钮组件可以不用将手指从按钮上移动开的事件，因为这个事件可能已被父组件滚动器用于滚动消费了。

● 图 7-4　均采用 Main 模式的三层手势分发

接下来通过一个嵌套组件的手势监听来演示事件的分发过程。当所有组件的手势监听均默认使用 Main 时，事件分发顺序为：第三层→第二层→第一层，如图 7-4 所示。

而如果第一层组件使用 Inital，第二层组件使用 Final，第三层组件使用 Main，则事件分发顺序为：第一层→第三层→第二层，如图 7-5 所示。

接下来换作四层嵌套来观察手势事件的分发，其中第一层与第三层使用 Initial，第二层使用 Final，第三层使用 Main，事件分发顺序为：第一层→第三层→第四层→第二层，如图 7-6 所示。

● 图 7-5　均采用不同模式的三层手势分发

● 图 7-6　均采用不同模式的四层手势分发

```
@ Composable
fun NestedBoxDemo() {
  Box(
    contentAlignment = Alignment.Center,
    modifier = Modifier
      .size(400.dp)
      .background(Color.Red)
      .pointerInput(Unit) {
        awaitPointerEventScope {
          awaitPointerEvent(PointerEventPass.Initial)
          Log.d(TAG, "first layer")
        }
      }
  ) {
    Box(
      contentAlignment = Alignment.Center,
      modifier = Modifier
        .size(200.dp)
        .background(Color.Blue)
        .pointerInput(Unit) {
          awaitPointerEventScope {
            awaitPointerEvent(PointerEventPass.Final)
            Log.d(TAG, "second layer")
          }
        }
    ) {
      Box(
        contentAlignment = Alignment.Center,
        modifier = Modifier
          .size(100.dp)
          .background(Color.Green)
          .pointerInput(Unit) {
            awaitPointerEventScope {
              awaitPointerEvent(PointerEventPass.Initial)
              Log.d(TAG, "third layer")
            }
          }
      ) {
        Box(
          modifier = Modifier
            .size(50.dp)
            .background(Color.White)
            .pointerInput(Unit) {
              awaitPointerEventScope {
                awaitPointerEvent(PointerEventPass.Main)
```

```
                Log.d(TAG, "fourth layer")
              }
            }
          )
        }
      }
    }
  }
```

在了解手势事件分发之后，接下来学习如何完成手势事件消费，我们看到 awaitPointerEvent 返回了一个 PointerEvent 实例。

```
actual data class PointerEvent internal constructor(
  actual val changes: List<PointerInputChange>,
  internal val motionEvent: MotionEvent?
)
```

从 PointerEvent 类的声明中可以看到包含了两个属性：changes 与 motionEvent。

- **motionEvent**：实际上就是传统 View 系统中的 MotionEvent，由于被声明 internal，说明官方并不希望我们直接拿来使用。
- **changes**：其中包含了一次手势交互中所有手指的交互信息。在多指操作时，利用 changes 可以轻松定制多指手势处理。

可以看出**单指交互的完整信息被封装在了一个 PointerInputChange 实例中**，接下来看看 PointerInputChange 提供了哪些手势信息。

```
classPointerInputChange(
  val id: PointerId, // 手指标识,可以根据标识跟踪一次完整的交互手势序列
  val uptimeMillis: Long, // 手势事件的时间戳
  val position: Offset, // 当前手指在组件上的相对位置
  val pressed: Boolean, // 当前是否为 ACTION_DOWN 手势
  val previousUptimeMillis: Long, // 上一次手势事件的时间戳
  val previousPosition: Offset, // 上一次手势事件中手指在组件上的相对位置
  val previousPressed: Boolean,// 上一个手势事件是否是 Pressed,比如手指正按在屏幕上
  val consumed: ConsumedData, // 手势是否已被消费
  val type: PointerType = PointerType.Touch // 事件输入类型(鼠标、手指、手写笔、橡皮等)
)
```

利用这些丰富的手势信息，可以在上层定制实现各类复杂的交互手势。

可以看到其中的 consumed 成员记录着该事件是否已被消费，可以使用 PointerInputChange 提供的 consume 系列 API（表 7-2）来修改这个事件的消费标记。

表 7-2　consume 系列 API

API 名称	作　　用
changedToDown	是否已经按下（按下手势已消费则返回 false）
changedToDownIgnoreConsumed	是否已经按下（忽略按下手势已消费标记）

（续）

API 名称	作 用
changedToUp	是否已经抬起（按下手势已消费则返回 false）
changedToUpIgnoreConsumed	是否已经抬起（忽略按下手势已消费标记）
positionChanged	位置是否发生了改变（移动手势已消费则返回 false）
positionChangedIgnoreConsumed	位置发生了改变（忽略已消费标记）
positionChange	位置改变量（移动手势已消费则返回 Offset. Zero）
positionChangeIgnoreConsumed	位置改变量（忽略移动手势已消费标记）
positionChangeConsumed	当前移动手势是否已被消费
anyChangeConsumed	当前按下手势或移动手势是否被消费
consumeDownChange	消费按下手势
consumePositionChange	消费移动手势
consumeAllChanges	消费按下与移动手势
isOutOfBounds	当前手势是否在固定范围内

前面提到，可以通过设置 PointerEventPass 来定制嵌套组件间手势事件分发顺序。假设分发流程中组件 A 预先获取到了手势信息并进行消费，手势事件仍然会被之后的组件 B 获取到。组件 B 在使用 positionChange 获取的偏移值时会返回 Offset. ZERO，这是因为此时该手势事件已被标记为已消费的状态。当然组件 B 也可以通过 IgnoreConsumed 系列 API 突破已消费标记的限制获取到手势信息。

我们仍然通过前面使用的嵌套组件示例来看看手势事件的消费。我们的嵌套组件中第一层组件在 Inital 阶段处理，第二层组件在 Final 阶段处理，第三层组件在 Main 阶段处理，如图 7-7。

我们在第三层组件的手势事件监听中进行消费，因为手势事件会交由第一层，再交由第三层，最后交由第二层。第三层组件处于本次手势分发流程的中间位置。

当我们在第三层组件消费了 ACTION_DOWN 后，之后处理的第二层组件接收的手势事件仍是被标记为消费状态的。

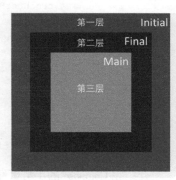

● 图 7-7　均采用不同模式时的三层手势分发

```
@Composable
fun ConsumeDemo() {
  Box(
    contentAlignment = Alignment.Center,
    modifier = Modifier
      .fillMaxSize()
      .pointerInput(Unit) {
        awaitPointerEventScope {
          var event = awaitPointerEvent(PointerEventPass.Initial)
          Log.d(TAG, "first layer, downChange: ${event.changes[0].consumed.downChange}")
```

```
        }
      }
  ) {
    Box(
      contentAlignment = Alignment.Center,
      modifier = Modifier
        .size(400.dp)
        .background(Color.Blue)
        .pointerInput(Unit) {
          awaitPointerEventScope {
            var event = awaitPointerEvent(PointerEventPass.Final)
              Log.d(TAG, "second layer, downChange: ${event.changes[0].consumed.down-
Change}")
          }
        }
    ) {
      Box(
        Modifier
          .size(200.dp)
          .background(Color.Green)
          .pointerInput(Unit) {
            awaitPointerEventScope {
              var event = awaitPointerEvent()
              event.changes[0].consumeDownChange() // 消费手势事件
              Log.d(TAG, "third layer, downChange: ${event.changes[0].consumed.downChange}")
            }
          }
      )
    }
  }
}
```

介绍完 Compose 的手势事件分发与消费，想必我们已经对 awaitPointerEvent 这个低级别基础手势监听 API 有了足够的了解。然而在实际场景中还是应该更多地依赖上层封装完善的 API，因为当手势逻辑变得越来越复杂时，维护手势交互处理逻辑的难度也会越来越大。接下来介绍 AwaitPointerEvent-Scope 中基于 awaitPointerEvent 实现的几个常用手势监听挂起方法。

3. awaitFirstDown

awaitFirstDown 将等待第一根手指 ACTION_DOWN 事件时恢复执行，并将手指按下事件返回。翻阅源码可以看出其内部实现原理并不复杂。

```
suspend fun AwaitPointerEventScope.awaitFirstDown(
  requireUnconsumed: Boolean = true
): PointerInputChange {
  var event: PointerEvent
  do {
```

```
    // 监听手势事件
    event = awaitPointerEvent()
} while (
    // 遍历每一根手指的事件信息
    ! event.changes.fastAll {
        // 需要没有被消费过的手势事件
        if (requireUnconsumed) {
            // 返回该事件是否是一个还没有被消费的 DOWN 事件
            // 当返回 false 时,说明是不是 DOWN 事件或已被消费的 DOWN 事件
            it.changedToDown()
        } else {
            // 返回该事件是否是一个 DOWN 事件,忽略是否已被消费
            // 当返回 false 时,说明是不是 DOWN 事件
            it.changedToDownIgnoreConsumed()
        }
    }
)
// 返回第一根手指的事件信息
return event.changes[0]
}
```

4. drag

我们前面提到的 **detectDragGestures**，以及更为上层的 **Draggable** 修饰符内部都是使用 **drag** 挂起方法来实现拖动监听的。通过函数签名可以看到不仅需要手指拖动的监听回调，还需传入手指的标识信息，表示监听具体哪根手指的拖动手势。

```
suspend fun AwaitPointerEventScope.drag(
    pointerId: PointerId,
    onDrag: (PointerInputChange) -> Unit
)
```

可以先利用 **awaitFirstDown** 获取到记录着交互信息的 **PointerInputChange** 实例，其中 id 字段记录着发生 ACTION_DOWN 事件的手指标识信息。通过结合 **forEachGesture**、**awaitFirstDown** 与 **drag**，可以实现一个简单的拖动手势监听。

```
@Composable
fun BaseDragGestureDemo() {
    var boxSize = 100.dp
    var offset by remember { mutableStateOf(Offset.Zero) }
    Box(contentAlignment = Alignment.Center,
        modifier = Modifier.fillMaxSize()
    ) {
        Box(Modifier
            .size(boxSize)
            .offset {
                IntOffset(offset.x.roundToInt(), offset.y.roundToInt())
```

```
      }
      .background(Color.Green)
      .pointerInput(Unit) {
        forEachGesture {
          awaitPointerEventScope {
            // 获取第一根手指的 DOWN 事件
            var downEvent = awaitFirstDown()
            // 根据手指标识符跟踪多种手势
            drag(downEvent.id) {
              // 根据手势位置的变化更新偏移量
              offset += it.positionChange()
            }
          }
        }
      }
    )
  }
}
```

5. awaitDragOrCancellation

与 drag 不同的是，awaitDragOrCancellation 负责监听单次拖动事件。当该手指抬起时，如果有其他手指还在屏幕上，则会选择其中一根手指来继续追踪手势。当最后一根手指离开屏幕时，则会返回抬起事件。

当手指拖动事件已经在 Main 阶段被消费，拖动行为会被认为已经取消，此时会返回 null。如果在调用 awaitDragOrCancellation 前，pointId 对应手指没有产生 ACTION_DOWN 事件，则也会返回 null。当然也可以使用 awaitDragOrCancellation 来完成 UI 拖动手势处理流程。

```
Box(Modifier
  .size(boxSize)
  .offset {
    IntOffset(offset.x.roundToInt(), offset.y.roundToInt())
  }
  .background(Color.Green)
  .pointerInput(Unit) {
    forEachGesture {
      awaitPointerEventScope {
        // 监听 ACTION_DOWN 手势
        var downPointer = awaitFirstDown()
        while (true) {
          var event = awaitDragOrCancellation(downPointer.id)
          if (event == null) {
            // 拖动事件被取消
            break
          }
          if (event.changedToUp()) {
```

```
        // 所有手指均已抬起
        break
      }
      offset += event.positionChange()
    }
  }
}
)
```

6. awaitTouchSlopOrCancellation

awaitTouchSlopOrCancellation 用于定制监听一次有效的拖动行为，这里的有效是开发者自己来定制的。在使用时，需要设置一个 pointId，表示我们希望追踪手势事件的手指标识符。当该手指抬起时，如果有其他手指还在屏幕上，则会选择其中一根手指来继续追踪手势；而如果已经没有手指在屏幕上了，则返回 null。如果在调用 awaitTouchSlopOrCancellation 前，pointId 对应手指没有产生 ACTION_DOWN 事件，则也会返回 null。

onTouchSlopReached 会在超过 ViewConfiguration 中所设定的阈值 touchSlop 时回调。如果根据事件信息我们希望接收这次手势事件，则应该通过 change 调用 consumePositionChange 进行消费，此时 awaitTouchSlopOrCancellation 会恢复执行，并返回当前 PointerInputChange。如果不消费，则会继续挂起检测滑动位移。我们将会在下一节中演示该如何使用 awaitTouchSlopOrCancellation。

```
suspend fun AwaitPointerEventScope.awaitTouchSlopOrCancellation(
  pointerId: PointerId,
  onTouchSlopReached: (change: PointerInputChange, overSlop: Offset) -> Unit
)
```

7.3 手势结合动画

前面我们介绍过，当手指拖动离开屏幕存在初速度时，被拖动的组件会惯性滑动一段距离后停下，这种交互效果被称作 Fling（图 7-8 为实现 Fling 惯性滑动）。本节不妨使用前面所学习的手势监听挂起方法，从底层模拟实现这种特殊的交互效果。

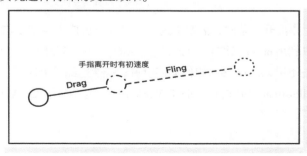

● 图 7-8　实现 Fling 惯性滑动

　　既然我们是要拖动组件，当发生拖动手势时，可以设置 offset 移动组件位置。当发生 Fling 时，组件会惯性朝着某一方向滑动一段距离后停下，实际上在手指离开屏幕时，可以根据当前手势速度与组件位置来预先计算出组件最终停留的位置，所以 Fling 本质上只是一种交互动画。既然是动画，便可以使用 Animatable 包装组件偏移量信息。

```
var offset = remember {
  Animatable(Offset.Zero, Offset.VectorConverter)
}
```

　　对于拖动手势，首先需要使用 awaitFirstDown 获取 ACTION_DOWN 手势事件信息。值得注意的是，当上一轮 Fling 未结束本轮手势便开始时，可以使用 Animatable 提供的 stop 方法来中断结束上一轮动画。

```
forEachGesture {
  val down =  awaitPointerEventScope { awaitFirstDown() }
  offset.stop()
  ...
}
```

　　接下来可以利用 awaitTouchSlopOrCancellation 检测当前是否为有效拖动手势，当检测成功后，便可以使用 drag 来监听具体的拖动手势事件。

```
forEachGesture {
  val down =  awaitPointerEventScope { awaitFirstDown() }
  offset.stop()
  awaitPointerEventScope {
    var validDrag: PointerInputChange?
    do {
      validDrag = awaitTouchSlopOrCancellation(down.id) { change, _ ->
        change.consumePositionChange()
      }
    } while (validDrag ! = null && ! validDrag.positionChangeConsumed())
    if (validDrag ! = null) {
      // 拖动手势监听
    }
  }
}
```

　　前面我们提到过当手指离开屏幕时，需要根据离屏时的位置信息与速度信息来计算组件最终会停留的位置。位置信息可以利用 offset 获取到，而速度信息的获取则需要使用速度追踪器 VelocityTracker。

　　当发生拖动时，首先使用 snapTo 移动组件偏移位置。既然追踪手势速度，就需要将手势信息告知 VelocityTracker，通过 addPosition 实时告知 VelocityTracker 当前的手势位置，VelocityTracker 便可以实时计算出当前的手势速度了。

```
drag(validDrag.id) {
  launch {
```

```
        offset.snapTo(
            offset.value + it.positionChange()
        )
        velocityTracker.addPosition(
            it.uptimeMillis,
            it.position
        )
    }
}
```

当手指离开屏幕时，可以利用 VelocityTracker 与 Offset 获取到实时速度信息与位置信息。之后，可以利用 splineBasedDecay 创建一个衰值推算器，这可以帮助我们根据当前速度与位置信息推算出组件 Fling 后停留的位置。由于最终位置可能会超出屏幕，所以还需设置数值上下界，并采用 animateTo 进行 Fling 动画。由于我们希望的是组件最终会缓缓地停下，所以这里采用的是 LinearOutSlowInEasing 插值器。

```
val decay =splineBasedDecay<Offset>(this)
var targetOffset = decay.calculateTargetValue (Offset. VectorConverter, offset. value,
Offset(horizontalVelocity, verticalVelocity)).run {
    Offset(x.coerceIn(0f, 320.dp.toPx()), y.coerceIn(0f, 320.dp.toPx()))
}
launch {
    offset.animateTo(targetOffset, tween(2000, easing = LinearOutSlowInEasing))
}
```

7.4　本章小结

本章我们对 Compose 中有关手势处理的内容进行了详细讲解。首先介绍了在开发时常用的一些手势处理修饰符方法，并且对每个修饰符的使用方法进行了详细的介绍。紧接着又介绍了 Compose 中最重要的手势处理修饰符 PointerInput，并从底层手势监听挂起方法的角度重新认识了 Compose 手势从监听到处理的过程，可以通过设置 awaitPointEvent 参数实现手势事件分发顺序的定制，并且可以利用 consume 系列方法来消费手势事件，Compose 为我们提供的这些丰富的手势监听处理 API 使我们能够高效处理各种复杂的手势需求。

第8章

▶▶▶▶▶▶

为 Compose 添加页面导航

不少 Jetpack 库都针对 Compose 进行了适配，特别是 Jetpack Navigation 可以帮助 Compose 实现页面导航，还可以通过 Hilt 实现 Navigation 中 ViewModel 等 Android 组件的依赖注入。本章将带大家学习相关内容。

8.1 在 Compose 中使用 Navigation

这里将介绍 Compose 如何配合 Navigation 实现页面导航。作为背景知识 8.1 节会对 Jetpack Navigation 做一个基本介绍，如果大家已经有相关使用经验，请直接跳到 8.2 节。

▶▶ 8.1.1 认识 Jetpack Navigation

近几年，Single Activity Application（SAA）的设计思想在 Android 应用开发中备受推崇，特别是随着 Fragment 功能的日趋完善，让它在很多场景中开始取代 Activity 成为页面承载的基本单元。

相对于 Activity，Fragment 在数据共享、启动性能等方面确实更有优势，但是在页面跳转相关的能力上稍显不足，比如不支持隐式跳转、Deeplink 跳转等，Jetpack Navigation 的出现弥补了 Fragment 在页面跳转方面的短板，让开发一个基于 Fragment 的 SSA 成为可能。Navigation 的使用主要涉及以下几个概念：

- **NavDestination**：页面导航中跳转的各个节点，例如在以 Fragment 为页面单元的架构中，一个 Framgent 就是一个 NavDestination。
- **Navigation Graph**：Navigation 需要收集各个节点之间的跳转关系，因此 NavDestination 需要集中注册在一起，统一由 Graph 进行管理。这里面包含了所有的 Destination 信息，以及可能的跳转路径。
- **NavHost**：作为容器显示 Graph 中当前处于栈顶的 Destination。比如在 Fragment 场景中，此容器就是 NavHostFragment，它处于 Activity 的 FragmentManager 里。
- **NavController**：执行跳转行为的管理者，它被 NavHost 所持有，提供了跳转 API，调用后，将在 NavHost 容器完成页面跳转。

下面通过一个 Fragment 导航的例子展示一下 Navigation 的使用。这个例子主要为了与即将介绍的 Compose 版本的 Navigation 进行对比，因此不会对代码进行逐行讲解。这个例子主要基于 Framgent 完成三个页面之间的跳转，如图 8-1 所示。

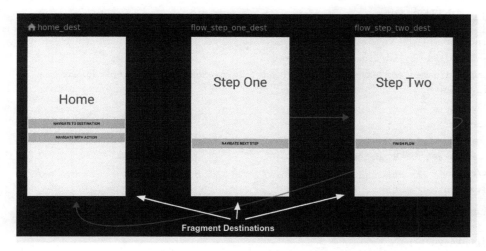

● 图 8-1　Fragment 页面跳转

首先，需要创建全局的 Navigation Graph。Graph 的创建有多种方法，可以使用 XML、Kotlin DSL 或者借助 Android Studio 的 Navigation Editor 工具进行拖拽创建。

这个例子中我们使用 XML 的方式创建 Navigation Graph。

```
<navigation xmlns:android= http:// schemas.android.com/apk/res/android
        xmlns:app= http:// schemas.android.com/apk/res-auto
        xmlns:tools= http:// schemas.android.com/tools
    app:startDestination= @ +id/home_dest >
  <fragment
    android:id= @ +id/flow_step_one_dest
    android:name= com.example.android.codelabs.navigation.FlowStepFragment >
    <argument
      .../>

    <action
      android:id= @ +id/next_action
      app:destination= @ +id/flow_step_two_dest >
    </action>
  </fragment>
  <! -- ...omits the others  declaration of destination -->
</navigation>
```

是 Graph 的根节点，内部包含各个 Destination 的定义，由于这里使用 Fragment 类型的 Destination，所以使用标签定义各个节点。android：name 指向具体的 Fragment 类型。

android：id是每个节点在导航中的唯一标识，可以实现与类型无关的隐式跳转。

<fragment/>下可以添加<argument/> <action/> <deeplink 等子标签。其中<action>用来定义一个跳转行为，它为两个 Destination 之间建立关联。它可以定义一个启动新目标的行为，也可以用来返回导航栈内的上一个目标，例如：

```
<fragment
  android:id= @ +id/flow_step_two_dest
  android:name= com.example.android.codelabs.navigation.FlowStepFragment >
  <argument
    ../>
  <action
    android:id= @ +id/next_action
    app:popUpTo= @ id/home_dest >
  </action>
</fragment>
```

接下来创建 NavHost。

```
<LinearLayout>
  <androidx.appcompat.widget.Toolbar
    ../>
  <fragment
    android:layout_width= match_parent
    android:layout_height= 0dp
    android:layout_weight= 1
    android:id= @ +id/my_nav_host_fragment
    android:name= androidx.navigation.fragment.NavHostFragment
    app:navGraph= @ navigation/mobile_navigation
    app:defaultNavHost= true
  />
  <com.google.android.material.bottomnavigation.BottomNavigationView
    ../>
</LinearLayout>
```

在 Activity 的 Layout 中插入一个 Framgent 作为 NavHost 容器。android：name 表明容器的具体类型 NavHostFragment，NavHostFragment 是一个实现了 NavHost 接口的 Fragment。app：navGraph 指向创建的 Navigation Graph 的 XML，最后，可以像下面这样使用 NavController 完成一个具体跳转。

```
val button = view.findViewById<Button>(R.id.navigate_destination_button)
button?.setOnClickListener {
  findNavController().navigate(R.id.flow_step_one_dest, null)
}
```

上面是在 HomeFragment 中的代码，findNavController 可以从当前 NavHost 容器中查找 NavController 全局单例，然后通过 navigate( )方法跳转到 id 为 flow_step_one_dest 的目标，即例子中的 FlowStepFragment，除了指定 des_id，navigation 也可以通过 action_id 跳转制定目标。

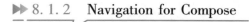

▶▶ 8.1.2 Navigation for Compose

上一节我们以 Fragment 的场景为例介绍了 Jetpack Navigation 的基本使用。这一节将重点介绍 Navigation 在 Compose 场景下的使用和支持。

如果说 Navigation 对于 Fragment 是一个锦上添花的选项，那么对于 Compose 来说就真的是雪中送炭了。由于 Compose 本身不提供任何页面导航的能力，如果不借助 Navigation，Compose 要实现页面的跳转一般只有两个选择：

（1）借助 Fragment：由 Fragment 作为页面承载单元，内部通过 ComposeView 实现 Compose 的 UI 构建，这无疑增加了 Compose 项目的复杂度。

（2）自定义导航：自己实现一套 Composable 之间的导航逻辑，使用枚举定义代表页面的状态，根据状态切换页面级的 Composable。开发者需要关心回退栈管理、页面状态恢复等方方面面，工作量巨大。

如今，Jetpack Navigation 对 Compose 提供了扩展支持，可以帮助开发者实现 Composable 之间的页面导航。这也正是得益于 Navigation 在设计上的良好扩展性，它的导航逻辑建立在一系列抽象接口之上，不耦合具体实现，无论是 Fragment 还是 Composable，都可以作为 NavDestination 出现在导航中。

首先需要在 Gradle 中添加相关依赖。

```
implementation "androidx.navigation:navigation-compose: $ nav_version"
```

接下来以前面曾经出现的 Bloom 为例（如图 8-2 所示），为 App 引入 Navigation 构建页面跳转。

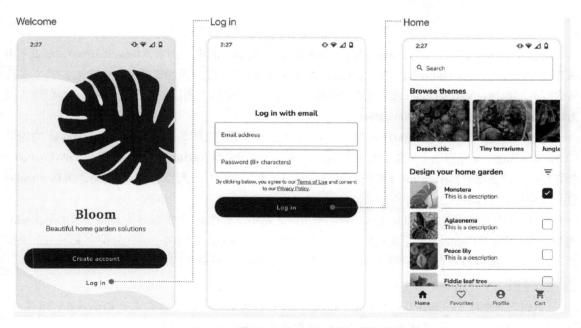

● 图 8-2　使用 Navigation 完成页面跳转

先看一下引入 Navigation 之后的 Activity 整体代码：

```
override fun onCreate(savedInstanceState: Bundle?) {
  super.onCreate(savedInstanceState)
  setContent {
    BloomComposeTheme {
      AppNavigation()
    }
  }
}


@Composable
fun AppNavigation() {
  val navController = rememberNavController()
  NavHost(
    navController = navController,
    startDestination = "home"
  ) {
    composable("welcome") {
      WelcomeScreen(navController = navController)
    }
    composable("login") {
      LoginScreen(navController = navController)
    }
    composable("home") {
      HomeScreen(navController = navController)
    }
  }
}
```

AppNavigation 作为父级的 Composable，内部放置 Navigation 的相关内容。rememberNavController 用来创建并持有一个 NavController 实例。前面介绍过 NavController 是导航的管理者，内部维护着页面跳转过程的回退栈。NavController 被传入各子页面用来进行页面跳转，所以需要在父级 Scope 中创建，以方便共享，比如例子中的 AppNavigation。

NavController 需要被一个 NavHost 持有，NavHost 提供容器供内部页面的切换。在 Fragment 的场景中 NavHostFragment 充当这个容器，而在 Compose 中可以使用名为 NavHost 的 Composable。navController 参数指向先前创建的 NavController 实例，startDestination 参数指向作为起点的 Destination，而 Destination 也将作为首页进行展示。

NavHost 内部使用 Composable（xx）声明子页面的路由，参数 xx 代表页面的 route 值。Composable 的 block 内部使用 Composable 定义我们的具体子页面。在上面 Bloom 的例子中，分别定义了三个子页面，并指定了各自的 id。三个子页面都传入了 NavController，方便在子页面内部发起页面跳转。

最佳实践：

示例代码中将 NavController 传入了子 Composable。但更优雅的推荐方式是子 Composable 通过回调操作 NavController，所有对 NavController 的调用都放在顶级 Scope，一是导航逻辑放在一起更加清晰，二是子 Composable 不持有 NavController，更利于单独测试。

```
@Composable
fun WelcomeScreen(navController: NavController) {
  ...
  Button(onClick = { navController.navigate("login") }) {
    Text(text = "Login in")
  }
  ...
}
```

我们通过 navController 的 navigate 方法实现页面跳转，参数是目的地的 id。如上所示，当单击按钮后，NavHost 的内容会自动重组，从 WelcomeScreen 切换到 LoginScreen。

默认情况下 navigate 的行为是在回退栈中压入一个新的 Composable 的 Destination，然后将其作为栈顶节点进行显示。此外，还可以调用 navigation 时，紧跟一个 block，追加对 NavOptions 的操作。

```
// 清空当前栈顶到节点"weclome"之间的所有节点(不包含"welcome"),
// 之后再入栈"home"节点
navController.navigate("home") { // this: NavOptionsBuilder
  popUpTo("welcome")
}
// 清空当前栈顶到节点"weclome"之间的所有节点(包含"welcome"),
// 之后再入栈"home"节点
navController.navigate("home") { // this: NavOptionsBuilder
  popUpTo("welcome") { inclusive = true }
}
// 当栈顶已经是 home 节点时,则不会重新入栈新的"home"节点
// 相当于 Activity 的 SingleTop 的 launchMode
navController.navigate("home") { // this: NavOptionsBuilder
  launchSingleTop = true
}
```

我们在 receiver 为 NavOptionsBuilder 的 block 内对 NavOptions 进行配置，这些配置在页面跳转的同时，对回退栈内容进行更改，满足不同的产品需求。

例如，从欢迎页 Welcome 跳转到登录页 Login 后，回退栈应该保存 Welcome->Login 的结构，因为用户有可能突然意识到自己没有账户，此时需要回退到 Welcome 页，再跳转到 Create Account 页面。而当用户从 Login 成功进入 Home 之后，此时回退可以直接推到桌面，不需要保留 Home 或者 Welcome 了，此时适合用以下代码完成跳转：

```
navController.navigate("home") { // this: NavOptionsBuilder
  popUpTo("welcome") { inclusive = true }
}
```

▶▶ 8.1.3　导航时携带参数

前面我们提到了<fragment/>节点下的<argument/>节点，它可以配置页面跳转时携带的参数，在 Compose 中同样支持这样的参数传递。

如图 8-3 所示，我们在 HomeScreen 中单击某个植物 Item 后，会跳转到对应的植物详情页 PlantDe-tailScreen，此时需要携带对应的 plantId 到详情页，用于详情页的数据拉取。

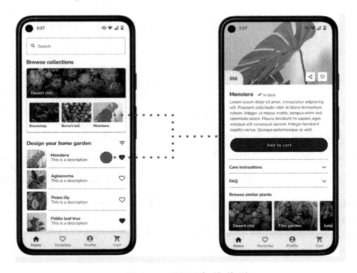

● 图 8-3 页面参数传递

```
NavHost(...) {
  ...
  composable("plantDetail/{plantId}") {...}
}
```

导航参数的声明非常简单，为 composable 的 route 传入一个字符串模板，参数作为占位符声明在字符串模板即可。比如上面例子中的 {plantId}。接下来可以通过调用 navigate（palntDetail/1234）为 {plantId} 赋值 "1234"，而通过 backStackEntry 可以获取参数传值。代码如下：

```
composable("plantDetail/{plantId}") { backStackEntry ->
  PlantDetailScreen(navController, backStackEntry.arguments?.getString("plantId"))
}
```

因为参数默认以 String 类型传递，所以通过 getString 获取，也可以约定其他参数类型。

```
NavHost(...) {
  composable(
    "plantDetail/{plantId}/{fromBanner}",
    arguments = listOf(
      navArgument("plantId") { type = NavType.IntType },
      navArgument("fromBanner") { type = NavType.BooType}
    )
  ) {...}
  ...
}
```

composable（...）的参数 arguments 是一个包含类型信息的参数列表，navArgument 方法用来创建带有类型信息的参数。NavType 代表具体的参数类型。例如 plantId 这里是一个 Int 类型参数，而 from-Banner 用来表示是否通过单击 Banner 区域跳转页面，因此是一个 Bool 类型参数。在约定了参数的类型之后，可以像下面这样在 navigate 传入才有参数的 route：

```
navigate("palntDetail/1234/${true}")
```

从上面的例子中可以看到，NavType 默认已经提供了一些预置类型，它们本质上都是 NavType 的实例，只是在泛型上有所区别，以 StringType 为例：

```
public valStringType: NavType<String? > = object : NavType<String? >(true) {
  override val name: String
    get() =  string
  override fun put(bundle: Bundle, key: String, value: String?) {
    bundle.putString(key, value)
  }
  override fun get(bundle: Bundle, key: String): String? {
    return bundle[key] as String?
  }
  override fun parseValue(value: String): String {
    return value
  }
}
```

可以看到，NavType 封装了对 Bundle 的读写，因为所有参数都是通过 Bundle 传递的。我们知道了 NavType 的本质，理论上只要泛型的类型支持对 Bundle 的读写，看上去都可以参与 Navigation 的传参，但实际上并非所有类型都可以随意使用。

比如可能有了下面这样一个 Plant 的可序列化的对象类型：

```
@Parcelize
data class Plant(
  val name: String,
  val id: Int
) : Parcelable

composable(
  "plantDetail/{plant}/",
  arguments = listOf(
    arguments = listOf(navArgument("plant") { type = NavType.ParcelableType(Plant::class.
java) })
  )
) {...}
```

然而当直接使用此对象传参时，可能会发生异常。

```
val plant : Plant = ...
navigate("plantDetail/${plant}")

-------------------- Exception Happend ----------------
```

```
java.lang.UnsupportedOperationException: Parcelables don't support default values.
    at androidx.navigation.NavType$ParcelableType.parseValue(NavType.java:679)
    at androidx.navigation.NavType.parseAndPut(NavType.java:96)
    at androidx.navigation.NavDeepLink.parseArgument(NavDeepLink.java:306)
    at androidx.navigation.NavDeepLink.getMatchingArguments(NavDeepLink.java:260)
    at androidx.navigation.NavDestination.matchDeepLink(NavDestination.java:474)
    at androidx.navigation.NavGraph.matchDeepLink(NavGraph.java:79)
    at androidx.navigation.NavController.navigate(NavController.java:1025)
    at androidx.navigation.NavController.navigate(NavController.java:1008)
    at androidx.navigation.NavController.navigate(NavController.java:994)
    at androidx.navigation.compose.NavHostControllerKt.navigate(NavHostController.kt:100)
```

因为 Compose 的导航参数是基于 Navigation 的 Deeplinks 方式实现的，而 Deeplinks 参数目前不支持对象类型，只能使用 String 等基本类型传参。

最佳实践：

即使技术上允许跨页面传输复杂对象类型，作为数据通信的最佳实践，仍然推荐大家使用 Id 之类的索引信息作为参数传递，详细信息应该通过 id 从本地或者远程数据源进行请求，这样做有利于提升页面跳转的性能，给用户更及时的反馈，也有助于构建一个 SSOT 的应用架构。

我们定义了带有参数的 route，但是如果没有按照正确的格式构建它，那么使用将发生异常。可以使用可选参数，为参数添加默认值，降低 route 构建成本。

```
composable(
  "plantDetail/{plantId}? fromBanner={fromBanner}",
  arguments = listOf(navArgument("fromBanner") {
    type = NavType.BooType
    defaultValue = true
  })
) { backStackEntry ->
  ...
}
```

可选参数的配置示例如上。在 route 定义中添加类似 http get 请求的 "? argName ＝ ｛argName｝" 语法，声明可选参数，同时要使用 navArgument 配置这个参数的 defaultValue。除了设置 defaultValue，还可设置 nullability＝true，说明可选参数的默认值可以为空。

最佳实践：

建议尽量为导航参数添加默认值，这样可以降低导航的调用成本，同时也有助于在单元测试中测试我们的导航。

▶ 8.1.4　Navigation 搭配底部导航栏

BottomNavigation 即底部导航栏，是目前 App 中的常见设计，比如 Bloom 的 Home 页就是带有四个

标签的底部导航栏（如图 8-4 所示）。当单击导航栏的
Item 后，可以使用 Navigation 进行页面切换。

推荐大家像下面这样使用 sealed class 定义导航栏的
Item，各密封类的子类封装底部导航栏所需的资源，以
及页面切换所需的 Navigation Grpah 中对应的 route，并
在列表中统一管理。

图 8-4　Navigation 搭配底部导航栏

```
// 密封类封装 Navigation Graph 与 BottomNavigation 所需的信息
sealed class Screen(
  val route: String,
  @ StringRes val resourceId: Int,
  val icon: ImageVactor
) {
  object Home : Screen("home", R.string.home, Icons.Filled.Home)
  object Favorite : Screen("favorite", R.string.favorite, Icons.Filled.Favorite)
  object Profie : Screen("profile", R.string.profile, Icons.Filled.Profie)
  object Cart : Screen("cart", R.string.cart, Icons.Filled.Cart)
}

// 管理 BottomNavBar 的 Items
val items = listOf(
  Screen.Home,
  Screen.Favorite,
  Screen.Profile,
  Screen.Cart,
)
```

接下来使用 BottomNavigation 实现底部导航栏，并在里面插入 Navigation 的跳转逻辑，整体代码
如下：

```
val navController = rememberNavController()
Scaffold(
  bottomBar = {
    BottomNavigation {
      val navBackStackEntry by navController.currentBackStackEntryAsState()
      val currentDestination = navBackStackEntry?.destination
      items.forEach { screen ->
        BottomNavigationItem(
          icon = { Icon(screen.icon, contentDescription = null) },
          label = { Text(stringResource(screen.resourceId)) },
          selected = currentDestination?.hierarchy?.any { it.route == screen.route } == true,
          onClick = {
            navController.navigate(screen.route) {
                // 点击 Item 时，清空栈内到 NavOptionsBuilder.popUpTo ID 之间的所有 Item
                // 避免栈内节点的持续增加，同时 saveState 用于页面状态的恢复
                popUpTo(navController.graph.findStartDestination().id) {
```

```
                        saveState = true
                }
                // 避免多次点击 Item 时产生多个实例
                launchSingleTop = true
                // 再次点击之前的 Item 时,恢复状态
                restoreState = true
            }
        }
    )
    }
    }
}
) { innerPadding ->
  NavHost(navController, startDestination = Screen.Home.route, Modifier.padding(innerPad-
ding)) {
    composable(Screen.Home.route) { HomeScreen(navController) }
    composable(Screen.Favorite.route) { FavoriteScreen(navController) }
    composable(Screen.Profile.route) { ProfileScreen(navController) }
    composable(Screen.Cart.route) { CartScreen(navController) }
  }
}
```

在 BottomNavigation 中通过 NavController. currentBackStackEntryAsState 获取了 navBackStackEntry。navBackStackEntry 使得我们可以通过状态观察回退栈变化。回退栈变化时，BottomNaviagation 发生重组，currentDestination 更新到当前的栈顶节点。

BottomNavigationItem 基于 items 中的信息绘制底部导航栏的标签卡。通过 screen 与 currentDestination 的比较，决定当前标签卡的选中状态。由于 currentDestination 可能是一个嵌套的导航，所以使用 hierarchy 比较嵌套栈中的每一个节点。下一小节将详细介绍嵌套导航的概念。

当用户点击导航栏的标签卡时，onClick 响应点击事件，基于 screen. route 实现页面切换。这里的 popUpTo 用来清空不再显示的节点，避免页面切换带来的回退栈无限增加。由于节点进入后，台后会立即出栈，为了再返回时能立刻恢复状态，需要将 saveState 和 restoreState 设置为 true。

NavHost 的部分大家应该很熟悉了，在导航中注册各 Composable 子页面的路由，这里就不再赘述了。

▶▶ 8.1.5 嵌套导航图 Nested Navigation Graph

一个真正的 App 远比我们的 demo 复杂，大多会采用多 Gradle Module 的组织方式，实现模块化（也称为组件化）的开发，模块会采用低耦合高内聚的划分原则。

Bloom 在一个多 Module 架构下，应该由一个 App Module 和若干个 Lib Module 组成，如图 8-5 所示。各个 Lib 互相不依赖，App 依赖各 Lib，通过 implementation 在 build. gradle 中添加对它们的依赖。

```
dependencies {
  implementation project(":login")
```

```
implementation project(":home")
implementation project(":favorites")
implementation project(":profile")
implementation project(":cart")
...
}
```

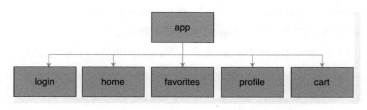

● 图 8-5　多 Module 架构

各个 Lib 模块在功能上保持内聚，页面跳转逻辑基本局限在模块内部。例如 Bloom 的 Home 模块提供了浏览植物列表、查阅植物详情等功能，PlantList 和 PlantDetail 等子页面的切换始终发生在 Home 标签卡内部。因此只要以 Module 为单位创建 Navigation Graph，就可以满足模块内的页面导航需求。

当我们有跨模块导航的需求时，可以借助 Nested Navigation Graph 机制，它允许每个模块的 Graph 作为 Root Graph 的子 Graph 存在，即所谓的嵌套导航图。无论是传统的 XML 方式，还是 Compose 的 DSL 方式，都支持嵌套子 Graph，如图 8-6 所示。

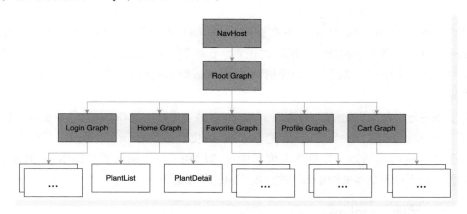

● 图 8-6　在导航图中嵌套子导航图

在多模块架构下，App 主要负责提供 NavHost 以及 Root Graph 的创建，各个子 Graph 对于 Root Graph 来说，如同一个 Destination，因此它需要提供一个 route 便于来自其他模块的跳转。另一方面，子 Graph 对于它所辖的 Destination 来说是整个模块的入口，因此需要指定一个 startDestination。在 NavHost 中使用 navigation{...}嵌入子 Graph，同时指定它的 startDestination 和 route。代码如下：

```
NavHost(navController, startDestination = "home") {
    // 当跳转到子导航时,会自动跳转到它的 startDestination
```

```
navigation(startDestination = "plantList", route = "home") {
  composable("plantList") {...}
  composable("plantDetail") {...}
}
...
}
```

当调用 navigate（home）时，PlantList 会作为 startDestination 被显示。

NavHost 是在 App 模块创建的，对于 App 来说无须知道各个子 Graph 的细节，这可以保持 App 模块的职责更单一。可以将创建子 Graph 的代码定义为 NavGraphBuilder 的扩展函数，放在各个子模块内部管理。

```
fun NavGraphBuilder.homeGraph(navController: NavController) {
  navigation(startDestination = "plantList", route = "home") {
    composable("plantList") { ... }
    composable("plantDetail") { ... }
  }
}
```

在 App 中创建 Root Graph 时，依次调用这些扩展函数即可：

```
NavHost(navController, startDestination = "home") {
  homeGraph(navController)
  ...
}
```

根据需要，可以在 App 中定义 route 并在调用 homeGraph 等函数时，作为参数传递，因为有时候我们会在 App 中实现往各个子模块入口跳转的逻辑。在少数一些情况中，会发生跨过 startDestination 直接跳往模块内的某个页面的情况。此时要借助 Navigation 的 Deeplinks 来实现，我们将在下一小节中对其进行介绍。

嵌套导航图的方法为模块化创建 Navigation Graph 提供了手段，子 Graph 也具备了复用的可能。但是需要注意，在导航发生时，各个子 Graph 的 Destination 仍然是共用一个回退栈，大家共用一个 NavController 实例进行跳转和回退。如果想实现返回栈的单独管理，则需要借助 Navigation 的 Multiple backstack 功能，由于这不是本书的重点，这里就不做过多介绍了。

▶▶ 8.1.6　导航 DeepLinks

前一节提到了，如果要实现跨模块的内部页面跳转，最好是借助 Deeplinks。为什么说是"最好"，因为在技术上可以不借助 Deeplinks，直接获取目标 route 进行跳转，但是基于 Route 的跳转一般被视为需要编译依赖才能完成的操作（虽然 Route 可能只是一个字符串）。理想的模块化结构中各个模块应该始终保持编译期隔离，而 Deeplinks 可以作为模块间"隐式"跳转的理想方式。

Deeplinks 不只用于嵌套导航这种多模块结构，即使是单模块应用，也存在使用需求。比如一个基于 Fragment 的单 Acticity 的应用，一个 Intent 可以绕过 startDestination，直接调起内部的某个 Fragment 的 Destination，这就是通过 Deeplinks 完成的。

传统的 XML 方式或是 Compose 的 DSL 方式都可以在定义 Destination 时配置 Deeplink。本书重点介绍在 Compose 中应该如何配置。

```
val uri = "android-app:// bloom.app"
composable(
    "plantDetail? id={id}",
    deepLinks = listOf(
        navDeepLink { uriPattern = " $ uri/plant/{id}" }
    )
) { backStackEntry ->
    PlantDetail(navController, backStackEntry.arguments?.getString("id"))
}
```

如上所示，我们为 PlantDetail 配置了带参数的 route 的同时，使用 navDeepLink 方法为其创建一个 DeepLink。DeepLink 是一个标准的 URI 格式，在 Path 中指定参数 id。

配置 Deeplinks 之后，就可以使用它进行跨模块调用了。比如从 Favorite 模块跳转到 Home 模块下的 PlantDetail 页面：

```
onClick {
    val request = NavDeepLinkRequest.Builder
        .fromUri("android-app:// bloom.app/plant/1234".toUri())
        .build()
    navController.navigate(request)
}
```

如果想要跨进程调起页面，除了配置 URI，还需要在 AndroidManifest 对应的 Activity 下添加 intent-filter 的配置。

```
<activity ···>
  <intent-filter>
    <action android:name="android.intent.action.VIEW" />
    <category android:name="android.intent.category.DEFAULT" />
    <category android:name="android.intent.category.BROWSABLE" />
    <data android:scheme="android-app" android:host="bloom.app" />
  </intent-filter>
</activity>
```

对外声明 URI 后，就跨进程直接打开对应页面了，可以通过 adb 命令进行测试。

```
adb shell am start -d "android-app:// bloom.app/plant/1234" -a android.intent.action.VIEW
```

也可以基于 URI 构建 PendingIntent，并在相应场景中使用，例如可以通过点击通知栏消息，打开应用中任意模块下的任意 Composable 页面，代码如下所示：

```
val id = "1234"
val context = LocalContext.current
val deepLinkIntent = Intent(
    Intent.ACTION_VIEW,
    "android-app// bloom.app/plant/ $ id".toUri(),
```

```
    context,
    BloomActivity::class.java
)

val deepLinkPendingIntent: PendingIntent? = TaskStackBuilder.create(context).run {
    addNextIntentWithParentStack(deepLinkIntent)
    getPendingIntent(0, PendingIntent.FLAG_UPDATE_CURRENT)
}
```

▶▶ 8.1.7 Navigation 对 ViewModel 的支持

当使用 Fragment 构建页面时，可以在 Fragment 范围内共享 ViewModel 实例，因为每个 Fragment 都是一个 ViewModelStoreOwner。而 Composable 函数本身不关联任何 ViewModelStore。当使用 Composable 构建页面时，在其中创建的 ViewModel 存在哪里呢？

在本书 4.1.7 节曾介绍过，在 Composable 中使用 viewModel() 创建 ViewModel。

```Kotlin
@Composable
fun ExampleScreen(viewModel: ExampleViewModel = viewModel()) {
  val uiState = viewModel.uiState
  ...
  Button(onClick = { viewModel.somethingRelatedToBusinessLogic() }) {
    Text("Do something")
  }
}
```

viewModel() 是 androidx-lifecycle 针对 Compose 提供的@ Composable 方法，它的实现如下：

```
@Composable
public inline fun <reified VM : ViewModel> viewModel(
  viewModelStoreOwner: ViewModelStoreOwner = checkNotNull(LocalViewModelStoreOwner.cur-
rent) {
    "No ViewModelStoreOwner was provided via LocalViewModelStoreOwner"
  },
  key: String? = null,
  factory: ViewModelProvider.Factory? = null
): VM = viewModel(VM::class.java, viewModelStoreOwner, key, factory)
```

可以看到，它通过 LocalViewModelStoreOwner 获取距离最近的 ViewModelStoreOwner，这可能是 Activity，也可能是 Fragment。在一个由 Composable 组成的单 Activity 应用中，相当于所有的 ViewModel 都放在一起，而开发者更希望以 Composable 为单位创建和共享 ViewModel，让 UI 状态能够分页面管理。

在这一点上，Navigation 对于 Compose 的意义重大，当在 NavHost 中使用 composable {} 配置子页面时，可提供页面级别的 ViewModelStore。

```
@Composable
fun MyApp() {
```

```
NavHost(navController, startDestination = startRoute) {
  composable("example") { backStackEntry ->
    val exampleViewModel = viewModel<ExampleViewModel>()
    ExampleScreen(exampleViewModel)
  }
  ...
  }
}
```

如上所示，每个 backStackEntry 都是一个 ViewModelStoreOwner，所以在 composable{...} 中使用 viewModel( ) 创建的 ViewModel 单例只服务于当前 Destination。随着 Destination 从回退栈的弹出，View-ModelStore 将被清空，其所辖的 ViewModel 将会执行 onClear 操作。

8.2 在 Compose 中使用 Hilt

▶▶ 8.2.1 认识 Dagger Hilt

规模稍大的项目都会通过引入依赖注入(Depedency Injectction)降低代码复杂度、提升开发效率，而且随着规模的持续增加，DI 的优势将越发明显。Android 的项目也同样如此，先后出现过多种 DI 方案，例如用于控件注入的 ButterKnife，基于 Kotlin DSL 的 Koin 等都属于 DI 框架的范畴，而其中功能最强大的当属 Dagger。

Dagger 诞生自 Square，后来被谷歌接管维护并升级为 Dagger2，自此 Dagger 成了官方的 DI 解决方案。Dagger 的功能强大，但是学习曲线陡峭，虽然谷歌随后推出了 dagger-android(dagger-android-support)扩展库，试图通过基于注解的代码生成降低 Android 项目中 Dagger 的使用成本，但是效果并不理想，导致了 Dagger 整体使用率不高。

谷歌一直致力于改善 Dagger 的使用体验，趁手的 DI 工具更有助于大规模工程的诞生，对 Android 生态的整体发展有深远意义，在此背景下，谷歌于 2019 年发布了 Dagger Hilt。Hilt 并非 Dagger 的替代品，它更像是 Dagger-android 的替代品。它代理和封装了对 Dagger 的直接使用，让 Android 项目可以低成本使用 Dagger。它的命名也很巧妙，暗示了它对于 Dagger 的封装，可以帮助开发者避免来自"匕首"的反噬。

概括起来说，Dagger Hilt 主要具有以下优势：

- **开箱即用**：如上所述，Hilt 简化了对 Dagger 的使用，它通过注解自动帮助开发者生成了以前使用 Dagger 的必要配置，极大地降低了模板代码。
- **Android 友好**：Dagger 是一个面向 Java 的通用 DI 解决方案，而 Hilt 则针对 Android 项目的特点进行了量身定做，它为 Android 常用组件提供了专属注解，实现了开箱即用的使用体验。
- **兼容 Jetpack**：除了 Activity 等系统组件，Hilt 与各种 Jetpack 组件也都有很好的兼容性，例如 View-Model、WorkManger、Navigation 等，Hilt 对它们都有专门的支持。
- **简单高效**：Hilt 生成的 Dagger 组件是单态组件(Monolithic Components)，相对于单独使用 Dagger

生成的多态部件(Polylithic Components)生成代码更少,编译性能更好。

Hilt 最大的特色是针对常用的 Android 组件提供了开箱即用的 DI 支持。只需为它们添加简单的注解,就可以在最合适的时机完成依赖注入。

以 ViewModel 为例,它的构造并非是在使用处直接调用构造函数来完成,要借助 ViewModelFactory 进行创建,所以不能简单地使用@ Inject 完成依赖注入。如果仅仅依赖 Dagger,ViewModel 的注入十分困难,但是在 HIlt 的加持下,ViewModel 这样的 Android 组件的依赖注入变得十分简单:

```
@ HiltAndroidApp // 在 Application 添加此注解后,就可以为整个应用启动 Hilt
class MyApplication : Application() {...}
// ViewModel 支持 Hilt 注入
@ HiltViewModel
class ExampleViewModel @ Inject constructor(
  private val savedStateHandle: SavedStateHandle,
  private val repository: ExampleRepository
) : ViewModel() {...}
// Activity 的 ViewModel 可以在 Factory 实现构造参数注入
@ AndroidEntryPoint
class ExampleActivity : AppCompatActivity() {
  private val exampleViewModel: ExampleViewModel by viewModels()
  override fun onCreate(savedInstanceState: Bundle?) {
  super.onCreate(savedInstanceState)
  // loginViewModel 此处已经完成注入,可以使用
  }
}
```

如上所示,ViewModel 添加@ HiltViewModel 注解后,Hilt 可以生成一个 ViewModelProvider. Factory,其中可以通过 Hilt 注入,构建我们的 ViewModel,添加@ AndroidEntryPoint 的 Activity 也会在编译期改写父类,也就改写了 getDefaultViewModelProviderFactory 方法的实现,这是 Activity 获取默认 ViewModel-Provider. Factory 的方法,经过 Hilt 在编译期的改动,可以获取之前生成的 Factory,从而创建支持依赖注入的 ViewModel。

ExampleActivity 像通常一样使用 by viewModels( )声明 ViewModel 即可,其他的事情都是依靠 Hilt 在编译期帮我们完成的。此外,像 Activity、Fragment、View 等 Android 组件,都不能只是简单地使用 Dagger 进行构造参数注入,Hilt 在编译期的大量工作帮我们节省了原本使用 Dagger 需要付出的成本。

▶▶ 8.2.2　在 Compose 中使用 Hilt

Compose 经常借助 ViewModel 进行状态管理,跟传统视图体系一样,ViewModel 可以借助 Hilt 实现依赖注入,只需添加@ HiltViewModel 即可。

```
@ HiltViewModel
class ExampleViewModel @ Inject constructor(
  private val savedStateHandle: SavedStateHandle,
  private val repository: ExampleRepository
```

```
) : ViewModel() {...}

@ Composable
fun ExampleScreen(
  exampleViewModel: ExampleViewModel = viewModel()
) {...}
```

viewModel( )是 androidx-lifecycle 针对 Compose 提供的@ Composable 方法，用于在 Composable 中创建 ViewModel。当使用 viewModel( )时，它会自动使用基于 Hilt 构造的 ViewModel，无须为 ViewModel 手写 Factory。

在 7.1.7 小节中，我们介绍了 Navigation 对于 ViewModel 的支持，可以在 Navigation 中创建和共享 Destination 级别的 ViewModel。Hilt 可以配合 Navigation 实现这个 ViewModel 在创建时的依赖注入。

首先需要在 Gradle 中添加相关依赖：

```
implementation "androidx.hilt:hilt-navigation-compose:1.0.0"
```

不要忘了在 NavHost 所属的 Activity 或者 Fragment 添加@ AndroidEntryPoint 注解，接下来就可以在 NavHost 的 composable {} 中基于 Hilt 创建 ViewModel 了。

```
@ Composable
fun MyApp() {
  NavHost(navController, startDestination = startRoute) {
    composable("example") { backStackEntry ->
      val exampleViewModel = hiltViewModel<ExampleViewModel>()
      ExampleScreen(exampleViewModel)
    }
    ...
  }
}
```

代码如上所示，非常简单。使用 hiltViewModel 创建的 ExampleViewModel，其构造参数会在实例构造时自动注入。

如果想在多个 Destination 之间共享 ViewModel，可以为 hiltViewModel 方法传入一个公共的 View-ModelStoreOwner，前面我们知道 BackStackEntry 就是一个 ViewModelStoreOwner，所以此处可以传入 NavHost 对应的 BackStackEntry。

```
@ Composable
fun MyApp() {
  NavHost(navController, startDestination = startRoute) {
    navigation(startDestination = innerStartRoute, route = "Parent") {
      ...
      composable("exampleWithRoute") { backStackEntry ->
        val parentEntry = remember {
          navController.getBackStackEntry("Parent")
        }
```

```
        val parentViewModel = hiltViewModel<ParentViewModel>(
          parentEntry
        )
        ExampleWithRouteScreen(parentViewModel)
      }
    }
  }
}
```

如上所示，通过 navController. getBackStackEntry 方法和 NavHost 的 route，可以获取其对应的 Back-StackEntry。

8.3 本章小结

在一个 Compose first 的项目中，Composable 作为页面的承载单元，本身也可以作为一个可导航的 Destination。本章我们学习了 Compose 导航的最佳实践，可以利用 Jetpack Navigation 实现 Composable 之间的导航，还可以为导航添加参数、Deeplinks 等配置。此外，Navigation 还支持页面级别的 ViewModel 创建，借助 Hilt，可以在创建 ViewModel 的时候，对其自动完成依赖注入。

第9章

Accompanist 与第三方组件库

目前有许多流行的第三方组件库已经为 Compose 进行了适配，助力开发者能够更加轻松地构建应用，本书收录了部分第三方组件库在 Compose 中的使用方法，供大家学习参考。

9.1 Accompanist

Accompanist 是谷歌官方的 Compose 实验库，它主要是填补 Compose 工具包中的空白，并且尝试开发新的 API。接下来会简单介绍一些常用的组件。

注意: --

可以在 https://github.com/google/accompanist/releases 中找到目前最新的可用版本。

▶▶ 9.1.1 SystemUiController

SystemUiController 库可以帮助我们修改系统 UI 栏的颜色。

```
implementation "com.google.accompanist:accompanist-systemuicontroller:<version>"
```

首先需要获取一个 SystemUiController 的实例。

```
val systemUiController = rememberSystemUiController()
val useDarkIcons = MaterialTheme.colors.isLight
SideEffect {
  systemUiController.setSystemBarsColor(
    color = Color.Transparent,
    darkIcons = useDarkIcons
  )
}
```

通过 MaterialTheme 可以获取到当前系统是否是暗色主题或者是浅色主题，从而控制系统栏图标的颜色（黑/白）。

此外，还可以使用 systemUiController.setStatusBarsColor() 或 systemUiController.setNavigationBarColor

( )来单独设置顶部的状态栏颜色和底部导航栏的颜色。

▶▶ 9.1.2　Pager

Pager 库可以在 Jetpack Compose 中实现分页的功能，它和 View 系统中的 ViewGroup 很相似。Pager 库有两种@ Composable 组件，分别是 HorizontalPager 和 VerticalPager，首先需要在 build. gradle（Project）中接入依赖项。

```
implementation "com.google.accompanist:accompanist-pager: $ accompanist_version"
```

接下来使用 Pager 完成一个简单的案例。

```
val pagerState = rememberPagerState()

HorizontalPager(
  count = 3,
  modifier = Modifier.fillMaxSize(),
  state = pagerState
) { page ->
  when (page) {
    0 -> ColorBox(Color.Black)
    1 -> ColorBox(Color.Red)
    2 -> ColorBox(Color.Blue)
  }
}

@ Composable
fun ColorBox(color: Color) {
  Box(Modifier.fillMaxSize().background(color))
}
```

这样就创建了一个可以水平滑动的界面，假如有的时候我们需要跳转到指定的界面，可以在一个协程作用域里面使用 pagerState. scrollToPage（index）或者 pagerState. animateScrollToPage（index）

```
val pagerState = rememberPagerState()
val scope = rememberCoroutineScope()

HorizontalPager(...) // 省略内容部分

scope.launch {
  pagerState.scrollToPage(2)
}
```

▶▶ 9.1.3　SwipeRefresh

Accompanist 库还提供了一个滑动下拉刷新的库，它类似于 Android 的 SwipeRefreshLayout。使用 SwipeRefreshLayout 组件库，需要接入下面的依赖项。

```
implementation "com.google.accompanist:accompanist-swiperefresh:$accompanist_version"
```

在下面的代码中，使用 **ViewModel** 管理下拉刷新的状态，运行结果如图 **9-1** 所示。

```
@Composable
fun SwipeRefreshDemo() {
  val viewModel: MyViewModel = viewModel()
  val isRefreshing by viewModel.isRefreshing.collec-
tAsState()
  val background by animateColorAsState( // 动画过渡效果
    targetValue = viewModel.background,
    animationSpec = tween(1000)
  )
  SwipeRefresh(
    state = rememberSwipeRefreshState(isRefreshing),
    onRefresh = { viewModel.refresh() }
  ) {
    Box(
      modifier = Modifier
        .fillMaxSize()
        .verticalScroll(rememberScrollState())
        .background(background)
    )
  }
}
```

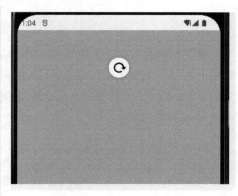

● 图 9-1 滑动下拉刷新

在 **ViewModel** 中需要用 **Flow** 来控制刷新的释放信号，以及处理刷新事件。

```
class MyViewModel: ViewModel() {
  private val _isRefreshing = MutableStateFlow(false)
  private val colorPanel = listOf(
    Color.Gray,
    Color.Red,
    Color.Black,
    Color.Cyan,
    Color.DarkGray,
    Color.LightGray,
    Color.Yellow
  )
  val isRefreshing: StateFlow<Boolean>
    get() = _isRefreshing.asStateFlow()
  var background by mutableStateOf(Color.Gray)

  fun refresh() {
    viewModelScope.launch {
      _isRefreshing.emit(true)
      delay(1000)
```

```
        background = colorPanel.random()
        _isRefreshing.emit(false)
    }
  }
}
```

需要注意的一点是，使用 SwipeRefresh 组件的时候，子组件需要有滑动的状态，否则无法触发 SwipeRefresh，例如 LazyColumn、LazyRow。它们能够对用户的滑动手势做出反应，而 Column、Row、Box 等布局默认不支持滑动，所以需要使用修饰符方法来对它进行改造。例如垂直滑动就可以使用 verticalScroll 修饰符。

▶▶ 9.1.4　Flow Layouts

Flow Layout 和普通的 Row、Column 组件不同，如果布局中有子项无法被安排在同一行/列，Flow Layout 会帮助它们自动换行/列。使用 Flow Layout 需要接入这个依赖项。

```
implementation "com.google.accompanist:accompanist-flowlayout:<version>"
```

流式布局 Flow Layout 的使用方法十分简单，就像使用 Row 组件、Column 组件一样，如图 9-2 所示。

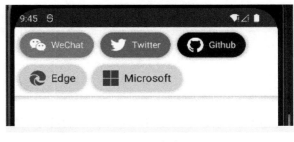

```
FlowRow {
  // 横向摆放的子项
}

  FlowColumn {
  // 纵向摆放的子项
}
```

● 图 9-2　流式布局示例

▶▶ 9.1.5　Insets

我们的页面中有很多跟系统相关的组件，比如顶部状态栏、底部导航栏等，在很多时候需要获取这些组件的信息来改进我们的页面展示，这个时候就可以用到 Insets 库。首先需要接入这个组件库的依赖项。

```
// insets 库已经遗弃了，它已经被加到 android compose 官方包里面，可以直接使用
// implementation "com.google.accompanist:accompanist-insets:<version>"
implementation "com.google.accompanist:accompanist-insets-ui:<version>"
// insets-ui 库包含了一些支持设置 contentPadding 的 Material Design 组件
```

在一些场景中，需要将顶部状态栏背景色设置为透明色或其他颜色，以达到沉浸式效果。可以使用前面提到的 SystemUiController 来修改状态栏颜色，当我们将状态栏设置为透明色后，会发现顶部状态栏空间仍然被占用着，如图 9-3 所示。

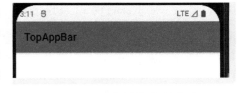

● 图 9-3　设置状态栏颜色

```
val systemUiController = rememberSystemUiController()
val useDarkIcons = MaterialTheme.colors.isLight
SideEffect {
  systemUiController.setSystemBarsColor(
    Color.Transparent, useDarkIcons)
}


TopAppBar(
  title = {
    Text("TopAppBar")
  },
  backgroundColor = Color.Gray
)
```

这是由于 Activity 会默认根据状态栏高度为组件内容增加额外的顶部 padding，要解决这个问题，只需要增加一行代码即可，如图 9-4 所示。

```
class MainActivity : ComponentActivity() {
  override fun onCreate(savedInstanceState: Bundle?) {
    super.onCreate(savedInstanceState)
    // 将内容延伸到 system bars 下层
    WindowCompat.setDecorFitsSystemWindows(
    window, false)
  }
}
```

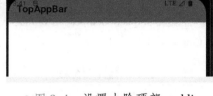

● 图 9-4　设置去除顶部 padding

现在 TopAppBar 内容被遮住了，需要让它正确地显示在状态栏下方，这个时候 insets 库就派上用场了，如图 9-5 所示。

```
TopAppBar(
  title = { Text("TopAppBar") },
  // 使用 insets 库提供的 statusBarsPadding
  modifier = Modifier.statusBarsPadding(),
  backgroundColor = Color.Gray
)
```

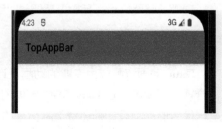

● 图 9-5　设置顶部 padding

尽管 TopAppBar 位置正确了，但是好像并没有起作用，顶部状态栏还是白色的，又回到了一开始什么都不设置时的状态。其实仔细想想，问题似乎出在没有 contentPadding 上。用 WindowCompat. setDecorFitsSystemWindows（window，false）去除状态栏 padding，但是自带的 TopAppBar 缺少了顶部内边距，导致不能将背景延伸到状态栏上。

在导入了 insets-ui 库之后，可以为 TopAppBar 组件设置 contentPadding，并使用 insets 库所提供的 PaddingValues 来填充 TopAppBar 内边距，如图 9-6 所示。

● 图 9-6　设置内边距 contentPadding

```
TopAppBar(
  title = { Text("TopAppBar") },
  backgroundColor = Color.Gray,
  contentPadding = WindowInsets.statusBars.asPaddingValues()
)
```

补充提示：

这里可以查看 accompanist insets 库迁移到官方 compose 的方法变动：

https://google.github.io/accompanist/insets/#migration-table

9.2 Lottie

Lottie 是 Airbnb 开源的一款优秀的跨平台动画工具库，设计人员可以使用 AE 设计动画，并使用 Bodymovin 插件将其导出成 JSON 格式交付给软件工程师，便可在所有具有 Lottie 实现的平台上展示相同的动画效果。相比 Gif 动画，Lottie 具有更强的灵活性，支持对动画播放状态速度帧率进行动态的调整。伴随着 Jetpack Compose 1.0 的正式发布，Lottie 也第一时间支持了 Compose。本节我们来学习如何在 Compose 中使用 Lottie。

▶▶ 9.2.1 配置依赖

首先需要在 build.gradle（app）脚本中添加 Lottie 的依赖配置。

```
implementation "com.airbnb.android:lottie-compose:$lottie_version"
```

▶▶ 9.2.2 Lottie 动画资源

Lottie 动画资源应由专业的动画设计师负责设计，并使用 Bodymovin 插件导出为 JSON 静态资源交付给软件开发者。在 Lottie 官网上也有许多免费优质的动画作品可供开发者选择，这些动画作品是由全球优秀的动画设计师免费贡献出来的。

Lottie 框架不仅支持直接加载本地 Lottie 动画资源文件的方式，并且还支持访问远程 URL 资源加载的方式，框架内部会帮助我们完成网络收发过程。

▶▶ 9.2.3 创建 Lottie 动画

首先，创建两个状态，用来描述动画的速度与开始暂停状态。

```
var isPlaying by remember {
  mutableStateOf(true)
}
var speed by remember {
  mutableStateOf(1f)
}
```

接下来加载 Lottie 动画资源，这里选择直接加载本地静态资源的方式。

```
val lottieComposition by rememberLottieComposition(
  spec = LottieCompositionSpec.RawRes(R.raw.lottie),
)
```

前面也提到，Lottie 框架还提供了其他加载方式，例如远程 URL 资源加载的方式。

```
sealed interface LottieCompositionSpec {
  // 加载 res/raw 目录下的静态资源
  inline class RawRes(@ androidx.annotation.RawRes val resId: Int) : LottieCompositionSpec
  // 加载 URL
  inline class Url(val url: String) : LottieCompositionSpec
  // 加载手机目录下的静态资源
  inline class File(val fileName: String) : LottieCompositionSpec
  // 加载 asset 目录下的静态资源
  inline class Asset(val assetName: String) : LottieCompositionSpec
  // 直接加载 json 字符串
  inline class JsonString(val jsonString: String) : LottieCompositionSpec
}
```

接下来使用 animateLottieCompositionAsState 创建 Lottie 的动画状态。

```
val lottieAnimationState by animateLottieCompositionAsState (
  composition = lottieComposition, // 动画资源句柄
  iterations = LottieConstants.IterateForever, // 迭代次数
  isPlaying = isPlaying, // 动画播放状态
  speed = speed, // 动画速度状态
  restartOnPlay = false // 暂停后重新播放是否从头开始
)
```

最后将动画资源的句柄和动画状态设置到 LottieAnimation Composable 即可。

```
LottieAnimation(
  lottieComposition,
  lottieAnimationState,
  modifier = Modifier.size(400.dp)
)
```

代码执行效果如图 9-7 所示。

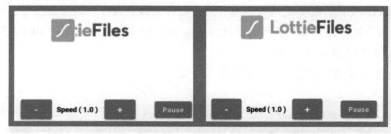

● 图 9-7　Lottie 动画示例

9.3 Coil

Coil 是一款基于 Kotlin 协程的 Android 图片加载库，Coil 的名字由 Coroutine Image Loader 首字母构成，Coil 具有以下几个优势。

- **更快**：Coil 在性能优化上做了许多工作，包括内存与磁盘缓存策略，将网络图片进行"降采样"存放、自动化暂停或取消图片的网络请求等。
- **更轻量**：Coil 只会为应用增加 2000 个方法（假设应用已经接入了 Okhttp 与 Coroutines），跟 Picasso 相当，相比 Glide 和 Fresco 体重更小。
- **更简单**：Coil 的 API 设计充分利用 Kotlin 语言的各种特性，简化和减少了许多样板代码。
- **更先进**：Coil 秉承着 kotlin-first 原则，并且使用了许多目前非常流行的组件库，包括 Coroutines、Okhttp、Okio 与 AndroidX Lifecycles 等。

▶▶ 9.3.1 配置依赖

首先需要在 build. gradle（app）中配置 Compose 版本的 Coil 组件库依赖。

```
implementation("io.coil-kt:coil-compose: $ coil_version")
```

▶▶ 9.3.2 AsyncImage

可以使用 AsyncImage 组件展示一张网络图片，Coil 内部会帮助我们异步完成图片请求与渲染展示。AsyncImage 组件与我们经常使用的 Image 组件的参数功能相类似，并且还允许在请求过程中根据当前状态设置不同的占位图（placeholder/error/fallback），并且还支持状态更新时的回调设置（onLoading/onSuccess/onError）。

AsyncImage 组件简单易用，model 字段可以直接设置为网络图片 URL。

```
AsyncImage(
  model = "https://pic-go-bed.oss-cn-beijing.aliyuncs.com/img/20220316151929.png",
  contentDescription = stringResource(R.string.description)
)
```

model 字段也可以设置为一个 ImageRequest 实例。通过 ImageRequest 可以设置更详细的异步请求配置。例如可以设置网络图片加载的淡入淡出效果，图片装载到内存时的像素尺寸，磁盘与内存的缓存策略，HTTP 请求头信息设置等。当然如果只需使用 data 方法设置网络图片 URL，那么这与上面直接传入网络图片 URL 的方式是等价的。

这里使用 crossfade 来设置网络图片加载的淡入效果。

```
AsyncImage(
  model = ImageRequest.Builder(LocalContext.current)
    .data("https://pic-go-bed.oss-cn-beijing.aliyuncs.com/img/20220316151929.png")
    .crossfade(true)
```

```
    .build(),
  contentDescription = stringResource(R.string.description),
  placeholder = painterResource(id = R.drawable.place_holder),
  error = painterResource(id = R.drawable.error),
  onSuccess = {
    Log.d(TAG, "success")
  }
)
```

▶▶ 9.3.3　SubcomposeAsyncImage

SubcomposeAsyncImage 组件是 AsyncImage 组件的变种，具有更为灵活的 API 设计。例如使用 Asyn-cImage 组件是无法自定义加载动画的，只能设置成一张静态占位图。

```
SubcomposeAsyncImage(
  model = "https://pic-go-bed.oss-cn-beijing.aliyuncs.com/img/20220316151929.png",
  loading = {
    CircularProgressIndicator() // 圆形进度条
  },
  contentDescription = stringResource(R.string.description)
)
```

除此之外，可以使用带有 content 参数的重载方法，根据图像加载状态定制更为复杂的加载逻辑。SubcomposeAsyncImageContent( ) 是实际展示图片内容的组件，需要在加载完成后，将其展示出来。

```
SubcomposeAsyncImage(
  model = "https://pic-go-bed.oss-cn-beijing.aliyuncs.com/img/20220316151929.png",
  contentDescription = stringResource(R.string.description)
) {
  if (painter.state is AsyncImagePainter.State.Loading || painter.state is AsyncImagePaint-
er.State.Error) {
    CircularProgressIndicator()
  } else {
    SubcomposeAsyncImageContent()
  }
}
```

实际上，如果没有主动设置图片装载到内存时的像素尺寸，SubcomposeAsyncImage 组件会默认根据当前组件布局的约束空间来确定图片最终装载的尺寸，这说明在图片装载前，就需要预先获取当前 SubcomposeAsyncImage 组件的约束信息。在前面的自定义布局章节我们曾提到过，使用 Subcompose Layout 组件可以使一个子组件在合成前，获取到父组件的约束信息或其他组件测量信息。可以看出 SubcomposeAsyncImage 组件其实就是依靠 SubcomposeLayout 提供的能力进行实现的。这里的子组件可以看作是我们传入的 content 内容，它会在 SubcomposeAsyncImage 组件测量时进行组合。

当然如果主动设置了图片装载到内存时的像素尺寸，那么 SubcomposeAsyncImage 组件内部会直接采用 Layout 方案实现，因为此时并不需要当前组件布局的约束信息。

```
SubcomposeAsyncImage(
  model = ImageRequest
    .Builder(LocalContext.current)
    .data("https://pic-go-bed.oss-cn-beijing.aliyuncs.com/img/20220316151929.png")
    .size(1920, 1080) // 设置像素尺寸
    .build(),
  contentDescription = stringResource(R.string.description)
) {
  if (painter.state is AsyncImagePainter.State.Loading || painter.state is AsyncImagePaint-
er.State.Error) {
    CircularProgressIndicator()
  } else {
    SubcomposeAsyncImageContent()
  }
}
```

▶▶ 9.3.4 AsyncImagePainter

实际上无论是 **AsyncImage** 组件还是 **SubcomposeAsyncImage** 组件，它们内部其实都是使用 **AsyncImagePainter** 来完成异步网络请求与渲染的。如果我们在工程中被限制不能使用 **AsyncImage** 组件，可以选用 **AsyncImagePainter** 与 **Image** 组件的搭配方案。

```
val painter = rememberAsyncImagePainter(
  model = ImageRequest.Builder(LocalContext.current)
    .data("https://pic-go-bed.oss-cn-beijing.aliyuncs.com/img/20220316151929.png")
    .build()
)
if (painter.state is AsyncImagePainter.State.Loading) {
  CircularProgressIndicator()
}
Image(
  painter = painter,
  contentDescription = stringResource(R.string.description)
)
```

值得注意的是，只有当第一次 onDraw 时，AsyncImagePainter 才会进行异步网络请求获取图像，这是因为第一次 onDraw 会根据 drawContext 信息为 ImageLoader 提供 sizeResolver，用来确定图片装载到内存时的像素尺寸，感兴趣的同学可以自行查阅源码。所以不能根据 painter. state 是否为 Success 状态来决定是否合成 Image，因为只有 Image 被合成绘制时，才会进行网络请求，否则会一直处于 Loading 状态。

```
val painter = rememberAsyncImagePainter(
  model = ImageRequest.Builder(LocalContext.current)
    .data ("https://pic-go-bed. oss-cn-beijing. aliyuncs. com/img/20220316151929.png")    .
build()
)
```

```
// 错误示例,图片不能被成功加载
if (painter.state is AsyncImagePainter.State.Success) {
  Image(
    painter = painter,
    contentDescription = stringResource(R.string.description)
  )
}
```

AsyncImagePainter 是一个底层 API，在使用时会出现很多诸如此类的非不可预期的错误行为，需要我们花费大量时间进行排查，所以建议还是尽可能使用 AsyncImage 与 SubcomposeAsyncImage 这类配套的上层组件。

9.4 本章小结

本章从扩大视野的角度带大家了解了一些实用的 Compose 三方库，包括 Lottie、Coil 以及 Accompanist 系列组件。Accompanist 目前由谷歌负责维护，稳定性值得信赖的同时，对 Compose 基础组件也是一个良好补充。随着 Compose 的不断普及，其三方库生态也会不断丰富，期待大家去探索和发现更多实用且方便的组件库。

第10章

▶▶▶▶▶▶▶

项目实战：小游戏 Tetris

本章介绍如何基于 Compose 打造一个经典的俄罗斯方块游戏 Tetris。在这个实战项目中，将复习到之前学过的各种 Canvas API，学习小游戏开发的一般思路，以及使用 MVI 搭建 Compose 应用架构的相关经验。游戏界面效果如图 10-1 所示。

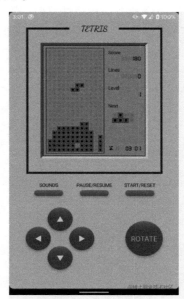

● 图 10-1　小游戏 Tetris

10.1　整体项目架构

游戏程序的执行流程就是一个无限循环的过程。循环中程序不断等待游戏指令的输入，根据游戏指令，程序将渲染最新的游戏界面，当循环退出时，也代表了游戏的结束，如图 10-2 所示。

所以游戏的本质就是游戏画面对游戏指令的反应，这与 Compose 中贯彻的 UI 是对状态的反应这一理念高度一致，也非常适合基于 MVI 架构进行开发。

记得在第 4 章曾简单提到过 MVI。MVI 即 Model-View-Intent，它与 MVVM 很相似，它受前端框架的启发，更加强调数据的单向流动和唯一数据源，这与 Compose 提倡的设计思想非常契合，因此用在 Compose 项目中实现状态管理以及相关逻辑的处理。**Compose 与 MVI 的关系就如同前端开发中 React 与 Redux 的关系**，都是被广泛认可的组合方式。

Tetris 小游戏基于 MVI 搭建，MVI 设计架构如图 10-3 所示。

- **View 层**：基于 Compose 打造，所有 UI 由代码实现。
- **Model 层**：ViewModel 维护 State 的变化，游戏逻辑交由 reduce 处理。
- **V-M 通信**：通过 StateFlow 驱动 Compose 刷新，事件由 Action 分发至 ViewModel。

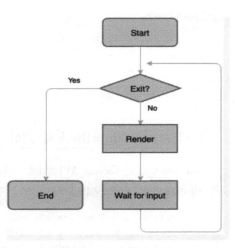

● 图 10-2 游戏工作流程

首先看一下 View 层的组成，游戏界面（如图 10-4 所示）由以下几部分构成：

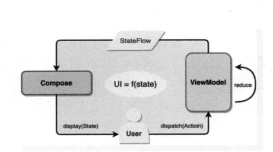

● 图 10-3 MVI 设计架构图

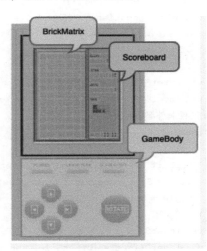

● 图 10-4 游戏界面

- **GameBody**：绘制按键、处理用户输入。
- **BrickMatrix**：绘制方块矩阵背景、下落中的方块。
- **Scoreboard**：显示游戏得分、时钟等信息。

接下来开始着手游戏界面的绘制，就从最小的方块开始。

10.2 砖块矩阵（BrickMatrix）

游戏屏幕的主要区域是一个由 12×24 的小砖块组成的矩阵，小砖块基于 Compose 的 Canvas 绘制，如图 10-5 所示。

●图 10-5　砖块样式

▶▶ 10.2.1　drawBrick 绘制砖块单元

drawBrick 通过 Canvas API 绘制小砖块。由于 Canvas API 需要在 DrawScope 中使用，为了方便调用，将 drawBrick 定义成 DrawScope 的扩展函数。

```
private funDrawScope.drawBrick(
  brickSize: Float,// 每一个方块的 size
  offset: Offset,// 在矩阵中的偏移位置
  color: Color// 砖块颜色
) {
  // 根据 Offset 计算实际位置
  val actualLocation = Offset(
    offset.x * brickSize,
    offset.y * brickSize
  )
  val outerSize = brickSize * 0.8f
  val outerOffset = (brickSize - outerSize) / 2
  // 绘制外部矩形边框
  drawRect(
    color,
    topLeft = actualLocation + Offset(outerOffset, outerOffset),
    size = Size(outerSize, outerSize),
    style = Stroke(outerSize / 10)
  )
  val innerSize = brickSize * 0.5f
  val innerOffset = (brickSize - innerSize) / 2
  // 绘制内部矩形方块
  drawRect(
    color,
    actualLocation + Offset(innerOffset, innerOffset),
    size = Size(innerSize, innerSize)
  )
}
```

▶▶ 10.2.2　drawMatrix 绘制砖块矩阵

搞定砖块单元，定义 drawMatrix 基于砖块绘制整个矩阵，如图 10-6 所示，这代表了整个屏幕。游戏开始后、下落中以及触底的砖块都会被摆放在矩阵中的某个位置。参数 brickSize 代表每个砖块的

size，matrix 是矩阵横向、纵向的数量。

```
private funDrawScope.drawMatrix(
  brickSize: Float,
  matrix: Pair<Int, Int> // 横向、纵向的数量：12 * 24
) {
  (0 until matrix.first).forEach { x ->
    (0 until matrix.second).forEach { y ->
    // 遍历调用 drawBrick
    drawBrick(
      brickSize,
      Offset(x.toFloat(), y.toFloat()),
      BrickMatrix
    )
   }
  }
}
```

● 图 10-6　砖块矩阵

10.3　下落中的砖块（Sprite）

我们知道俄罗斯方块游戏程序会从几种固定形状的方块组合中，每次随机选择一个从屏幕顶端逐渐下降到底部。每个形状都是由 4 个小砖块组成，通过定义单个砖块的摆放位置，可以实现这几种不同的（Shape），如图 10-7 所示。

● 图 10-7　不同形状的砖块组合

如果用相对 top-left 的 Offset 值代表每个方块的偏移位置，那么每种 Shape 无非就是一组 Offset 的列表。

▶▶ 10.3.1　Shape 砖块组合形状

我们定义所有 Shape 类型，例如"S"型的 Shape，由 (0，-1)，(0，0)，(0，1)，(0，2) 4 个点组成，-1 表示在 y 轴上起始点处于屏幕外部。

```
val SpriteType = listOf(
  listOf(Offset(1, -1), Offset(1, 0), Offset(0, 0), Offset(0, 1)),// Z
  listOf(Offset(0, -1), Offset(0, 0), Offset(1, 0), Offset(1, 1)),// S
  listOf(Offset(0, -1), Offset(0, 0), Offset(0, 1), Offset(0, 2)),// I
  listOf(Offset(0, 1), Offset(0, 0), Offset(0, -1), Offset(1, 0)),// T
```

```
  listOf(Offset(1, 0), Offset(0, 0), Offset(1, -1), Offset(0, -1)),// O
  listOf(Offset(0, -1), Offset(1, -1), Offset(1, 0), Offset(1, 1)),// L
  listOf(Offset(1, -1), Offset(0, -1), Offset(0, 0), Offset(0, 1))// J
)
```

▶▶ 10.3.2　Sprite 定义下落砖块

我们遵照游戏开发的习惯，使用 Sprite 一词代表游戏中的可变对象，就用 Sprite 代表正在下落的砖块组合，Offset 表示 Sprite 相对于屏幕的偏移量，Shape 和 Offset 决定了 Sprite 应该绘制在 Matrix 中的何处，用 location 存储这个结果。

```
data class Sprite(
  val shape: List<Offset> = emptyList(),
  val offset: Offset = Offset(0, 0),
) {
  val location: List<Offset> = shape.map { it + offset }
}
```

▶▶ 10.3.3　drawSprite 绘制下落砖块

定义 drawSprite 绘制每个 Sprite，其内部通过调用 drawBrick 对 Sprite 的每个砖块进行绘制。

```
fun DrawScope.drawSprite(sprite: Sprite, brickSize: Float, matrix: Pair<Int, Int>) {
  clipRect(
    0f, 0f,
    matrix.first * brickSize,
    matrix.second * brickSize
  ) {
    sprite.location.forEach {
      drawBrick(
        brickSize,
        Offset(it.x, it.y),
        BrickSprite
      )
    }
  }
}
```

代码中使用了 clipRect 来限制绘制区域。clipRect 是 Canvas 的常用 API，我们在 Compose 的 DrawScope 中可以使用它，当绘制的内容超出此区域时，将不会被保留。游戏中每一个降落的方块都是从屏幕外（上方）开始逐渐进入屏幕，但是只需要绘制矩阵内部的部分即可，所以 ClipRect 的区域就是矩阵的区域。

与方块相关的绘制到此结束了，下面进入游戏机体（GameBody）的绘制。

10.4　游戏机体（GameBody）

GameBody 的核心是按钮的绘制，以及事件处理。

button 的绘制很简单，通过 RoundedCornerShape 实现圆形，再借助 Modifier 添加阴影，增加拟物感。

▶▶ 10. 4. 1　GameButton

```
@Composable
fun GameButton(
  modifier: Modifier = Modifier,
  size: Dp,
  content: @Composable (Modifier) -> Unit
) {
  val backgroundShape = RoundedCornerShape(size / 2)
  Box(
    modifier = modifier
      .shadow(5.dp, shape = backgroundShape)
      .size(size = size)
      .clip(backgroundShape)
      .background(
       brush = Brush.verticalGradient(
         colors = listOf(
           Purple200,
           Purple500
         ),
         startY = 0f,
         endY = 80f
       )
     )
  ) {
    content(Modifier.align(Alignment.Center))
  }
}
```

▶▶ 10. 4. 2　组装 Button、发送 Action

在 GameBody 中对 Button 进行布局，如图 10-8 所示。

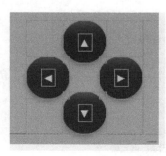

● 图 10-8　游戏控制按钮样式

4 个方向键的布局代码如下，在 OnClick 中调用 clickable 发送游戏指令。clickable 是自定义工具类，其内部封装了向 ViewModel 发送 Action 的逻辑。

```
Box(
  modifier = Modifier
    .fillMaxHeight()
    .weight(1f)
) {
  GameButton(
    Modifier.align(Alignment.TopCenter),
    onClick = { clickable.onMove(Direction.Up) },
    size = DirectionButtonSize
  ) {
    ButtonText(it, stringResource(id = R.string.button_up))
  }
  GameButton(
    Modifier.align(Alignment.CenterStart),
    onClick = { clickable.onMove(Direction.Left) },
    size = DirectionButtonSize
  ) {
    ButtonText(it, stringResource(id = R.string.button_left))
  }
  GameButton(
    Modifier.align(Alignment.CenterEnd),
    onClick = { clickable.onMove(Direction.Right) },
    size = DirectionButtonSize
  ) {
    ButtonText(it, stringResource(id = R.string.button_right))
  }
  GameButton(
    Modifier.align(Alignment.BottomCenter),
    onClick = { clickable.onMove(Direction.Down) },
    size = DirectionButtonSize
  ) {
    ButtonText(it, stringResource(id = R.string.button_down))
  }
}
```

▶▶ 10.4.3 Clicable：分发事件

在上面的代码中的 clickable 是一个 Clickable 类型的工具类，负责游戏事件的分发。

```
data class Clickable constructor(
  val onMove: (Direction) -> Unit,// 移动
  val onRotate: () -> Unit,// 旋转
  val onRestart: () -> Unit,// 开始、重置游戏
  val onPause: () -> Unit,// 暂停、恢复游戏
```

```
    val onMute: () -> Unit// 打开、关闭游戏音乐
)
```

创建 GameBody 时，构建并传入一个 Clickable 对象，对象实现了对 ViewModel 的调用，代码如下：

```
GameBody(Clickable(
  onMove = { direction: Direction ->
    if (direction == Direction.Up) viewModel.dispatch(Action.Drop)
    else viewModel.dispatch(Action.Move(direction))
  },
  onRotate = {
    viewModel.dispatch(Action.Rotate)
  },
  onRestart = {
    viewModel.dispatch(Action.Reset)
  },
  onPause = {
    if (viewModel.viewState.value.isRuning) {
      viewModel.dispatch(Action.Pause)
    } else {
      viewModel.dispatch(Action.Resume)
    }
  },
  onMute = {
    viewModel.dispatch(Action.Mute)
  }
))
```

GameBody 内部封装了 GameButton 等各种按钮的组合，同时为调用方预留了插入屏幕组件的位置。GameScreen 就是屏幕组件内部封装了前面介绍的方块矩阵。在上面的代码中还出现了对 ViewModel 状态 ViewState 的访问，接下来看一下与游戏状态相关的核心代码。

10.5 订阅游戏状态（ViewState）

GameScreen 订阅 viewModel 的数据，实现 UI 的刷新。ViewState 是唯一的数据源，遵循 **SSOT**（**Single Source Of Truth**）原则。

```
@Composable
fun GameScreen(modifier: Modifier = Modifier) {
  val viewModel = viewModel<GameViewModel>() // 获取 ViewModel
  val viewState = viewModel.viewState.value // 订阅 State
  Box {
    Canvas(
      modifier = Modifier.fillMaxSize()
```

```
  ) {
    val brickSize = min(
      size.width / viewState.matrix.first,
      size.height / viewState.matrix.second
    )
    // 仅负责绘制 UI,没有任何逻辑处理
    drawMatrix(brickSize, viewState.matrix)
    drawBricks(viewState.bricks, brickSize, viewState.matrix)
    drawSprite(viewState.sprite, brickSize, viewState.matrix)
  }
  ...
  }
}
```

借助 **MVI** 的加持，**Compose** 无须染指任何逻辑，逻辑全部交由 **ViewModel** 处理。接下来看一下 **ViewModel** 的核心实现：**ViewState & Action**。

▶▶ 10.5.1　ViewState

遵循 SSOT 原则，所有影响 UI 刷新的数据都应该定义在 ViewState 中。

```
data classViewState(
  val bricks: List<Brick> = emptyList(), // 底部落地成盒的砖块
  val sprite: Sprite = Empty, // 下落中的砖块
  val spriteReserve: List<Sprite> = emptyList(), // 后补 t 砖块(Next)
  val matrix: Pair<Int, Int> = MatrixWidth to MatrixHeight,// 矩阵尺寸
  val gameStatus: GameStatus = GameStatus.Onboard,// 游戏状态
  val score: Int = 0, // 得分
  val line: Int = 0, // 下了多少行
  val level: Int = 0,// 当前级别(难度)
  val isMute: Boolean = false,// 是否静音
)
```

```
enum class GameStatus {
  Onboard, // 游戏欢迎页
  Running, // 游戏进行中
  LineClearing,// 消行动画中
  Paused,// 游戏暂停
  ScreenClearing, // 清屏动画中
  GameOver// 游戏结束
}
```

如上所示，甚至连消行、清屏这类逻辑也统一由 **ViewModel** 负责。

▶▶ 10.5.2　Action

用户的输入通过 Action 通知到 ViewModel，目前支持以下几种 Action：

```
sealed class Action {
  data class Move(val direction: Direction) : Action() // 点击方向键
  object Reset : Action() // 点击 start
  object Pause : Action() // 点击 pause
  object Resume : Action() // 点击 resume
  object Rotate : Action() // 点击 rotate
  object Drop : Action() // 点击↑,直接掉落
  object GameTick : Action() // 砖块下落通知
  object Mute : Action()// 点击 mute
}
```

▶▶ 10.5.3　reduce

ViewModel 接收到 Action 后，分发到 reduce，更新 ViewState。

1. GameTick：　砖块下落 Action

以 GameTick 为例看一下 ViewModel 对 Action 的处理。在游戏进行中，砖块会根据当前游戏难度以一定速度下落，这个下落事件是由 GameTick 驱动的。其他所有 Action 都是用户触发的，唯有 GameTicker 是程序自动触发。

```
LaunchedEffect(Unit) {
  while (isActive) {
    delay(650L - 55 * (viewState.level - 1))
    viewModel.dispatch(Action.GameTick)
  }
}
```

如上所述，其实 Action. GameTick 是在副作用中定期发送的，LaunchedEffect 的 key 为 Unit，表示着和 Composable 同样的生命周期。在单页面应用中，Composble 的生命周期也就是整个应用的生命周期。GameTick 的完整流程如图 10-9 所示。

reduce 的内容主要是根据 Sprite 在 Matrix 中的当前状态来更新 ViewStae：

```
fun reduce(state:ViewState, action: Action) {
  when(action) {
    Action.GameTick -> run {
      // 没有触达底部,y 轴偏移+1
      val sprite = state.sprite.moveBy(Direction.Down.toOffset())
      if (sprite.isValidInMatrix(state.bricks, state.matrix)) {
        emit(state.copy(sprite = sprite))
      }
      // GameOver
      if (! state.sprite.isValidInMatrix(state.bricks, state.matrix)) {
        // 砖块超出屏幕上界,游戏结束
      }
      // 更新底部 Bricks
```

```
// updateBricks: 底部 Bricks 的状态信息
// clearedLine:消行信息
val (updatedBricks, clearedLines) = updateBricks(
  state.bricks,
  state.sprite,
  matrix = state.matrix
)
// updatedBricks 返回的底部 Bricks 的信息由三个 List<Brick>组成
val (noClear, clearing, cleared) = updatedBricks
if (clearedLines ! = 0) {
  // 成功消行
  // 执行消行动画,见后文
} else {
  // 没有消行
  emit(newState.copy(
    bricks = noClear,
    sprite = state.spriteNext)
  )
  }
 }
 }
}
```

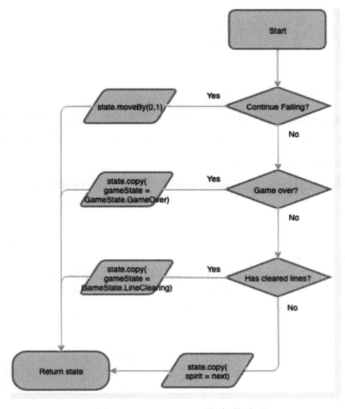

● 图 10-9　GameTick 的完整流程

isValidInMatrix( )判断 Sprite 相对于 Matrix 是否已经出界，出界则为游戏结束。当 Sprite 触达底部时，updatedBricks 负责更新底部 Bricks 数据，即将 Sprite 的 bricks 合并到底部的 Bricks 中。

2. 消行动画

Brick 的定义很简单，就是在 Matrix 中的 Offset。

```
data class Brick(val location: Offset = Offset(0, 0))
```

updatedBricks 返回三个 List<Brick>，分别记录消行动画过程中 Bricks 的中间状态，如表 10-1 所示。

表 10-1　updateBricks 返回列表

返回的 List	说　　明	图　示
noClear	未消行的 bricks	
clearing	消行中的 bricks，相当于设置为 Invisiable	
cleared	消行后的 bricks，相当于设置为 Gone	

基于返回的 List<Brick>，更新 state 实现消行动画。

```
launch {
  // animate the clearing lines
  repeat(5) {
    emit(
      // 间隔 100ms,交替显示 noClear/clearing
      state.copy(
        gameStatus = GameStatus.LineClearing,
        sprite = Empty,
        bricks = if (it % 2 == 0) noClear else clearing
      )
      delay(100)
    )
  }
  // delay emit new state
  emit(
    // 动画结束,bricks 更新到 cleared
    state.copy(
```

```
        sprite = state.spriteNext,
        bricks = cleared,
        gameStatus = GameStatus.Running
      )
   )
}
```

10.6 预览游戏画面

活用 Compose 的@ Preview 可以极大地提升 UI 组件的开发效率，@ Preview 的预览效果几乎与真机无异，可以帮助我们实现所见即所得的开发体验。

在这个游戏开发中，可以为各个组件添加@ Preview 进行局部 UI 的预览，同时通过对组件的组合，还可以预览游戏机的全貌。UI 开发如同装配车间那样实现流水化作业，如图 10-10 所示。

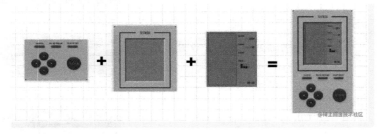

● 图 10-10 对游戏画面组合预览

除了基本预览以外，@ Preview 还提供了例如互动预览、实机预览等更多使用功能。此外，通过右击还可以将预览 UI 直接保存为 . png。本游戏的 AppIcon 就是通过这种方式创建生成的。

整个游戏包括动画在内的所有 UI 刷新全是由 State 驱动完成的，运行十分流畅，这也侧面证明了 Compose 在性能上已经不属于传统的视图方式。

第11章

▶▶▶▶▶▶

项目实战：聊天应用 Chatty

本章我们将基于 Compose 实现一个移动端的聊天应用。期间将复习到基于 Navigation 的页面导航，多主题切换，以及各种常用的 Composable 组件的使用等。

11.1　整体系统架构

作为一款社交类的 IM 应用，客户端内提供的绝大多数功能都需要用户处于登录在线状态，我们也需要根据账户信息作为使用者的唯一身份标识。聊天模块是整个通信工具中最核心也是最重要的功能模块，对于消息的正确性与一致性需要有严格的保证。除此之外，社交类应用最重要的则是社交网络的建立，为此还需要额外设计联系人与发现模块。

基于前面所提出的各项功能，这里可以大致将系统功能划分为 5 个功能模块分别进行设计与开发，包括用户登录注册模块、IM 聊天模块、联系人模块、用户信息模块、发现模块。整体构成如图 11-1 所示。

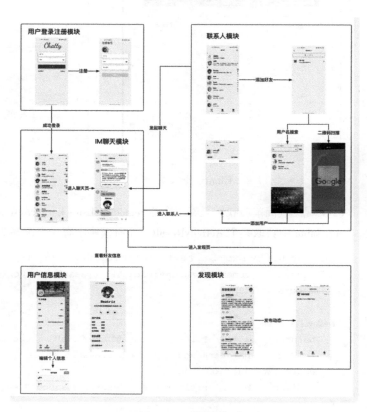

● 图 11-1　整体构成

登录注册模块

登录和注册模块的 UI 很简单，主要是以表单为主，它们外层的结构主要是用 Column 组件来进行布局，如图 11-2 和图 11-3 所示。

● 图 11-2　Chatty 登录页

● 图 11-3　Chatty 注册页

UI 实现比较简单，我们只着重介绍 rememberLauncherForActivityResult( ) 的使用。它可以帮助我们在 Composable 中获取某个 ActivityResult，注册模块中有一个选择头像的功能，就是由它来完成的。

```
var imageUri by remember { mutableStateOf<Uri? >(null) }
val launcher = rememberLauncherForActivityResult(GetContent()) { uri: Uri? ->
  imageUri = uri
}
Image(
    painter = imageUri?.let { rememberImagePainter(imageUri) }
        ?:run { painterResource(id = R.drawable.ava1) },
    contentDescription = null,
    modifier = Modifier.clickable { launcher.launch("image/* ") }
)
```

我们为 Image 组件添加了 clickable 修饰符，当点击头像时，通过 Activity Results API 启动另一个

activity 并等待用户选择一个文件，在选择完一个文件之后，我们的 imageUri 会得到更新，之后便会重组触发 Image 组件。在这里需要使用 coil 库来显示本地 uri 的图片文件。

11.3 IM 聊天模块

IM 聊天模块主要包括以下两个页面：

- **对话列表页**：以对话为单位展示与所有人的聊天消息，点击对话记录后，跳转到该条对话详情页。
- **对话详情页**：可以查看聊天记录，并与对方展开聊天。

▶▶ 11.3.1 对话列表页

列表页主要由顶部的标题栏和内容区域的对话列表组成。

```
@Composable
fun Chatty() {
  Column(
    modifier = Modifier
      .fillMaxSize()
      .background(MaterialTheme.chattyColors.backgroundColor)
  ) {
    ChattyTopBar()// 搜索栏
    LazyColumn(
      modifier = Modifier
        .fillMaxSize(),
    ) {// 内容列表
      itemsIndexed(displayMessages, key = { _, item ->
        item.mid
      }) { _, item ->
        FriendMessageItem(item.userProfile, item.lastMsg, item.unreadCount)
      }
    }
  }
}
```

标题栏支持搜索，当点击右侧的搜索 Icon 后，标题栏切换为搜索模式。当在搜索框输入搜索关键字的同时，应用启动搜索，返回的搜索结果通过更新 **displayMessages**，最终展示在内容区域。

1. ChattyTopBar 标题栏

标题栏的样式如图 **11-4** 所示。

● 图 11-4　标题栏的样式

先看一下 ChattyTopBar 的代码：

```
@Composable
fun ChattyTopBar() {
  val scaffoldState = LocalScaffoldState.current
  val context = LocalContext.current
  val scope = rememberCoroutineScope()
  var isSearching by remember { mutableStateOf(false) } // 搜索模式
  var searchContent by remember { mutableStateOf("") } // 搜索内容
  TopBar(
    backgroundColor = MaterialTheme.chattyColors.backgroundColor,
    start = {
      // 标题栏左侧图标
    },
    center = {
      // 标题栏中心
    },
    end = {
      // 标题栏右侧图标
    }
  )
}
```

使用 TopBar 定义标题栏，分为左中右三个区域。左侧是一个 Icon，用于打开全局 Scaffold 的抽屉页。这里使用 LocalScaffoldState 传递 ScaffoldState，用来打开抽屉页。代码如下：

```
@Composable
fun ChattyTopBar() {
  ...
  TopBar(
    start = {
      IconButton(
        onClick = {
          if (! isSearching) {
            scope.launch {
              // 打开抽屉页
              scaffoldState.drawerState.open()
            }
          }
        },
      ) {
        CircleShapeImage(size = 32.dp, painter = painterResource(id = R.drawable.ava4))
      }
    }
  )
}
```

```
@Composable
fun CircleShapeImage(
  size: Dp,
  painter: Painter,
  contentScale: ContentScale = ContentScale.Fit
) {
  Surface(
    modifier = Modifier
      .size(size),
    shape = CircleShape
  ) {
    Image(
      painter = painter,
      contentDescription = null,
      contentScale = contentScale
    )
  }
}
```

我们还自定义了 **CircleShapeImage** 组件，用来显示用户的圆形头像。代码非常简单，使用 **Surface** 承载图片显示，并为其设置圆形 **shape** 样式。

标题栏中心区域主要是两种模式的切换：普通模式下显示 **App** 的名字，搜索模式下显示搜索框。我们定义了 **isSearching** 代表当前状态是否是搜索模式。代码如下：

```
fun ChattyTopBar() {
  ...
  TopBar(
    ...
    center = {
      if (isSearching) {
        BasicTextField(...) { innerText ->
          CenterRow(Modifier.fillMaxWidth()) {
            Box(
              modifier = Modifier.weight(1f),
              contentAlignment = Alignment.CenterStart
            ) {
              innerText()
            }
          }
        }
      } else {
        Text("Chatty", color = MaterialTheme.chattyColors.textColor)
      }
    }
  )
}
```

搜索框使用 **BasicTextField** 来实现，它允许我们自定义输入框的样式。在这里主要是想去掉 **TextField** 的默认样式，符合 **Chatty** 整体的极简风格，所以没有在 **innerText( )** 前后增加任何装饰。

当 **BasicTextField** 接收到输入的关键字后，发起搜索，并将搜索结果更新到 **displayMessages**，代码如下：

```
BasicTextField(
  value = searchContent,
  onValueChange = {
    searchContent = it.lowercase(Locale.getDefault())
    displayMessages = recentMessages.filter { result ->
      result
        .userProfile
        .nickname
        .lowercase(Locale.getDefault())
        .contains(searchContent)
    }.toMutableList()
  }
  ...
)
```

标题栏右侧 Icon 也涉及两种模式的切换，需要根据 **isSearching** 在 **Icons. Rounded. Close** 和 **Icons. Rounded. Search** 之间切换：

```
fun ChattyTopBar() {
  ...
  TopBar(
    ...
    end = {
      if (isSearching) {
        IconButton(
          onClick = {
            isSearching = false
            displayMessages = recentMessages
            searchContent = ""
          },
        ) {
          Icon(Icons.Filled.Close, null, tint = MaterialTheme.chattyColors.iconColor)
        }
      } else {
        IconButton(
          onClick = {
            isSearching = true
          }
        ) {
```

```
        Icon(Icons.Rounded.Search, null, tint = MaterialTheme.chattyColors.iconColor)
      }
    }
  }
)
}
```

搜索状态下, 当点击 Close 后, 将 isSearching 设置为 false 进入普通模式, 同时 displayMessages 重新显示最近的对话列表。

2. FriendMessageItem 对话列表

对话列表页使用 LazyColumn 显示每条对话 Item, 如图 11-5 所示。

● 图 11-5　联系人消息列表

下面简单看一下 FriendMessageItem 的实现, 它负责绘制每个 Item 的布局:

```
@Composable
fun FriendMessageItem(
  userProfileData: UserProfileData,
  lastMsg: String,
  unreadCount: Int = 0
) {
  val navController = LocalNavController.current
  Surface(
    modifier = Modifier
      .fillMaxWidth()
      .clickable {
        navController.navigate("${AppScreen.conversation}/${userProfileData.uid}")
      },
    color = MaterialTheme.chattyColors.backgroundColor
  ) {
```

```
CenterRow(
  modifier = Modifier.padding(vertical = 8.dp, horizontal = 10.dp),
) {
  // 用户头像
  CircleShapeImage(60.dp, painter = painterResource(id = userProfileData.avatarRes))
  Spacer(Modifier.padding(horizontal = 10.dp))
  // 对话内容的展示
  Column(
    modifier = Modifier.weight(1f)
  ) { ... }
  WidthSpacer(4.dp)
  // 最近消息时间和未读消息数
  Column(
    horizontalAlignment = Alignment.End
  ) {
    Text("${Random.nextInt(0, 24)}:${Random.nextInt(0, 60)}", color = MaterialTheme.
chattyColors.textColor)
    Spacer(Modifier.padding(vertical = 3.dp))
    NumberChips(unreadCount)
  }
 }
}
}
```

Surface 实现 click 点击事件的处理，通过 Navigation 跳转到对话详情页。内部使用 Row 排列三部分内容，依次是左侧的用户头像，中间的对话摘要的展示，以及右侧的未读消息数和最近消息时间。具体代码比较简单，不再赘述。

▶▶ 11.3.2 对话详情页

对话详情页自上而下分为三部分：顶部标题栏、中间聊天信息的展示、底部聊天输入部分，如图 11-6 所示。

我们重点关注聊天信息的展示和底部输入部分的逻辑，整体的布局代码如下：

```
Column(
  Modifier
    .fillMaxSize()
    .background(MaterialTheme.chattyColors.backgroundCol-
or)
) {
  Messages(
    messages = uiState.messages,
    navigateToProfile = {
      navController.navigate(
        "${AppScreen.userProfile}/${uiState.conversati-
onUserId}")
```

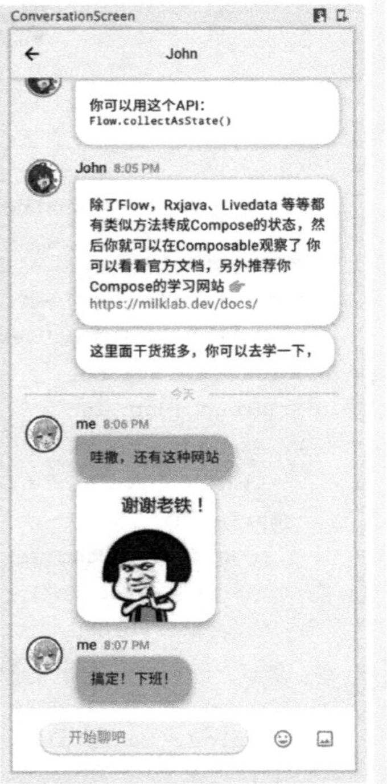

● 图 11-6　Chatty 对话详情页

```
    },
    modifier = Modifier.weight(1f),
    scrollState = scrollState
  )
  UserInput(
    onMessageSent = { content ->
      uiState.addMessage(
        Message(true, content, timeNow)
      )
    },
    resetScroll = {
      scope.launch {
        scrollState.scrollToItem(0)
      }
    },
    modifier = Modifier
      .navigationBarsPadding()// 输入框位于 NavigationBar 上方
      .imePadding(),// 让用户输入框位于 IME 的上方
  )
}
```

Messages 是自定义的消息展示的组件。主要参数如下：

- Messages：通过 UiStae 获取消息数据，当数据变化时，通过重组刷新最新的消息。
- navigateToProfile：点击用户头像后的跳转逻辑。
- scrollState：接收外界传入的 scrollState，可以滚动到消息列表的指定位置。
- UserInput 是负责处理用户输入的组件，包括吊起 IME 输入文字，以及通过自定义面板选择表情等，主要参数如下：
- onMessageSent：负责消息发送。输入的消息会更新 UiState 中的 Messages 数据。
- resetScroll：当收到一条新消息后，通过 scrollState 更新消息列表到最近的位置。
- modifier：主要说明一下 navigationBarsPadding( ) 和 imePadding( ) 两个修饰符的作用，它可以让 UserInput 组件时刻处于 IME 以及 NavigationBar 的上方。

Messages 主要是使用 LazyColumn 展示 Message 组件，Message 组件负责展示用户头像和消息气泡。我们重点看一下 Message 组件。

1. Message 消息卡片

Message 主要包括用户头像和消息气泡 AuthorAndTextMessage，如图 11-7 所示。

- 图 11-7　Message 消息卡片

```
@ Composable
fun Message(
```

```
  onAuthorClick: () -> Unit,
  msg: Message,
  isUserMe: Boolean,
  isLastMessageByTime: Boolean,
) {
  Row(modifier = spaceBetweenTimes) {
    if (isLastMessageByTime) {
      // 显示头像
      Image(
        modifier = Modifier
          .clickable(onClick = onAuthorClick)
          .padding(horizontal = 16.dp)
          .size(42.dp)
          .border(3.dp, MaterialTheme.colors.surface, CircleShape)
          .clip(CircleShape)
          .align(Alignment.Top),
        painter = painterResource(
          id = if (isUserMe) R.drawable.ava2 else LocalConversationUser.current.avatarRes),
        contentScale = ContentScale.Crop,
        contentDescription = null,
      )
    } else {
      // 当不是当前时间段内的首条信息时,不显示头像
      Spacer(modifier = Modifier.width(74.dp))
    }
    // 消息内容
    AuthorAndTextMessage(
      msg = msg,
      isUserMe = isUserMe,
      isFirstMessageByTime = isFirstMessageByTime,
      modifier = Modifier
        .padding(end = 16.dp)
        .weight(1f)
    )
  }
}
```

根据设计要求，同一时间段内可能有连续多条消息气泡，只有第一条消息的左侧配有头像。因此需要根据 isLastMessageByTime 判断是否应该显示头像。点击显示中的头像，回调 onAuthorClick，跳转到对应的 UserProfile 页面。

AuthorAndTextMessage 组件用来显示具体的消息气泡，同一时间段内的第一条消息，还需要显示消息时间，代码如下：

```
@Composable
fun AuthorAndTextMessage(
  msg: Message,
```

```
  isUserMe: Boolean,
  isLastMessageByTime: Boolean,
  modifier: Modifier = Modifier
) {
  Column(modifier = modifier) {
    if (isLastMessageByTime) {
      AuthorNameTimestamp(msg)
    }
    ChatItemBubble(msg, isUserMe)
    Spacer(modifier = Modifier.height(8.dp))
  }
}
```

我们直接看一下最核心的消息气泡组件 ChatItemBubble 的实现：

```
@ Composable
fun ChatItemBubble(
  message: Message,
  isUserMe: Boolean
) {
  Surface(
    color = backgroundBubbleColor,
    shape = ChatBubbleShape,
    elevation = ConvasationBublblElevation
  ) {
    ClickableMessage(
      message = message,
      isUserMe = isUserMe,
    )
  }
}
```

ChatItemBubble 的对内包装了 ClickableMessage，对外展示气泡的样式。气泡的形状通过 ChatBub-bleShape 实现，使用 RoundedCornerShpae 一行代码即可：

```
private val ChatBubbleShape = RoundedCornerShape(4.dp, 20.dp, 20.dp, 20.dp)
```

ClickableMessage 消息气泡中展示的文本内容，文本可以高亮显示特殊元素，比如 URL、电话号码等并处理点击事件。isUserMe 用来判断是对方或是己方消息，显示不同背景色。使用 ClickableText 显示可点击文字的内容。代码如下：

```
@ Composable
fun ClickableMessage(
  message: Message,
  isUserMe: Boolean,
) {
  val uriHandler = LocalUriHandler.current
  val styledMessage = messageFormatter(
```

```
      text = message.content,
      primary = isUserMe
    )
  ClickableText(
    text = styledMessage,
    style = MaterialTheme.typography.body1.copy(
      color = if (isUserMe) MaterialTheme.chattyColors.ConversationTextMe
      else MaterialTheme.chattyColors.ConversationText
    ),
    modifier = Modifier.padding(16.dp),
    onClick = {
      styledMessage
        .getStringAnnotations(start = it, end = it)
        .firstOrNull()
        ?.let { annotation ->
          when (annotation.tag) {
            SymbolAnnotationType.LINK.name -> uriHandler.openUri(annotation.item)
            // 其他类型处理
            else -> Unit
          }
        }
    }
  )
}
```

messageFormatter 为文本中的特殊元素添加不同样式，返回 AnnotatedString 赋值给 styledMessage。ClickableText 接收点击事件后，onClick 中会返回点击位置在 AnnotatedString 中的偏移量，getStringAnnotations 获取此位置对应的所有 Annotation 样式，然后根据样式不同进行不同处理。比如对一个 URI 样式的字符串，将会发起 URI 请求。我们看一下 messageFormatter 的具体实现：

```
@ Composable
fun messageFormatter(
  text: String
): AnnotatedString {
  val tokens = symbolPattern.findAll(text)
  return buildAnnotatedString {
    var cursorPosition = 0
    val codeSnippetBackground =
      MaterialTheme.colors.surface
    for (token in tokens) {
      append(text.slice(cursorPosition until token.range.first))
      val (annotatedString, stringAnnotation) = getSymbolAnnotation(
        matchResult = token,
        MaterialTheme.chattyColors,
        codeSnippetBackground = codeSnippetBackground
      )
```

```
      append(annotatedString)
      if (stringAnnotation ! = null) {
        val (item, start, end, tag) = stringAnnotation
        addStringAnnotation(tag = tag, start = start, end = end, annotation = item)
      }
      cursorPosition = token.range.last + 1
    }
    if (! tokens.none()) {
      append(text.slice(cursorPosition..text.lastIndex))
    } else {
      append(text)
    }
  }
}
```

在本书第 2 章介绍过 AnnotatedString 的创建。tokens 是通过正则匹配出来的子串的列表，正则表达式可以查找我们希望处理的样式，比如一个 URI 格式或者一串电话数字等。

获取 tokens 后，基于子串的前缀为各种格式的字符串创建 AnnotatedString，并 append 到最终合并后的字符串。getSymbolAnnotation 的实现如下：

```
private fun getSymbolAnnotation(
  matchResult: MatchResult,
  colorScheme: ChattyColors,
  codeSnippetBackground: Color
): SymbolAnnotation {
  return when (matchResult.value.first()) {
    'h'-> SymbolAnnotation(
      AnnotatedString(
        text = matchResult.value,
        spanStyle = SpanStyle(
          color = colorScheme.ConversationAnnotatedText
        )
      ),
      StringAnnotation(
        item = matchResult.value,
        start = matchResult.range.first,
        end = matchResult.range.last,
        tag = SymbolAnnotationType.LINK.name
      )
    )
    // 其他子串的处理
    else -> SymbolAnnotation(AnnotatedString(matchResult.value), null)
  }
}
```

'h '代表一段 http 开头的字符串，为其创建 SymbolAnnotation。主要包括两部分信息，一部分是使用 SpanStyle 创建的 AnnotatedString，主要处理此部分字符串的显示样式。另一部分是 StringAnnotation，包含了字符串的范围和类型信息等，用于为点击处理输入所需的信息。

2. UserInput 输入框

UserInput 主要负责输入聊天信息，包括文字输入以及表情输入等，如图 11-8 所示。文字输入框跟 ChattyTopBar 的搜索栏一样，使用 BasicTextField 实现，可以呼出软键盘。

● 图 11-8　UserInput 输入框

```
BasicTextField(
  value = textFieldValue,
  onValueChange = { onTextChanged(it) },
  modifier = Modifier
    .fillMaxWidth()
    .padding(start = 32.dp)
    .align(Alignment.CenterStart)
    .onFocusChanged { state ->
     if (lastFocusState ! = state.isFocused) {
       onTextFieldFocused(state.isFocused)
     }
     lastFocusState = state.isFocused
    },
  keyboardOptions = KeyboardOptions(
    keyboardType = keyboardType,
    imeAction = ImeAction.Send
  ),
  keyboardActions = KeyboardActions(
    onSend = { onMessageSent() },
  ),
  maxLines = 1,
  cursorBrush = SolidColor(LocalContentColor.current),
  textStyle = LocalTextStyle.current.copy(color = LocalContentColor.current)
)
```

onTextChanged 会改变 TextFieldValue 更新输入框的显示，KeyboardActions 中配置 onSend 将输入的消息回调给外部，进行消息发送。

最后简单看一下表情面板的实现：

```
@Composable
fun EmojiTable(
  onTextAdded: (String) -> Unit,
  modifier: Modifier = Modifier
) {
  Column(modifier.fillMaxWidth()) {
    repeat(4) { x ->
      Row(
        modifier = Modifier.fillMaxWidth(),
        horizontalArrangement = Arrangement.SpaceEvenly
      ) {
        repeat(EMOJI_COLUMNS) { y ->
          val emoji = emojis[x * EMOJI_COLUMNS + y]
          Text(
            modifier = Modifier
              .clickable(onClick = { onTextAdded(emoji) })
              .sizeIn(minWidth = 42.dp, minHeight = 42.dp)
              .padding(8.dp),
            text = emoji,
            style = LocalTextStyle.current.copy(
              fontSize = 18.sp,
              textAlign = TextAlign.Center
            )
          )
        }
      }
    }
  }
}
```

由 Column 嵌套 Row 实现了矩阵排列。horizontalArrangement 设置为 Arrangement.SpaceEvenly 保证 item 的摆放均分空间。emojis 数组是各种表情符号的 UTF-8 编码，可以以 Text 的形式显示。当点击 Text 后，通过 onTextAdded 回调外部，发送表情。

11.4 联系人模块

联系人模块主要包括以下 4 个页面：

- 通讯录页：展示当前用户的所有联系人列表清单，并允许使用首字母表快速索引。
- 联系人添加与搜索页：用来添加与搜索联系人，支持 UID 搜索与扫一扫两种形式添加。
- 二维码扫描页：利用二维码扫描，面对面添加联系人。

- 陌生人概要信息：展示待添加联系人的概要信息，并对该联系人发出好友添加申请。

▶▶ 11.4.1 通讯录页

通讯录页的功能可以分为顶部导航栏、底部导航栏、联系人列表与字母导航栏，如图 11-9 所示。由于底部导航栏是主页面共用的，这里不再独立实现。

对于该页面的顶部导航栏，使用前面封装好的 **TopBar** 组件可以很轻松地实现这个组件，这次就不再多加赘述。

1. 联系人列表

接下来实现联系人列表，从设计图中可以看出联系人是根据其用户名首字母顺序分组进行展示的。如果用户名首字符为中文，则会使用其汉语拼音中的首字母。对于用户名首字符非中文且非字母的用户，则会被分到#分组。所以在获取到联系人列表后的第一步，是针对用户名进行分组与排序。

由于我们需要获取中文字符所对应的拼音字符，这里采用的是 **Github** 上开源的 **TinyPinyin** 工具来完成。需要在 **build. gradle** （Project）中接入依赖。

```
// TinyPinyin
def tinypinyin_version = "2.0.3"
implementation " com. github. promeg: tinypinyin:
 $tinypinyin_version"
implementation "com.github.promeg:tinypinyin-lexicons-
android-cncity: $tinypinyin_version"
```

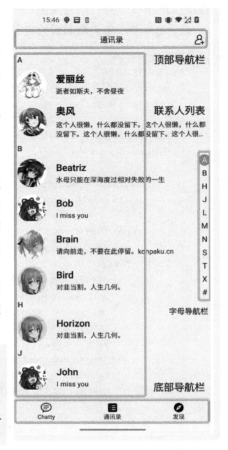

● 图 11-9　Chatty 通讯录页

排序规则很简单，以首字母进行分组，遇到非正常字符的用户，则分组到#分组中。

紧接着要根据首字母进行排序，默认情况下 **toSortedMap** 会以键值字典序排序，然而#字符字典序小于 **A**，会排到最前面。所以这里需要自己额外定制比较器，将#分组到结尾。最后还需要对于每个分组内部用户使用字典序完成排序，代码如下。

```
var currentFriends = fetchLatestFriendsList()
var sortedFriends = remember(currentFriends){
  currentFriends.groupBy {
    var firstChar = Pinyin.toPinyin(it.nickname.first()).first()
    if (! firstChar.isLetter()) { '#' }
    else {
      firstChar.uppercaseChar()
    }
  }.toSortedMap { a: Char, b: Char ->
    when {
```

```
        a == b -> 0
        a == '#' -> 1
        b == '#' -> -1
        else -> a.compareTo(b)
      }
    }.apply {
      for((k, v) in entries) {
        put(k, v.sortedWith {
            a, b -> a.nickname.compareTo(b.nickname)
        })
      }
    }
  }
}
```

将用户列表分组排序之后，就可以使用 LazyColumn 将这些用户信息展示出来了，并且还需要将每个分组的字母标识使用一个 Text 组件展示。

```
val lazyListState = rememberLazyListState()
LazyColumn(
  modifier = Modifier.fillMaxSize(),
  state = lazyListState
) {
  sortedFriends.forEach { it ->
    item {
      // 每个分组的字母标识
      Text(text = it.key.toString())
    }
    // 该分组下的联系人列表
    itemsIndexed(it.value) { index, user ->
      FriendItem(user.avatarRes, user.nickname, user.motto) {
        // 点击跳转回调
      }
    }
  }
}
```

在这里可以将每个联系人信息项的内容布局封装为一个 FriendItem 组件，这个组件由 Row 组件与 Column 组件简单堆叠就可以完成（如图 11-10 所示）。当用户点击某个联系人时，需要进入对话页，所以这里需要传入一个点击跳转回调。

 爱丽丝
逝者如斯夫，不舍昼夜

• 图 11-10　联系人信息项卡片

```
@Composable
fun FriendItem(
  avatarRes: Int,
  friendName: String,
  motto: String,
  onClick: () -> Unit = {}
) {
  Surface(
    modifier = Modifier
      .fillMaxWidth()
      .clickable { onClick() } // 点击跳转回调
  ) {
    CenterRow(...) {
      CircleShapeImage(60.dp, painter = painterResource(id = avatarRes))
      Spacer(Modifier.padding(horizontal = 10.dp))
      Column(...) {
        Text(text = friendName) // 用户名
        Spacer(Modifier.padding(vertical = 3.dp))
        Text(text = motto) // 个人签名
      }
    }
  }
}
```

接下来实现通讯录页中最为重要的字母导航栏组件。当滚动联系人列表时，希望字母导航栏中对应的字母背景色能够自动在绿色与透明色之间切换，以表示目前该字母是否处于选中状态。可以使用 **lazyListState** 中的 **firstVisibleItemIndex** 来监听列表在滚动时首个可见项的下标位置，通过这个下标位置，可以定位其所对应的字母组号，使其在字母导航栏中的对应位置背景色切换为绿色。

因为需要根据首个可见项的下标位置定位到对应的字母组号，这里完全可以使用二分查找来完成。因为首个可见项的下标位置是累加的，所以还需要额外计算一个字母分组的累加和数组用于查找，实际上需要找到第一个小于等于首个可见项位置的数组下标。

并且还需要记录每个字母在数组中的下标与选中状态的映射关系，用于后续更新状态。

```
val preSumIndexToStateMap = remember(sortedFriends) { mutableMapOf<Int, AlphaState>() }
val alphaCountPreSumList = remember(sortedFriends) {
  var currentSum = 0
  var index = 0
  var result = mutableListOf<Int>()
  for ((alpha, friendList) in sortedFriends) {
    preSumIndexToStateMap[index] = AlphaState(alpha, mutableStateOf(false))
    result.add(currentSum)
    currentSum += (friendList.size + 1) // 需要额外包含首字母标识项
    index++
  }
  result
}
```

　　除此之外，还需要使用 currentSelectedAlphaIndex 来记录当前被选中的字母下标。实际上 firstVisibleItemIndex 是个可变状态，所以使用 LaunchedEffect 来监听其变化就可以了。每当 firstVisibleItemIndex 发生改变时，都会启动一个协程执行代码块内容，并使用二分查找尝试更新 currentSelectedAlphaIndex。当 currentSelectedAlphaIndex 发生更新时，再通过前面记录的映射关系找到控制对应字母项选中的状态并完成更新。

```
var currentSelectedAlphaIndex by remember {mutableStateOf(0) }
...
LaunchedEffect(lazyListState.firstVisibleItemIndex) {
  currentSelectedAlphaIndex = alphaCountPreSumList.searchLastElementIndex(object: Compa-
rator<Int> {
    override fun compare(target: Int): Boolean {
      return target <= lazyListState.firstVisibleItemIndex
    }
  })
}
LaunchedEffect(currentSelectedAlphaIndex) {
  var alphaState = preSumIndexToStateMap[currentSelectedAlphaIndex]!!
  preSumIndexToStateMap.values.forEach {
    it.state.value = false
  }
  alphaState.state.value = true
}
```

2. 字母导航栏

　　接下来完成字母导航栏，我们还希望用户可以在字母导航栏中通过点击与滑动，使列表能够快速滚动到相对应的位置，所以还需要使用手势处理修饰符来完成手势的监听。使用 currentIndex 状态记录当发生拖动或点击事件时，选中的字母下标位置。

　　值得注意的是，LaunchedEffect 内部代码块会在 AlphaQuickBar 首次合成时执行，所以这里以-1 作为初始值保证 currentIndex 仅会在点击或拖动时触发字母项背景状态的更新。字母导航栏的内容布局结构非常简单，这里就不再多加赘述了。

```
@ Composable
fun AlphaQuickBar(alphaStates: MutableCollection<AlphaState>, update: (Int) -> Unit) {
  var currentIndex by remember { mutableStateOf(-1) }
  val alphaItemHeight = 28.dp
  val density = LocalDensity.current
  Column(
    modifier = Modifier.pointerInput(Unit) {
      detectVerticalDragGestures { change, dragAmount ->
        with(density) {
          currentIndex = (change.position.y / alphaItemHeight.toPx()).toInt().coerceIn(0,
alphaStates.size - 1)
        }
      }
```

```
      }
    ) {
      alphaStates.forEachIndexed { index: Int, alphaState: AlphaState ->
        Box(
          contentAlignment = Alignment.Center,
          modifier = Modifier
            // 选中时背景变为绿色
            .background(if (alphaState.state.value) green else Color.Transparent)
            .clickable {
              currentIndex = index
            }
        ) {
          // 字母标识
          Text(text = alphaState.alpha.toString())
        }
      }
    }
  LaunchedEffect(currentIndex) {
    if (currentIndex == -1) {
      return@ LaunchedEffect
    }
    // 向外部传递更新
    update(currentIndex)
  }
}
```

接下来需要将联系人列表与字母导航栏进行组合，并且需要根据导航栏中选中的字母下标，使列表滚动至对应位置，这里可以使用 lazyListState 中的 scrollToItem 来完成。scrollToItem 需要传入列表希望偏移到的子项下标。可以利用前面所计算的累加和数组，通过二分组搜索算法计算得到这个下标数值。由于这是一个挂起方法，所以还需要在协程中完成，可以使用 rememberCoroutineScope 创建一个与当前 Composable 生命周期对齐的协程作用域，并使用 launch 动态创建一个协程来执行滚动操作。

```
val context =LocalContext.current
val scope = rememberCoroutineScope()
Box(modifier = Modifier.fillMaxSize()) {
  LazyColumn {
    // 联系人列表
  }
  Box(Modifier.fillMaxSize(), contentAlignment = Alignment.CenterEnd) {
    AlphaQuickBar(preSumIndexToStateMap.values) { selectIndex ->
      scope.launch {
        // 列表手动完成滚动
        lazyListState.scrollToItem(alphaCountPreSumList[selectIndex])
        ...
      }
    }
  }
}
```

▶▶ 11.4.2　添加搜索页

当用户点击通讯录页顶部导航栏右侧的添加按钮后，我们希望跳转到联系人添加页。由于联系人添加页与搜索页面结构较为简单，并共享同一个输入框，所以采用的设计方案是将两个页面整合为一个，当用户点击添加页面的输入框时，视图界面将会过渡到搜索状态。

从图 11-11 可以看到，当我们从非搜索状态过渡到搜索状态时，顶部导航栏与扫一扫搜索方式将会消失，并且输入框也从原来的占有全部宽度变为与取消按钮共享全部宽度。

● 图 11-11　Chatty 联系人添加搜索页

顶部导航栏仍然采用前面封装好的 **TopBar** 来完成，将其定义为 **AddFriendTopBar** 组件。当进入搜索状态时，我们希望顶部导航栏消失，可以创建一个用于描述当前搜索状态的可变状态，这里可以直接使用 **AnimateVisibility** 动画组件为顶部导航栏添加进场离场动画。

```
AnimatedVisibility(visible = ! viewModel.isSearching) {
  AddFriendTopBar()
}
```

紧接着我们来实现搜索栏组件，搜索栏组件包含输入框与取消按钮两个组件，在非搜索场景下输入框，仅需占有父组件全部宽度就可以了，而在搜索状态下输入框需要与取消按钮共享搜索栏组件的宽度。这里可知，输入框的宽度实际取决于取消按钮的宽度，所以这里可以使用 **SubcomposeLayout** 来完成。

首先会尝试测量取消按钮，当取消按钮并不存在时，**cancelPlaceable** 将会为 null，此时已消费宽度为 0，否则已消费宽度则为取消按钮测量完的实际宽度。接下来，输入框的宽度将会被强制测量为剩余宽度。在最终的布局环节，只需要将两个组件水平摆放就可以了。

```
@ Composable
fun SubcomposeSearchFriendRow(
  modifier: Modifier, textField: @ Composable () -> Unit, cancel: @ Composable () -> Unit) {
  SubcomposeLayout(modifier) { constraints ->
    // 尝试获取取消按钮的测量句柄
```

```
    var cancelMeasureables = subcompose("cancel") { cancel() }
    var cancelPlaceable: Placeable? = null
    // 当 cancel 中存在组件时进行测量
    if (cancelMeasureables.isNotEmpty()) {
      cancelPlaceable = cancelMeasureables.first().measure(constraints = constraints)
    }
    // 根据测量结果获取已消费的宽度
    var consumeWidth = cancelPlaceable?.width ?: 0
    // 获取输入框的测量句柄
    var textFieldMeasureable = subcompose("text_field") { textField() }.first()
    // 将输入框的宽度强制设置为剩余宽度
    var textFieldPlaceable = textFieldMeasureable.measure(
      constraints.copy(
        // 计算升序宽度
        minWidth = constraints.maxWidth - consumeWidth,
        maxWidth = constraints.maxWidth - consumeWidth
      )
    )
    // 当前组建宽度为约束允许的最大值
    var width = constraints.maxWidth
    // 当前组件高度为两个组件最大值
    var height = max(cancelPlaceable?.height ?: 0, textFieldPlaceable.height)
    // 完成组件布局摆放
    layout(width, height) {
      textFieldPlaceable.placeRelative(0, 0)
      cancelPlaceable?.placeRelative(textFieldPlaceable.width, 0)
    }
  }
}
```

这里使用 BasicTextField 来定制输入框组件，由于我们使用的是低级别组件，需要自己来定制实现 placeholder，低级别组件拥有很强的定制能力，但与此同时也损失了易用性。

这里需要借助软键盘上的搜索按钮来进行搜索，所以需要额外设置 keyboardOptions 与 keyboardActions 参数。当用户输入内容后，我们希望 placeholder 消失，并在输入框展示一个撤销按钮，用于清空输入内容，可以使用输入内容字符串作为可变状态，使用字符串长度来进行判断。placeholder 总体设计比较简单，这里不再赘述了。

```
BasicTextField(
  ...
  keyboardActions = KeyboardActions(
  onSearch = {
    scope.launch {
      viewModel.isLoading = true
      viewModel.refreshFriendSearched()
    }
```

```
    }
  ),
  keyboardOptions = KeyboardOptions(
    keyboardType = KeyboardType.Text,
    imeAction = androidx.compose.ui.text.input.ImeAction.Search
  )
) { innerText ->
  CenterRow(Modifier.fillMaxWidth()) {
    Box(
      modifier = Modifier
        .weight(1f)
        .padding(horizontal = 12.dp),
        contentAlignment = if (viewModel. isSearching) Alignment. CenterStart else
Alignment.Center
    ) {
      if (! viewModel.isSearching) {
        // placeholder 占位视图逻辑
        ...
      }
      innerText()
    }
    if (viewModel.searchContent.isNotEmpty()) {
      // 输入框结尾的撤销 icon
      IconButton(
        onClick = { viewModel.searchContent = "" },
      ) {
        Icon(Icons.Filled.Close, null, tint = MaterialTheme.chattyColors.iconColor)
      }
    }
  }
}
```

取消按钮实现比较简单，当取消按钮被点击时，可以使用 **focusManager** 使输入框失去焦点。

```
TextButton(onClick = {
    viewModel.clearSearchStatus()
    focusManager.clearFocus()
}) {
    Text(text = "取消")
}
```

接下来只需要将输入框与取消按钮提供给搜索栏组件就可以了。

```
SubcomposeSearchFriendRow(
  modifier = Modifier.padding(horizontal = 10.dp),
  textField = {
    // 输入框组件
  },
```

```
  cancel = {
    // 取消按钮
  }
)
```

当用户点击软键盘上的搜索按钮时，会通过 refreshFriendSearched 发起网络请求，且在搜索页中订阅用户搜索信息流并展示出来，以实现一条完整的单向数据流。

```
@Composable
fun AddFriends(viewModel: AddFriendsViewModel) {
  var naviController = LocalNavController.current
  // 订阅用户搜索信息流，并将其转化为一个可变状态
  var displaySearchUsers = viewModel.displaySearchUsersFlow.collectAsState()
  Column {
    AnimatedVisibility(visible = ! viewModel.isSearching) {
      AddFriendTopBar() // 顶部导航栏组件
    }
    SearchFriendBar(viewModel) // 搜索栏组件
    if (! viewModel.isSearching) {
      AddFriendsOtherWay() // 其他添加好友方式
    } else {
      if (viewModel.isLoading) { // 在 Loading 状态时展示加载指示器
              CircularProgressIndicator ( modifier = Modifier. align ( Alignment.
CenterHorizontally), color = MaterialTheme.chattyColors.textColor)
      }
      LazyColumn {
        // 搜索到的用户信息列表
        displaySearchUsers.value.forEach {
          item(it.uid) {
            FriendItem(avatarRes = it.avatarRes, friendName = it.nickname, motto = it.motto) {
              naviController.navigate("${AppScreen.strangerProfile}/ ${it.uid}/用户名搜索")
            }
          }
        }
      }
    }
  }
}
```

▶▶ 11.4.3　二维码扫描页

用户可以选择通过扫描二维码的方式添加好友，这就需要我们的应用具备二维码扫描解码的能力。为了方便演示，这里采用一个基于 zxing 的第三方轻量级组件库完成实现。首先在 build. gradle（Project）中接入依赖项。

```
def zxing_version = "1.1.3-androidx"
implementation "com.king.zxing:zxing-lite: $zxing_version"
```

我们仍然对整个视图界面进行进一步分解，大致可分为顶部导航栏、相机预览窗口、外部透明蒙层与扫描框，以及中间的闪光灯。

zxing-lite 组件库不仅提供了扫描二维码的能力，也提供了外部透明蒙层与扫描框的 View 组件，可以直接进行使用。而相机预览窗口页可以直接使用 Android 平台上的原生 SurfaceView。

顶部导航栏仍采用 TopBar 完成，这里就不多加赘述。在这个页面中所有组件都是在 Z 轴堆叠起来的，所以使用帧布局 Box 组件十分合适，如图 11-12 所示。

代码实现如下：

● 图 11-12　Chatty 二维码扫描页

```
val context =LocalContext.current
val surfaceView = remember { SurfaceView(context) }
val viewfinderView = remember { ViewfinderView(context) }
// 检查当前设备是否支持闪光灯
val hasCameraFlash = remember { context.hasCameraFlash() }
Box(modifier = Modifier.fillMaxSize()) {
  AndroidView(
    factory = { surfaceView },
    modifier = Modifier.fillMaxSize()
  )
  AndroidView(
    factory = { viewfinderView },
    modifier = Modifier.fillMaxSize()
  )
  if (hasCameraFlash) {
    Box(modifier = Modifier.fillMaxSize(), contentAlignment = Alignment.Center) {
      Image(
        painter = painterResource(id = if (isUsingFlashLight) R.drawable.ec_on else R.drawa-
ble.ec_off),
        contentDescription = "flash",
        modifier = Modifier
          .padding(top = 150.dp)
          .clickable {
            isUsingFlashLight = ! isUsingFlashLight
            setTorch(helper, isUsingFlashLight)
          }
      )
    }
  }
  QrCodeScanTopBar()
}
```

接下来就可以利用 **zxing-lite** 组件库为我们提供的能力，实现扫描二维码的功能。这里设置了一个扫描监听回调来处理相应的扫描结果，只处理含有指定前缀的用户 UID，并且也要注册 Activity 生命周期回调，当 Activity 失焦或销毁时，应执行 CaptureHelper 对应的方法。

```
val helper = remember {
  CaptureHelper(context as Activity, surfaceView, viewfinderView).apply {
    val captureCallback = OnCaptureCallback {
      // 待处理
      if (it.startsWith(USER_CODE_PREFIX)) {
        var uid = it.removePrefix(USER_CODE_PREFIX)
        naviController.navigate("${AppScreen.strangerProfile}/${uid}/二维码搜索")
      }
      restartPreviewAndDecode()
      true
    }
    setOnCaptureCallback(captureCallback) // 设置处理回调
    playBeep(true) // 播放声音
    continuousScan(true) // 连拍
    autoRestartPreviewAndDecode(false) // 自动重启扫码与解码器
    onCreate()
    (context as? ComponentActivity)?.lifecycle?.addObserver(object: LifecycleObserver {
      @OnLifecycleEvent(Lifecycle.Event.ON_RESUME)
      fun onResume() {
        this@apply.onResume()
      }
      @OnLifecycleEvent(Lifecycle.Event.ON_PAUSE)
      fun onPause() {
        this@apply.onPause()
      }
      @OnLifecycleEvent(Lifecycle.Event.ON_DESTROY)
      fun onDestroy() {
        this@apply.onDestroy()
      }
    })
  }
}
```

▶▶ 11.4.4　陌生人信息页

无论用户是通过 UID 搜索的方式，还是二维码扫一扫的方式，最终都会跳转到陌生人信息页来发起联系人添加申请。这个页面结构十分简单，如图 11-13 所示，如今我们实现起来应该毫不费力。

当单击添加联系人按钮时，会弹出一个 Dialog 用于确认，所以需要使用一个可变状态，用于表示 Dialog 的显隐就可以了。这里在帧布局中显示 Dialog 组件。

• 图 11-13　Chatty 陌生人信息页

```
@ Composable
fun StrangerProfile(user: UserProfileData, formSource: String) {
  var showConfirmDialog by remember { mutableStateOf(false) }
  val naviController = LocalNavController.current
  Box {
    Column {
      StrangerProfileTopBar()
          Column ( modifier = Modifier. background ( MaterialTheme. chattyColors.
backgroundColor)) {
        // 陌生人信息介绍组件
        StrangerProfileInfo(user)
        // 搜索更多信息的组件
        StrangerMoreInfo(formSource)
      }
      Button(
        onClick = {
          showConfirmDialog = true
        },
      ) {
        Text(text = "添加联系人")
      }
    }
    if (showConfirmDialog) {
      // 展示 AlertDialog 组件
      AlertDialog()
    }
  }
}
```

StrangerProfileInfo 陌生人信息介绍组件结构比较简单，与前面的联系人信息组件在结构上十分类似，这里就不多加赘述。

11.5 用户信息模块

用户信息模块主要包括以下 3 个页面：

- 个人信息页：以侧边栏抽屉形式展示当前用户信息，用户可进入信息编辑页完成数据更新。
- 信息编辑页：用来更新用户信息或展示用户二维码，会根据用户选择的信息项类型展示不同的信息编辑器。
- 联系人信息页：展示添加联系人的信息详情，并可发起聊天或删除联系人。

▶▶ 11.5.1 个人信息页

我们希望在主页中通过侧边栏抽屉方式来展示个人信息页，Scaffold 组件已经为我们提供了这项能力，仅需设置 drawerContent 参数，即可设置左侧抽屉布局。这里将个人信息页封装到 PersonalProfile 组件中，接下来实现 PersonalProfile 组件。

```
Scaffold(
  drawerContent = {
    PersonalProfile()
  }
  ...
)
```

PersonalProfile 组件由照片墙、个人信息面板与底部功能栏三部分组成。照片墙与个人信息面板可以由 Column 垂直堆叠起来，而底部功能栏希望保持在整个个人信息页的底部，可以采用 Box 组件并设置 align 修饰符来完成布局，如图 11-14 所示。

● 图 11-14　Chatty 个人信息页

```
@Composable
fun PersonalProfile() {
  Box(...) {
    Column(...) {
      // 照片墙
      Box(
        Modifier
          ...
          .paint(
            painterResource(id = R.drawable.google_bg),
            contentScale = ContentScale.FillBounds
```

```
        ),
        // 头像与个人签名摆放在照片墙底部左侧
        contentAlignment = Alignment.BottomStart
    ) {
        // 头像与个人签名
        PersonalProfileHeader()
    }
    HeightSpacer(value = 10.dp)
    // 个人信息面板
    PersonalProfileDetail()
    }
    Box(modifier = Modifier.align(Alignment.BottomCenter)) {
        // 底部功能栏
        BottomSettingIcons()
    }
    }
}
```

1. 照片墙

可以使用 paint 修饰符来绘制图片背景，对于照片墙中的头像与个人签名，又拆分成为 Personal-ProfileHeader 组件，内部采用 ConstraintLayout 来完成。

```
@Composable
fun PersonalProfileHeader() {
    var currentUser = getCurrentLoginUserProfile()
    ConstraintLayout {
        val (portraitImageRef, usernameTextRef, desTextRef) = remember { createRefs() }
        Image(
            painter = painterResource(id = currentUser.avatarRes),
            contentDescription = "avatar",
            modifier = Modifier
                .constrainAs(portraitImageRef) {
                    ...
                }
                .clip(CircleShape)
        )
        Text(
            text = currentUser.nickname,
            modifier = Modifier
                .constrainAs(usernameTextRef) {
                    top.linkTo(portraitImageRef.top, 5.dp)
                    start.linkTo(portraitImageRef.end, 10.dp)
                    width = Dimension.preferredWrapContent
                }
        ...
        )
```

```
    Text(
      text = currentUser.motto,
      modifier = Modifier
        .constrainAs(desTextRef) {
          top.linkTo(usernameTextRef.bottom, 10.dp)
          start.linkTo(portraitImageRef.end, 10.dp)
          end.linkTo(parent.end)
          width = Dimension.preferredWrapContent
        }
      ...
    )
  }
}
```

2. 个人信息面板

接下来是个人信息面板，可以看出这个组件也是由许多子项垂直堆叠实现的，这里将子项独立拆分为 ProfileDetailRowItem 组件来完成。对于表示每个子项的 ProfileDetailRowItem 组件，仍然可以使用 Row 组件实现。如果子项是二维码，需要展示的则是二维码 icon，而不是文字。

```
@Composable
fun ProfileDetailRowItem(label: String, content: String = "", isQrCode: Boolean = false, on-
Click: () -> Unit = {}) {
  Box(...){
    Row(
      Modifier.fillMaxWidth(),
      horizontalArrangement = Arrangement.SpaceBetween,
      verticalAlignment = Alignment.CenterVertically,
    ) {
      // 子项标签文本
      Text(text = label)
      Row {
        if (isQrCode) {
          // 如果是二维码,则需要额外展示二维码 icon
          Icon(
            painter = painterResource(id = R.drawable.qr_code),
            contentDescription = label,
            tint = MaterialTheme.chattyColors.iconColor
          )
        } else {
          // 实际内容文本
          Text(text = content)
        }
        // 编辑拓展 icon
        Icon(painter = painterResource(
          id = R.drawable.expand_right),
          contentDescription = label,
```

```
            tint = MaterialTheme.chattyColors.iconColor
          )
        }
      }
    }
  }
}
```

3. 底部功能栏

底部功能栏是由设置、主题与注销构成的，此处还是使用 **Row** 组件完成。在设计方案上我们希望设置与主题图标按钮为一组，而注销按钮独立为一组，所以在视图声明时，在设置与主题图标按钮外嵌套了一层 **Row**，对这两个分组仍采用 SpaceBetween 完成布局，而对分组内水平排列就可以了。

```
@Composable
fun BottomSettingIcons() {
  var chattyColors = MaterialTheme.chattyColors
  CenterRow(...) {
    // 将设置与主题图标独立分组
    Row {
      // 设置图标按钮
      IconButton(
        onClick = {}
      ) {
        // 设置图标内部布局样式
        Column{
          Icon(painter = painterResource(id = R.drawable.settings), contentDescription =
null, tint = MaterialTheme.chattyColors.iconColor)
          HeightSpacer(value = 4.dp)
          Text(text = "设置", fontSize = 15.sp, fontWeight = FontWeight.Bold, color = Materi-
alTheme.chattyColors.textColor)
        }
      }
      WidthSpacer(value = 10.dp)
      // 主题图标按钮
      IconButton(
        onClick = {
          // 点击切换主题
          chattyColors.toggleTheme()
        }
      ) {
        // 主题图标按钮内部布局样式
        Column {
          Icon(
            painter = painterResource(id = R.drawable.dark_mode),
            contentDescription = null, tint = MaterialTheme.chattyColors.iconColor
```

```
        )
        HeightSpacer(value = 4.dp)
        Text(
          text = if (chattyColors.isLight) "暗黑模式" else "明亮模式",
        )
      }
    }
  }
  // 注销图标按钮
  IconButton(
    onClick = {}
  ) {
    Column {
      // 注销图标按钮内部布局样式
      Icon(painter = painterResource(id = R.drawable.logout), contentDescription = null,
tint = MaterialTheme.chattyColors.iconColor)
      HeightSpacer(value = 4.dp)
      Text(text = "注销", fontSize = 15.sp, fontWeight = FontWeight.Bold, color = Materi-
alTheme.chattyColors.textColor)
    }
  }
}
}
```

▶▶ 11.5.2　信息编辑页

接下来实现信息编辑页，相比较而言信息编辑页内容非常简单，它主要是用来帮助用户修改个人信息的。目前用户信息可分为三种类别，分别是文本类、性别与二维码。对于文本类用户信息，我们应为用户提供一个输入框来进行编辑，而对于性别选择，我们需要额外实现一个性别选择器。而二维码主要是用于扫一扫功能，所以这里仅作为二维码展示使用。

```
@ Composable
fun PersonalProfileEditor(attr: String) {
  var isQRCode = (attr == "qrcode")
  var isGender = (attr == "gender")
  var title = when (attr) {
    "age" -> "输入年龄"
    "phone" -> "输入电话号"
    "email" -> "输入电子邮箱"
    "gender" -> "选择性别"
    else -> "展示二维码"
  }
  Column(...){
    // 顶部导航栏
    ProfileEditorTopBar()
```

```
    when {
        isGender -> GenderSelector()
        isQRCode -> QRCodeDisplay()
        else -> ProfileInputField()
    }
}
}
```

首先声明 **PersonalProfileEditor** 组件用来封装信息编辑页的视图逻辑。在信息编辑页中要根据属性的不同展示相应的组件。

性别选择器实际上就是将两个子选项的 Row 组件垂直堆叠起来。可以使用一个可变状态 selectMale 来记录当前选中的性别选项。

对于用户的二维码，由于不具备自定义能力，所以只展示一个二维码即可，而对于文字类别用户信息，在编辑页面可以展示输入框来编辑个人信息。例如性别选择，如图 11-15 所示。

● 图 11-15　性别选择

```
@Composable
fun GenderSelector() {
    var selectMale by remember {
        mutableStateOf(false)
    }
    Column(...) {
        Row(...) {
            Row {
                Icon(...)
                WidthSpacer(value = 3.dp)
                Text(text = "男")
            }
            // 选择男性时展示对勾 icon
            if (selectMale) {
                Icon(painter = painterResource(id = R.drawable.correct))
            }
        }
        // 分界线
        Divider()
        ...
        // 女性部分同理
    }
}
```

▶▶ 11.5.3　联系人信息页

联系人信息页的整体结构也可大概分成联系人概要信息、详情信息、设置面板与删除联系人按钮四部分，接下来针对这四部分分别进行设计。首先来声明一个 UserProfile Composable，用来描述整个联系人信息页，可以使用 Column 将切分的四部分组件堆叠起来，如图 11-16 所示。

```
@Composable
fun UserProfile(user: UserProfileData) {
  Column {
    // 联系人概要信息
    UserProfileHeader(user = user)
    HeightSpacer(value = 10.dp)
    // 联系人详情信息
    UserProfileDetail(user)
    HeightSpacer(value = 20.dp)
    // 更多好友设置
    MoreFriendOptions()
    HeightSpacer(value = 10.dp)
    Button(
      // 删除联系人
      onClick = {}
    ) {
      Text(text = "删除联系人")
    }
  }
}
```

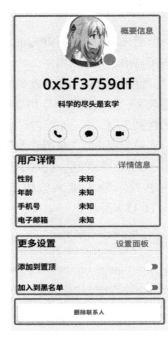

● 图 11-16　联系人信息页

1. 联系人概要信息

在概要信息中，要根据用户当前在线状态，在头像右下侧位置绘制表示登录状态的圆形图案，这就需要使用 Compose 为我们提供的自定义绘制能力，可以通过自定义 DrawModifier 来实现这个需求。

```
fun Modifier.drawLoginStateRing(isOnline: Boolean) = this.then(
  object : DrawModifier {
    override fun ContentDrawScope.draw() {
      val circleRadius = 20.dp.toPx()
      // 先绘制组件原有内容
      drawContent()
      // 根据登录状态绘制圆形
      drawCircle(
        color = if (isOnline) Color.Green else Color.Red,
        radius = circleRadius,
        // 利用 drawContext 获取组件测量后的尺寸信息
```

```
        center = Offset(drawContext.size.width - circleRadius, drawContext.size.height -
circleRadius)
        )
      }
    }
)
```

紧接着就可以利用这个 **Modifier** 来修饰头像组件了。

```
Image(
  painter = painterResource(id = user.avatarRes),
  contentDescription = "avatar",
  modifier = Modifier
    .size(150.dp)
    // 根据登录状态绘制圆形图案
    .drawLoginStateRing(fetchUserOnlineStatus(user.uid))
    // 将整张图片裁剪为圆形
    .clip(CircleShape)
)
```

概要信息组件中的剩余部分并不复杂，实现起来相对容易，大家可以自行实现。

2. 联系人详情信息

详情信息组件与更多设置组件结构相近，所以这里仅以详情信息
组件为例进行讲解。我们希望右侧信息内容以左侧信息项中最长的一
项为基准，展示在其右侧 **100dp** 的位置，并且还要保证每一行左侧信
息项与右侧实际内容逐一对应，如图 **11-17** 所示。

对于这个场景，完全可以采用 **ConstraintLayout** 中的 **Barrier** 分界线
来解决。

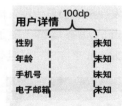

● 图 11-17　联系人详情信息

```
@Composable
fun UserProfileDetail(user: UserProfileData) {
  Column(Modifier.fillMaxWidth()) {
    Text(text = "用户详情")
    Divider()
    HeightSpacer(value = 10.dp)
    ConstraintLayout(...) {
      val (genderTitleRef, ...) = createRefs()
      val (genderRef, ...) = createRefs()
      val barrier = createEndBarrier(genderTitleRef, ...)
      val barrierDistance = 80.dp
      Text(
        text = "性别",
        modifier = Modifier.constrainAs(genderTitleRef) {
          top.linkTo(parent.top)
```

```
            start.linkTo(parent.start)
        }
    )
    ...
    Text(
        text = user.gender ?: "未知",
        modifier = Modifier.constrainAs(genderRef) {
            top.linkTo(genderTitleRef.top)
            start.linkTo(barrier, barrierDistance)
        }
    )
    ...
    }
  }
}
```

由于设置面板与详情面板结构上也非常简单，这里就不再多加赘述。

11.6 发现模块

发现模块类似于朋友圈功能，对于建立用户社交网络具有重要的意义，使用者可以随时查看好友们最近的动态信息。由于动态信息数量是不可枚举的，对于这类长列表需求，完全可以使用 **LazyColumn** 来完成，并且也可以根据滑动状态实现一些其他的功能特性，如图 **11-18** 所示。

● 图 11-18　发现模块

根据图 **11-18** 第 2 张图的要求，当在滑走第一个动态，继续往下浏览内容时，头顶逐渐出现了一个 **TopBar**，并且右下角的编辑按钮变成了返回列表顶部的悬浮按钮。我们该如何实现这种效果呢？

在实现字母导航栏时曾提到过，可以利用 rememberLazyListState() 创建一个列表状态 lazyState，并主动传到 LazyColumn 中，仍然利用 firstVisibleItemIndex 来监听列表在滚动时首个可见项的下标位置。我们先来看看 LazyColumn 内部该如何实现。

```
LazyColumn {
  item {
    CenterRow(
      modifier = Modifier
        .padding(14.dp)
        .alpha(1 - topBarAlpha)
    ) {
      Text(
        text = "探索新鲜事",
        style = MaterialTheme.typography.h4,
        color = MaterialTheme.chattyColors.textColor
      )
      Spacer(Modifier.weight(1f))
      CircleShapeImage(size = 48.dp, painter = painterResource(id = R.drawable.ava4))
    }
    Divider(modifier = Modifier.fillMaxWidth())
  }
  items(20) {
    SocialItem(...)
  }
}
```

整个列表是由一个标题，以及若干个动态信息子项共同组成的，而 TopBar 则需要根据是否滑过了标题来决定是否显示它，如图 11-19 所示。

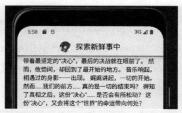

● 图 11-19　TopBar 的渐变效果

在发生滑动时，可以看到 TopBar 是逐渐淡入的。要完成这种交互效果，首先需获取标题的整体高度，并根据滑动的距离与第一个可见项（标题）的 offset 来动态设置 TopBar 的透明度。

那么应该如何获取标题的大小呢？这个信息可以通过列表状态 lazyState 中的 layoutInfo 获取到如图 11-20所示。

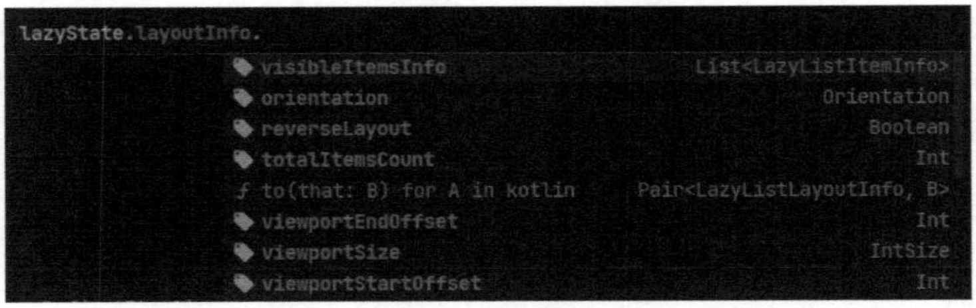

● 图 11-20　列表状态

其中 visibleItemsInfo 提供了当前列表可见项的信息。由于当前只需获取标题信息，所以只需要读取 List 中第一个位置就可以了。但是由于列表项数量会不断变化，所以 visibleItemsInfo 会不断重组，要尽量避免这类副作用。

我们需要创建一个变量存储第一项的大小，以及在不必要的时候不重组这个变量，所以使用 derivedStateOf 来实现。

```
val firstItemSize by remember {
  derivedStateOf {
    if (lazyState.layoutInfo.visibleItemsInfo.isNotEmpty())
        lazyState.layoutInfo.visibleItemsInfo[0].size
    else null
  }
}
```

补充提示：

还记得在 4.3.5 节介绍过的 derivedStateOf 吗，如果变量依赖其他 State 的时候，利用 derivedStateOf 可以有效地减少重组次数，提升性能。derivedStateOf 只有当里面的 State 变化，才会触发重组。

在这里还加了额外的判断条件，这是因为在第一次进入发现页时，获取到的 visibleItemsInfo 可能为空。

在获取标题的大小后，接下来需要计算标题相对于列表的偏移量。我们需要用到 firstVisibleItemIndex 和 firstVisibleItemScrollOffset。通过 firstVisibleItemIndex 可知当前列表滑动位置的第一个可见项是否是标题，而 firstVisibleItemScrollOffse 则可以在 firstVisibleItemIndex 等于 1 时，计算当前标题偏移了多少像素位置。

```
val topBarAlpha by remember {
  derivedStateOf {
    if (lazyState.firstVisibleItemIndex == 0) {
      firstItemSize?.let {
        lazyState.firstVisibleItemScrollOffset.dp / it.dp
      } ?: 0f
    } else 1f
  }
}
```

我们已经可以通过计算得知标题滑动偏移量，如果标题已经被滑出屏幕，可以直接设置为 1f，否则便需要根据偏移量来计算当前滑动进度，根据进度确定 TopBar 的透明度。

完成上面的功能，再回头看一下发现模块的页面布局。由于 TopBar 都是盖在了列表上方，所以最外层是由 Box 组件来完成的。

```
Box {
  LazyColumn(...)
  TopBar(...)
  FAB(...)
}
```

这样可以在 TopBar、FAB 组件中利用 alignment 方法来安排它们的位置。

关于右下角的 FAB（浮动按钮），我们还制作了一个动画效果，在列表还未开始浏览的时候，它显示的是编辑图标，而在开始往下浏览新的动态时，编辑按钮会进行一个缩小动画，并且新的按钮会放大出来，期间如果没有滑动一个标题的距离，则按钮不会显示。

```
AnimatedContent(
    targetState = targetState,
    transitionSpec = {
        scaleIn(tween(600)) with scaleOut()
    }
) {
    when (targetState) {
        0f -> {
            FloatingActionButton(...) // 编辑按钮
        }
        1f -> {
            FloatingActionButton(...) // 返回按钮
        }
    }
}
```

这里的 targetState 使用刚刚获取到的 topBarAlpha 值，它和 TopBar 的进度一致。TopBar 显示出来，可以进行返回到顶部的事件；TopBar 未显示出来，可以发表新的动态。如果 topBarAlpha 的数值介于 (0f，1f) 之间，则不显示任何按钮。

11.7 适配暗黑主题

现在很多 App 都有多种配色主题方案，最普遍的则是根据系统的深色模式在应用中适配暗色主题。接下来介绍如何根据系统的颜色模式在应用中进行适配。

在前面我们已经讲解了该如何自定义主题配色方案，所以这里仍然为 MaterialTheme 拓展定制自己的主题配色方案。之后就可以在声明的 UI 组件中使用这些主题配色了。

```kotlin
val LocalChattyColors = compositionLocalOf {
  ChattyColors()
}
val MaterialTheme.chattyColors: ChattyColors
  @Composable
  @ReadOnlyComposable
  get() = LocalChattyColors.current


interface IChattyColors {
  val backgroundColor @Composable get() = Color.Black
  val textColor @Composable get() = Color.Black
  val iconColor @Composable get() = Color.Black
}

private object LightColors : IChattyColors {
  override val backgroundColor @Composable get() =  Color(0xFFF8F8F8)
  override val textColor @Composable get() = Color.Black
  override val iconColor @Composable get() = Color.Black
  /* 更多颜色* /
}

private object DarkColors : IChattyColors {
  override val backgroundColor @Composable get() = Color(0xFF464547)
  override val textColor @Composable get() = Color.White
  override val iconColor @Composable get() = Color.White
  /* 更多颜色* /
}

class ChattyColors : IChattyColors {
  var isLight by mutableStateOf(true)
    private set

  private val _curColors by derivedStateOf {
    if (isLight) LightColors else DarkColors
  }

  fun toggleTheme() { isLight = ! isLight }
  fun toggleToLightColor() { isLight = true }
  fun toggleToDarkColor() { isLight = false }
  override val backgroundColor @Composable get() = animatedValue(_curColors.backgroundColor)
  override val textColor @Composable get() = animatedValue(_curColors.textColor)
  override val iconColor @Composable get() = animatedValue(_curColors.iconColor)
}

@Composable
```

```
fun ChattyTheme (darkTheme: Boolean = isSystemInDarkTheme (), content: @ Composable () ->
Unit) {
  val chattyColors = ChattyColors()
  if (darkTheme) {
    chattyColors.toggleToDarkColor()
  } else {
    chattyColors.toggleToLightColor()
  }
  CompositionLocalProvider(LocalChattyColors provides chattyColors) {
    MaterialTheme(
      colors = colors,
      typography = Typography,
      shapes = Shapes,
      content = content
    )
  }
}


@ Composable
private fun animatedValue(targetValue: Color) = animateColorAsState(
  targetValue = targetValue,
  tween(700)
).value
```

在刚才的代码中,我们定义了一个颜色接口,并且创建了两套配色方案,分别是亮色主题与暗色主题,最后拓展了定制主题方案 ChattyColors 类,这个类里面包含了应用涵盖的所有配色字段,并会根据系统的配色模式来调整不同的配色。

这里还用到了之前学过的动画 API-animatedColorAsState,它用来给不同主题颜色的过渡添加动画效果。我们将它封装成一个 animatedValue 函数并返回了当前的颜色值 value。访问此 value 的 Composable 间接订阅了动画的状态,当动画发生时,通过重组实现 Composable 的渐变效果。

最后在 ChattyTheme 函数中,可以利用 CompositionLocalProvider 将 chattyColors 在 Composable 中进行传播,之后便可以通过 MaterialTheme. chattyColors. xxx 将主题配色字段提供给应用中需要适配主题配色的组件。